颗粒阻尼能量耗散理论与减振工程应用

肖望强 著

科 学 出 版 社

北 京

内 容 简 介

颗粒阻尼技术是一种基于能量耗散机理的被动振动控制技术，具有减振效果显著、结构改动小、环境适应性强等优点，已在航空航天、船舶、机械、车辆等领域中得到广泛应用。本书总结了颗粒阻尼技术的研究现状和应用领域，阐明了颗粒接触模型和耗能机理；进行了颗粒阻尼技术在不同工程项目中的应用研究，包括基于颗粒阻尼的齿轮传动、高铁车辆、动力基座、座椅基座、PCB、数控机床的耗能研究，得到了颗粒阻尼参数对不同结构减振效果的影响规律。

本书可供机械工程、车辆工程、船舶工程、土木工程、航空航天等领域的科研、技术人员参考。

图书在版编目(CIP)数据

颗粒阻尼能量耗散理论与减振工程应用 / 肖望强著. —北京：科学出版社，2024.3

ISBN 978-7-03-075614-5

Ⅰ. ①颗…　Ⅱ. ①肖…　Ⅲ. ①阻尼-能量消耗　②阻尼减振　Ⅳ. ①O328

中国国家版本馆CIP数据核字(2023)第092775号

责任编辑：刘宝莉 / 责任校对：任苗苗
责任印制：赵　博 / 封面设计：图阅社

科学出版社出版
北京东黄城根北街16号
邮政编码: 100717
http://www.sciencep.com
三河市春园印刷有限公司印刷
科学出版社发行　各地新华书店经销
*
2024年3月第　一　版　开本：720×1000　1/16
2024年9月第二次印刷　印张：12 3/4
字数：257 000

定价：120.00 元

前　言

颗粒阻尼技术是一种新型的阻尼减振技术，主要通过填充在结构空腔中的颗粒物质的非弹性碰撞和摩擦作用为结构提供阻尼效应，从而达到抑制结构体振动的目的。由于其阻尼效果明显、易于安装与实现，具有各向同性、耐高温恶劣环境(有效工作温度范围在–200～2500℃)、结构改动小、可靠性高等优点，常常用于航空航天、船舶、土木工程等领域的减振降噪，对于高铁列车这样设计寿命长、行驶区域温差大的工况条件，采用安装颗粒阻尼器的方式抑制振动也有着良好的适用性。

本书作者所带领的研究团队一直从事颗粒阻尼减振技术的研究，从颗粒阻尼的耗能机理研究出发，将颗粒阻尼从机床等稳态场中的应用拓展到齿轮系统离心场中，并将颗粒阻尼陆续应用到高铁车辆、船舶、电路设备中，取得了成功的应用。

本书共分为 8 章。第 1 章概述了颗粒阻尼技术的原理和应用现状；第 2 章总结了颗粒阻尼技术的计算模型和耗能机理；第 3 章研究了颗粒阻尼技术在齿轮离心场中的耗能机理，分析了颗粒阻尼参数对齿轮传动减振效果的影响规律；第 4 章研究了颗粒阻尼技术在高铁动力包构架和端墙中的耗能机理，分析了颗粒阻尼参数对高铁减振效果的影响规律；第 5 章研究了颗粒阻尼技术在动力基座中的耗能机理，分析了颗粒阻尼参数对动力基座中高频减振效果的影响规律；第 6 章研究了颗粒阻尼技术在座椅基座中的耗能机理，分析了颗粒阻尼参数对座椅基座减振效果的影响规律；第 7 章研究了颗粒阻尼技术在 PCB(印刷电路板)中的耗能机理，分析了颗粒阻尼参数对 PCB 抗振特性的影响规律；第 8 章研究了颗粒阻尼技术在数控机床中的耗能机理，综合分析了颗粒阻尼参数对数控机床减振和轻量化设计的影响规律。

本书相关研究内容受到国家自然科学基金面上项目(51875490)的支持。厦门大学航空航天学院航空宇航装备动力学研究中心蔡志钦、时金崧、黄玉祥、陈智伟、余少炜、卢大军、许展豪、叶淑祯、陈辉、张鸿权、黄自杰、邵堃、刘启斌、戴宇、曾玉梅、饶玉斌、匡苏敏、周雨等为本书做出了贡献，在此一并感谢。

由于作者水平有限，书中难免有不足之处，敬请读者批评指正。

目　录

第1章 绪　论

颗粒介于固态和液态之间，包含粉体和散体两种类型，力学特性十分复杂，被称为第四种物质[1]，其运动状态由颗粒间相互作用决定，难以建立运动方程[2]。颗粒会随机作用在局部的接触点上，基于其高度离散的特性出现了一种新的分析方法——离散元方法。离散元方法基于研究对象高度离散这一特性，把研究对象看作刚性元素的集合，在满足牛顿第二定律的前提下，采用中心差分法求解运动方程[3]，基于实际工况分析生产设备中的颗粒运动状态，实现其相应的设计优化。

颗粒阻尼技术是一种基于耗能机理的被动振动控制技术[4]。将颗粒填充在振动体的封闭空间中，振动体振动时，其内部颗粒将随之运动，颗粒与颗粒之间以及颗粒与颗粒阻尼器壁之间发生摩擦和碰撞[5]，从而将结构动能转换成其他形式的能量，达到减振的效果[6]。

颗粒阻尼技术具有减振效果显著、结构改动小、适用于高温等恶劣环境的优点，广泛应用于机械工程和航空航天等领域[7,8]。对于颗粒阻尼器模型、减振机理和颗粒阻尼器对工程结构性能的影响等研究尚处于初步的探索阶段，亟须进行深入、全面且细致的研究[9]。

1.1 颗粒阻尼技术的研究现状

1. 颗粒阻尼理论研究现状

在理论计算方面，由于颗粒系统受迫振动时表现出高度的非线性特性，如类气态、类液态、类固态的复杂性转变[10-13]，很难对其减振效果进行准确的分析和预测。而在颗粒减振和耗能特性影响因素方面，如颗粒材料、颗粒粒径、颗粒填充率、颗粒表面摩擦系数、颗粒阻尼器形状和安装位置等参数的影响规律，主要通过试验验证获得[14-16]。

颗粒理论计算方法主要包括等效恢复系数方法[17]、等效黏滞阻尼方法[18]、离散元方法[19,20]、有限元/离散元耦合方法[21-25]等，常见理论计算方法建立了相关的分析模型。

1）多颗粒系统等效单颗粒系统方法

多颗粒系统碰撞时往往会表现出强非线性行为，采用单颗粒阻尼系统代替多颗粒阻尼系统，可有效避免颗粒之间相互碰撞问题，重点考虑颗粒与颗粒阻尼器壁之间的碰撞。不考虑耗能，此方法具有一定精度。颗粒等效转换关系如图 1.1 所示。

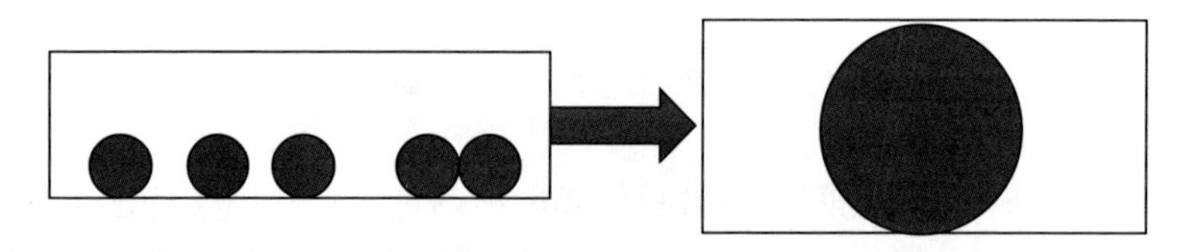

图 1.1　颗粒等效转换关系

2) 等效黏滞阻尼方法

为获得多颗粒阻尼器碰撞状态下的非线性振动耗能机理，等效黏滞阻尼方法定义了一个具有相同阻尼特性的等效线性振子，即稳态振动下平均耗散功率除以输入能量振幅[18]。通过搭建试验台，结合离散元模型计算耗能特性，该方法可有效指导颗粒阻尼器结构设计。等效黏滞阻尼方法应用模型如图 1.2 所示。

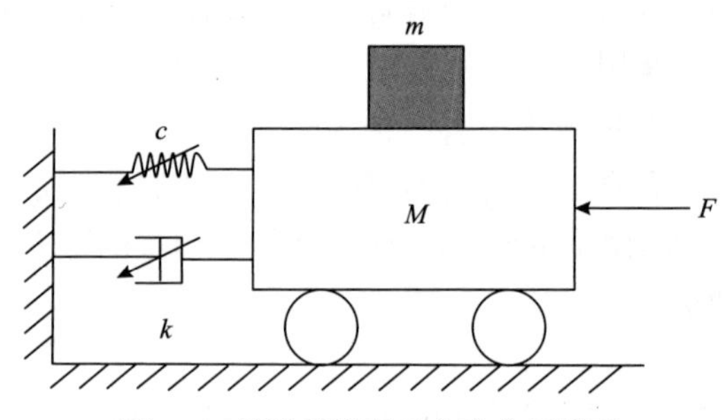

图 1.2　等效黏滞阻尼方法应用模型

等效黏滞阻尼表征了颗粒阻尼器的非线性特性，以试验为基础建立颗粒阻尼器的等效黏滞阻尼模型，可用于有限元模型的预测。与离散元方法等微观尺度的研究方法相比，该方法具有更高的效率和适用性，通过在结构有限元模型的网格点处增加一个非线性阻尼器，可将该模型应用于颗粒阻尼器的系统设计。

3) 有限元/离散元耦合方法

多颗粒阻尼器具有高度不连续性，可利用离散元方法对其进行求解。采用有限元/离散元耦合方法进行数值模拟，在不连续状态下求解固体力学与瞬态动力学特性。将每个颗粒作为一个单元，颗粒边界内的应力和变形用有限元方法求解，颗粒之间的接触力与运动方程由离散元方法求解。有限元/离散元耦合方法使用已知的不连续面划分网格，将离散单元和连续单元耦合在一起。为处理颗粒离散单元和颗粒有限单元之间的相互关系，通常采用拉格朗日乘子法建立罚函数模拟接触模型。颗粒接触模型如图 1.3 所示。

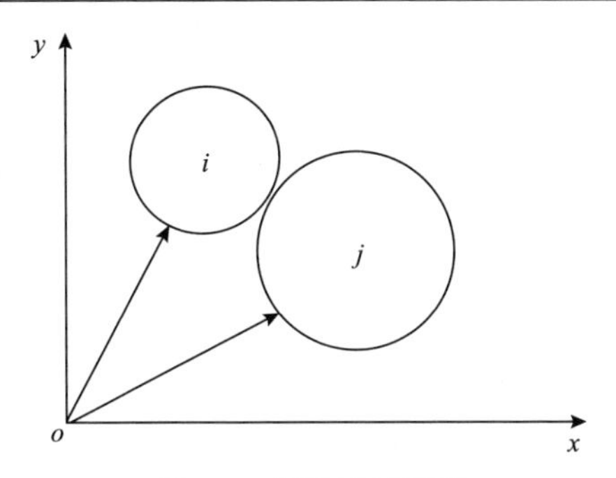

图 1.3 颗粒接触模型

利用有摩擦和无摩擦碰撞模型，可求得单元间的接触力。有限元/离散元耦合方法处理突变位移、非线性、离散单元间的不连续变形及系统动力学问题的效果更好。

上述理论计算方法中，多颗粒系统等效单颗粒系统方法仅分析了颗粒系统在受迫振动时与颗粒阻尼器壁的碰撞耗能，有限元/离散元耦合方法则是通过对颗粒振动规律的求解获得颗粒与颗粒阻尼器壁之间的平均碰撞力，两者均缺少对摩擦耗能和碰撞耗能的分析。等效黏滞阻尼方法虽然能够求解颗粒的非线性黏滞阻尼特性，但阻尼特性与振动速度相关，无法有效分析阻尼特性对结构质量和刚度系数的影响。

2. 颗粒阻尼数值仿真研究现状

离散元方法是分析颗粒耗能的常用方法。离散元方法基于颗粒所具有的离散化性质，把结构划分成具有单独运动特性的集合[26]。通过牛顿运动定律进行循环迭代计算，对每个微小单元进行微观运动分析，进而发现其宏观运动规律。

离散元方法是一种数值计算方法，通过计算机软件对大量颗粒的运动进行计算。通过极小的时间步长，将颗粒在一段时间内的运动进行合理地分段并逼近真实情况下的颗粒运动。再通过颗粒粒径、颗粒速度等参数计算颗粒在一段步长内是否碰撞以及碰撞后两个颗粒的速度或颗粒与颗粒阻尼器壁碰撞后颗粒的速度，通过颗粒材料、颗粒表面摩擦系数等参数计算颗粒的耗能大小。

基于离散元方法对颗粒的减振情况进行分析时，往往通过耗能的方法对比不同减振方案减振效果的好坏，并以此进一步优化减振方案。影响颗粒耗能的参数有颗粒粒径、颗粒材料、颗粒填充率、颗粒表面摩擦系数、颗粒表面恢复系数、颗粒阻尼器形状等。王宝顺等[9]基于耗能理论对颗粒阻尼减振原理以及减振效果优化进行了研究，通过建立颗粒力学模型，分析颗粒之间和颗粒与颗粒阻尼器壁之间的碰撞耗能和摩擦耗能，考虑多个参数对其耗能大小的影响，如颗粒表面摩擦系数、颗粒粒径等，并建立了单自由度的机械系统模型来计算系统的动能、弹性势能、阻尼能等。

在工业生产的大型设备当中运用离散元方法仿真颗粒的运动情况，进行数据的模拟分析，可以对结构进行整改与优化；对于试验中不易测得的数据，采用离散元方法的模拟能够补充并替代，从而更方便地解决实际的工程问题。

3. 颗粒阻尼试验研究现状

在试验方面，主要分析了冲击载荷形式和颗粒阻尼参数对系统减振效果的影响规律。Cempel 等[27]通过试验发现颗粒系统的耗能不仅与颗粒之间的相互碰撞作用有关，还同颗粒与颗粒阻尼器壁之间的碰撞耗能有关。许维炳等[28,29]将颗粒阻尼技术引入桥梁建筑减振工程中，建立了一种基于有限元模型模拟颗粒阻尼器性能的解析能量法，搭建了调频型颗粒阻尼器连续桥梁的试验台，试验发现颗粒阻尼器效果好且减振频带更宽。胡溧等[30]将颗粒阻尼器添加在质量块上，搭建了带颗粒阻尼的双层隔振系统，并探究了该系统的减振效果。宋黎明等[31]通过离散元方法分析了不同颗粒参数对矿用车座椅基座减振效果的影响。宋晓宇等[32]探究了不同类型颗粒阻尼器内不同颗粒运动形式下的耗能，并通过有限元方法仿真复现了耗能规律。鲁正等[33]基于 5 层钢构架模型，模拟在地震波激励下两种不同颗粒阻尼器的振动试验，并获得了在自由振动条件下，调谐型颗粒阻尼器相比调谐型质量阻尼器具有相对位移行程小、减振频带更宽、系统鲁棒性更好等优点的结论。

在冲击激励和简谐激励两种条件下，不同颗粒参数对颗粒系统耗能的影响规律不同。

1) 冲击激励条件下

(1) 颗粒填充率是影响颗粒耗能的重要参数且存在最佳值，颗粒填充率过高会减少颗粒与颗粒阻尼器之间的碰撞次数，而颗粒填充率过低会减少颗粒之间的接触次数，二者均会降低颗粒的主要耗能形式——碰撞耗能。

(2) 颗粒粒径越小，颗粒耗能越大，减振效果越好，同时还可以使系统在更短的时间内趋向于静平衡状态。但总体上颗粒粒径对颗粒耗能的影响不十分显著。

(3) 颗粒摩擦耗能主要包括黏滞耗能和滑动摩擦耗能，颗粒表面恢复系数和颗粒表面摩擦系数对颗粒耗能的影响不大，但会决定这两种耗能形式在总耗能中的比例关系，二者此消彼长，相互制衡。

(4) 颗粒材料同时包含诸多不同参数的影响从而使分析结果具有不确定性，材料密度较大的颗粒在冲击激励下初期耗能效率较高，但长期的耗能却不尽如人意。

2) 简谐激励条件下

(1) 颗粒填充率对系统共振频率影响很大，系统共振频率会随着颗粒填充率的增大而减小。系统在最佳颗粒填充率下受到简谐激励共振时，颗粒与颗粒阻尼器保持一致的稳态运动，颗粒平均振幅大于颗粒阻尼器振幅，并与颗粒阻尼器存在恒定相位差。

(2)系统振幅、碰撞耗能占总耗能比例均会随着激励幅值的增大而增加，但外部激振力幅值对最佳颗粒填充率的影响不大。

(3)在颗粒填充率为 80%～100%时，相对于其他颗粒粒径(如 1mm、3mm、4mm 等)、其他颗粒材料(如钨基合金、铅基合金、二氧化硅等)的颗粒，在同等颗粒填充率条件下，2mm 铁基合金颗粒耗能最大。简谐激励条件下不同粒径的颗粒耗能如图 1.4 所示。

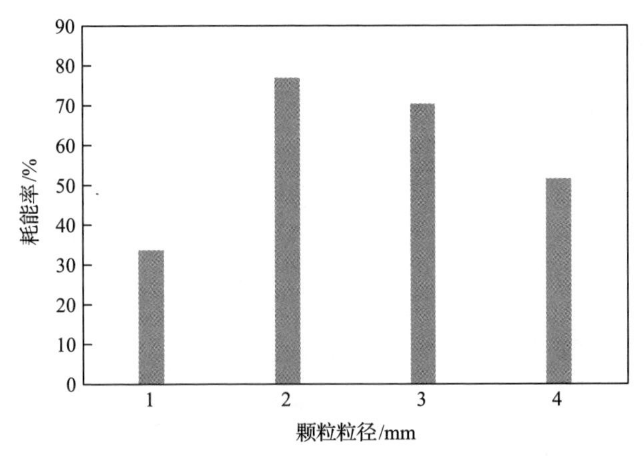

图 1.4 简谐激励条件下不同粒径的颗粒耗能

1.2 颗粒阻尼技术的应用领域

颗粒阻尼减振的机制还尚未有确切定论，但其因低功耗、稳定性、效能高等优点，已被广泛应用于航天器结构减振[34]、机场风塔减振[14]、火箭引擎减振[35]、齿轮减振[36]、重型压缩机机组减振[37]等实际应用中。颗粒阻尼技术广泛应用于机械工程、航空航天以及土木工程等领域。

1. 机械工程领域

颗粒阻尼技术最早应用于机械工程领域。1937 年，Paget[38]设计了用于抑制涡轮叶片振动问题的冲击阻尼器，冲击阻尼器空腔内仅有一个颗粒，运动状态下容易产生较大的噪声与冲击力，是最早的颗粒阻尼模型。后来继续将单个大颗粒裂解成很多等质量的小颗粒，就产生了当前应用广泛的颗粒阻尼器。

Skipor 等[39]将冲击阻尼器应用于卷纸印刷机滚筒中，以克服传统印刷机工作速度的限制。Sims 等[40]将颗粒阻尼技术应用于工件中，以减小加工工件铣削过程中产生的颤振。Lucifredi 等[41]将颗粒阻尼技术引入刹车片冲击试验测试，以减小刹车过程中产生的噪声与振动能量。Biju 等[42]设计了一种填充于镗杆的颗粒冲击阻尼，通过对比有无颗粒冲击阻尼的钻孔表面形貌分析，得到了提高镗孔稳定性的颗粒冲击阻尼参数。

李伟等[43,44]研究了激振力、阻尼系数、系统固有频率等参数对豆包阻尼器阻尼效率的影响，并将其应用于板结构、悬臂梁结构等的振动抑制上。Xiao 等[45]引入离散元方法，研究了颗粒阻尼系统在离心载荷作用下的耗能机理，齿轮附加颗粒阻尼模型如图 1.5(a)所示。通过获取降低齿轮系统振动的一系列颗粒阻尼参数，在高温、油润滑等恶劣工作条件下，能有效降低齿轮啮合时的振动，并进行了相应的一系列试验探究。邓琳蔚等[46]在列车车轮踏面上附加颗粒阻尼器，以解决列车运行时产生的车轮振动以及由于振动产生的结构声辐射问题，车轮加装颗粒阻尼器如图 1.5(b)所示。和东平等[47]设计了一种应用于波纹辊轧机非线性垂振控制的颗粒阻尼吸振器，对波纹辊轧机的非线性垂振行为进行有效控制，颗粒阻尼吸振器如图 1.5(c)所示。宋晓宇等[32]对比了两种颗粒阻尼器在不同的冲击形式下的耗能差异，颗粒阻尼器模型与冲击形式如图 1.5(d)所示。

(a) 齿轮附加颗粒阻尼模型[45]

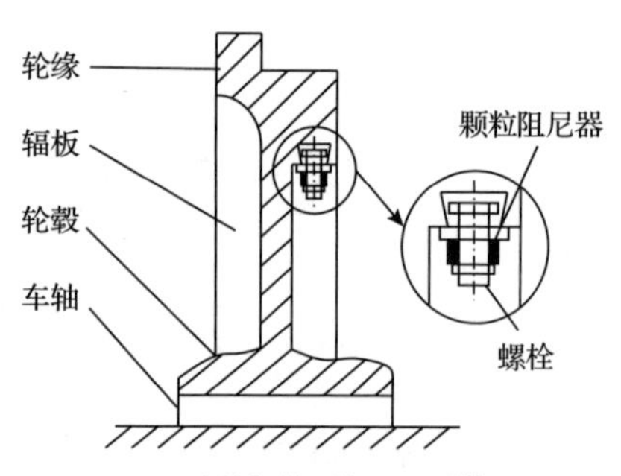

(b) 车轮加装颗粒阻尼器[46]

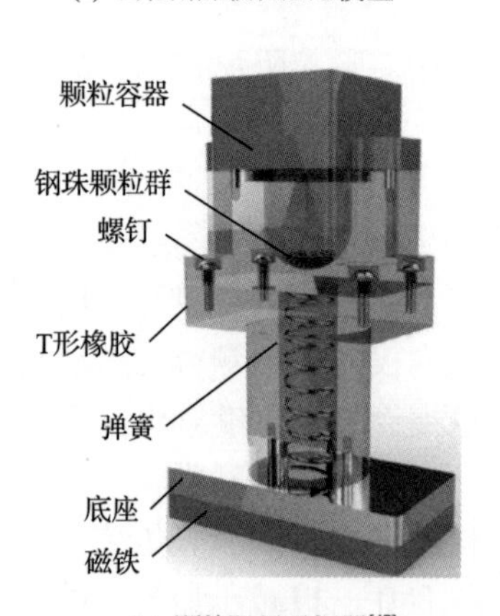

(c) 颗粒阻尼吸振器[47]

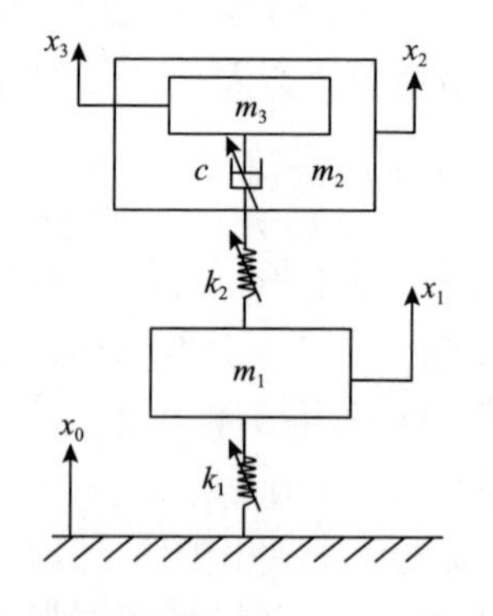

(d) 颗粒阻尼器模型与冲击形式[32]

图 1.5　颗粒阻尼技术在机械工程领域的应用

2. 航空航天领域

颗粒阻尼技术在航空航天领域的应用研究较早。Lieber 等[48]提出用一个质量块在两腔壁的往复运动中阻碍机械系统振动的方法，并采用冲击阻尼器控制飞行器振动问题。Moore 等[35]设计并测试了一种冲击阻尼器，用于低温环境下工作的火箭发动机涡轮增压器，研究表明冲击阻尼器是低温转子轴承系统振动抑制的有效手段。

我国颗粒阻尼技术在航空航天领域的研究和应用相比于国外起步较晚。段勇等[49]将颗粒阻尼技术引入直升机旋翼桨叶的减振中，颗粒与桨叶的位置示意如图 1.6(a)所示，桨叶颗粒阻尼器如图 1.6(b)所示。刘彬等[50]对轮体模型进行分析，发现当轮体结构发生伞形振动时轮缘位置响应最大，并以此设计了一种安装在轮体结构外缘的颗粒阻尼器，安装颗粒阻尼器的轮体如图 1.6(c)所示。於为刚等[51]通过仿真分析和试验设计，验证了颗粒阻尼器在飞机管道中减振效果的有效性，管道颗粒阻尼结构如图 1.6(d)所示。

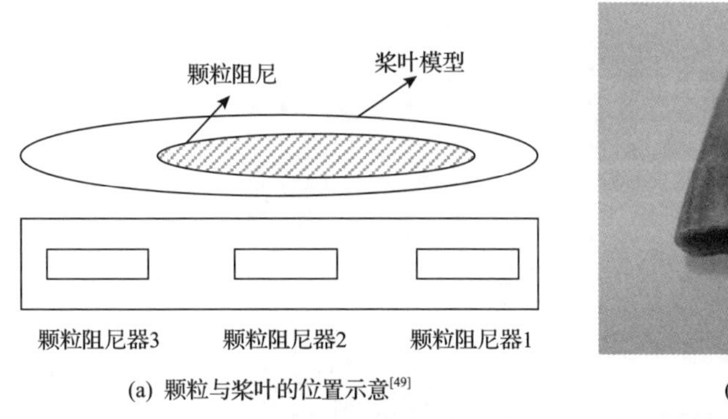

(a) 颗粒与桨叶的位置示意[49]

(b) 桨叶颗粒阻尼器[49]

(c) 安装颗粒阻尼器的轮体[50]

(d) 管道颗粒阻尼结构[51]

图 1.6 颗粒阻尼技术在航空航天领域的应用

航天器结构共振和局部激励过大会造成航天器结构遭到破坏、精密电子元器件受损、危害舱内人员安全等严重后果，减振抗冲击是航天器结构设计中一个至关重要的问题。颗粒阻尼技术结构简单、可在不同恶劣环境下工作，且航天器内的各类蜂窝、夹层结构与颗粒的安装方式相匹配，可靠性高，为颗粒阻尼技术在航空发动机叶片上应用奠定基础。

3. 土木工程领域

在土木工程中，颗粒阻尼器主要是对结构的水平振动进行控制。试验及应用研究中有不同的颗粒类型，受控结构未振动时，颗粒静止分散在颗粒阻尼器中；受控结构发生水平振动时，颗粒与颗粒、颗粒与颗粒阻尼器壁之间发生摩擦和碰撞从而抑制结构的振动。不同类型的颗粒如图 1.7 所示。

图 1.7　不同类型的颗粒

与机械工程、航空航天等领域相比，土木工程中结构的振动频率和幅值均较低，因此机械工程、航空航天等领域中颗粒阻尼器的分类不完全适用于土木工程领域，且其减振机理与减振效果均存在差异性。如果将非阻塞性颗粒阻尼概念直接应用于土木工程结构的减振，会由于颗粒在振动方向堆积而运动受阻，导致其减振效果受限。

在土木工程中按照工程需求和适用性对颗粒阻尼器进行分类，可根据在振动方向颗粒与颗粒阻尼器壁之间是否存在间隙，将颗粒阻尼器划分为堆积型颗粒阻尼器和非堆积型颗粒阻尼器两类。堆积型颗粒阻尼器与非堆积型颗粒阻尼器的减振机理和减振效果具有很大的差异。堆积型颗粒阻尼器如图 1.8 所示。非堆积型颗粒阻尼器主要包括单层颗粒阻尼器[52]、多层颗粒阻尼器[28]和豆包颗粒阻尼器[53]，如图 1.9 所示。

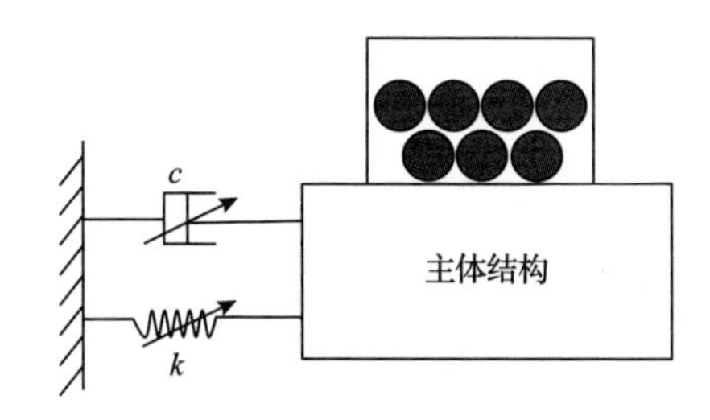

图 1.8　堆积型颗粒阻尼器

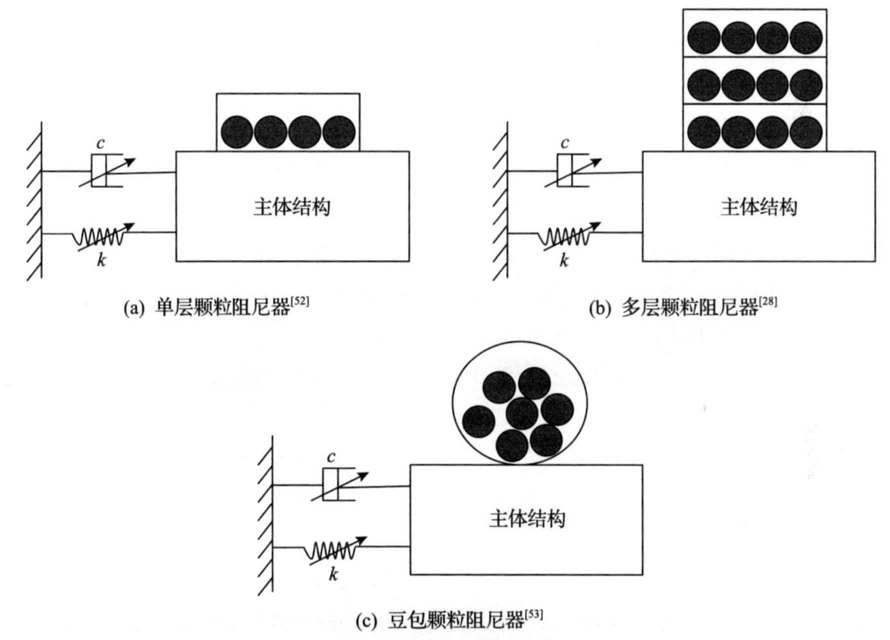

(a) 单层颗粒阻尼器[52]　　(b) 多层颗粒阻尼器[28]

(c) 豆包颗粒阻尼器[53]

图 1.9　非堆积型颗粒阻尼器

Ogawa 等[54]将单层颗粒阻尼器用于悬索桥桥塔以控制风振。杨智春等[55]以 5 层框架结构为对象，对布置多层颗粒阻尼器后结构的响应进行了分析，结果表明该颗粒阻尼器减振频率宽，对宽频带随机激励的振动响应有很好的抑制效果，可用于高层建筑的地震和风振控制。鲁正等[56]提出一种颗粒调谐质量阻尼系统，通过气动弹性模型风洞试验表明其对高层建筑风致振动响应有良好的振动抑制效果。闫维明等[57]进行了一系列单层多颗粒阻尼器减振机理与性能的试验研究，总结了各因素对减振性能的影响规律。为了提高其振动控制效果，其团队提出了隔舱式颗粒阻尼器与调频型颗粒阻尼器，通过设置该阻尼器的多层钢筋混凝土结构、曲线型高架连续梁桥及沉管隧道模型的振动台试验来研究其振动控制效果，研究结果表明颗粒阻尼器均具有良好的减振效果。

参 考 文 献

[1] 姚冰, 陈前. 基于粉体力学模型的颗粒阻尼研究. 振动与冲击, 2013, 32(22): 7-12.

[2] 闫维明, 张向东, 黄韵文, 等. 基于颗粒阻尼技术的结构减振控制. 北京工业大学学报, 2012, 38(9): 1316-1320.

[3] Mao K, Wang M Y, Xu Z, et al. DEM simulation of particle damping. Powder Technology, 2004, 142(2-3): 154-165.

[4] 杨英, 赵西伟, 何萌. 基于 DEM 算法的多颗粒碰撞耗能机理分析与振动抑制研究. 机电工程, 2017, 34(1): 23-27.

[5] Wei H, Nie H, Li Y, et al. Measurement and simulation validation of DEM parameters of pellet, sinter and coke particles. Powder Technology, 2020, 364: 593-603.

[6] 鲁正, 吕西林, 闫维明. 颗粒阻尼技术研究综述. 振动与冲击, 2013, 32(7): 1-7.

[7] 周宏伟, 陈前, 段勇. 颗粒阻尼系统动力学特性研究. 振动与冲击, 2008, (5): 109-111, 178.

[8] 闫维明, 黄韵文, 何浩祥, 等. 颗粒阻尼技术及其在土木工程中的应用展望. 世界地震工程, 2010, 26(4): 18-24.

[9] 王宝顺, 闫维明, 何浩祥, 等. 考虑摩擦效应的颗粒阻尼器力学模型研究及参数分析. 工程力学, 2019, 36(6): 109-118.

[10] Jaeger H M, Nagel S R, Behringer R P, et al. Granular solids, liquids, and gases. Reviews of Modern Physics, 1996, 68(4): 1259-1273.

[11] Aranson I S, Blair D L, Kalatsky V A, et al. Electrostatically driven granular media: Phase transitions and coarsening. Physical Review Letters, 2000, 84(15): 3306-3309.

[12] Clerc M G, Cordero P, Dunstan J, et al. Liquid-solid-like transition in quasi-one-dimensional driven granular media. Nature Physics, 2008, 4(3): 249-254.

[13] Tai S C, Hsiau S S. Movement mechanisms of solid-like and liquid-like motion states in a vibrating granular bed. Powder Technology, 2009, 194(3): 159-165.

[14] Tamura Y, Kousaka R, Modi V J, et al. Practical application of nutation damper for suppressing wind-induced vibrations of airport towers. Journal of Wind Engineering and Industrial Aerodynamics, 1992, 43(1-3): 1919-1930.

[15] Lawrance G, Paul P S, Varadarajan A S, et al. Attenuation of vibration in boring tool using spring controlled impact damper. International Journal on Interactive Design and Manufacturing, 2017, 11(4): 903-915.

[16] Snoun C, Trigui M. Design parameters optimization of a particles impact damper. International Journal on Interactive Design and Manufacturing, 2018, 12(4): 1283-1297.

[17] Papalou A, Masri S F. Performance of particle dampers under random excitation. Journal of

Vibration and Acoustics, 1996, 118(4): 614-621.

[18] Ben R M, Bouhaddi N, Trigui M, et al. The loss factor experimental characterisation of the non-obstructive particles damping approach. Mechanical Systems and Signal Processing, 2013, 38(2): 585-600.

[19] Saeki M. Analytical study of multi-particle damping. Journal of Sound and Vibration, 2005, 281(3-5): 1133-1144.

[20] 俞韶秋, 汤华. 有限元/离散元耦合分析方法及其工程应用. 上海交通大学学报, 2013, 47(10): 1611-1615.

[21] 肖望强, 曾玉梅, 张新宇, 等. 基于有限元-离散元耦合的粒子阻尼减振研究. 宇航总体技术, 2022, 6(6): 1-8.

[22] Chen X D, Wang H F. Simulation of particle dampers using the combined finite-discrete element method// International Conference on Discrete Element Methods. Singapore, 2016, 188: 361-367.

[23] Zhang R L, Wu C J, Zhang Y T, et al. A novel technique to predict harmonic response of particle-damping structure based on ANSYS secondary development technology. International Journal of Mechanical Sciences, 2017, 144: 877-886.

[24] Dratt M, Katterfeld A. Coupling of FEM and DEM simulations to consider dynamic deformations under particle load. Granular Matter, 2017, 19(3): 49.

[25] Gnanasambandham C, Schonle A, Eberhard P, et al. Investigating the dissipative effects of liquid-filled particle dampers using coupled DEM-SPH methods. Computational Particle Mechanics, 2019, 6(2): 257-269.

[26] Cundall P A, Strack O D. A discrete numerical model for granular assemblies. Géotechnique, 2008, 30(3): 331-336.

[27] Cempel C, Lotz G. Efficiency of vibrational energy dissipation by moving shot. Journal of Structural Engineering, 1993, 119(9): 2642-2652.

[28] 许维炳, 闫维明, 王瑾, 等. 调频型颗粒阻尼器与高架连续梁桥减振控制研究. 振动与冲击, 2013, 32(23): 94-99.

[29] Yan W M, Xu W B, Wang J, et al. Experimental research on the effects of a tuned particle damper on a viaduct system under seismic loads. Journal of Bridge Engineering, 2014, 19(3): 1-10.

[30] 胡溧, 王京, 杨啓梁. 带颗粒阻尼双层隔振系统减振性能实验研究. 机械设计与制造, 2017, (6): 86-89.

[31] 宋黎明, 杨哲, 董志明, 等. 颗粒参数和填充率对颗粒阻尼器减振性能的影响分析. 矿山机械, 2018, 46(5): 19-21.

[32] 宋晓宇, 尹忠俊, 陈兵. 颗粒冲击形式对阻尼器能量损耗影响的研究. 振动与冲击, 2019,

38(24): 138-143, 188.

[33] 鲁正, 廖元, 吕西林. 调谐质量阻尼器和调谐型颗粒阻尼器减振性能对比研究. 建筑结构学报, 2019, 40(12): 163-168.

[34] Olędzki A. A new kind of impact damper-from simulation to real design. Mechanism and Machine Theory, 1981, 16(3): 247-253.

[35] Moore J J, Palazzolo A, Gadangi R K, et al. A forced response analysis and application of impact dampers to rotor dynamic vibration suppression in a cryogenic environment. Journal of Vibration and Acoustics, 1995, 117(3A): 300-310.

[36] Xiao W Q, Chen Z W, Pan T L, et al. Research on the impact of surface properties of particle on damping effect in gear transmission under high speed and heavy load. Mechanical Systems and Signal Processing, 2018, 98: 1116-1131.

[37] Lei X F, Wu C J, Wu H L, et al. A novel composite vibration control method using double-decked floating raft isolation system and particle damper. Journal of Vibration and Control, 2018, 24(19): 4407-4418.

[38] Paget A L. Vibration in steam turbine buckets and damping by impacts. Engineering, 1937, 143: 305-307.

[39] Skipor E, Bain L J. Application of impact damping to rotary printing equipment. Journal of Mechanical Design, 1980, 102(2): 338-343.

[40] Sims N D, Amarasinghe A, Ridgway K. Particle dampers for workpiece chatter mitigation. ASME 2005 International Mechanical Engineering Congress and Exposition, 2005, 16: 825-832.

[41] Lucifredi A, Silvestri P, Denevi F, et al. Theoretical and experimental investigation on techniques for controlling brake pad damping through particle damping technology. International Journal of Condition Monitoring, 2014, 4(1): 9-14.

[42] Biju C V, Shunmugam M S. Investigation into effect of particle impact damping (PID) on surface topography in boring operation. The International Journal of Advanced Manufacturing Technology, 2014, 75(5-8): 1219-1231.

[43] 李伟, 朱德懋, 黄协清. 柔性约束颗粒阻尼于板结构的减振研究. 噪声与振动控制, 1998, (4): 2-5.

[44] 李伟, 朱德懋, 胡选利, 等. 豆包阻尼器的减振特性研究. 航空学报, 1999, (2): 73-75.

[45] Xiao W Q, Li W. Experiment for vibration suppression based on particle damping for gear transmission. Advanced Materials Research, 2014, 945-949: 703-706.

[46] 邓琳蔚, 陈照波, 王林玉, 等. 基于颗粒阻尼的车轮声辐射特性分析. 噪声与振动控制, 2019, 39(2): 53-56.

[47] 和东平, 徐慧东, 刘元铭, 等. 基于颗粒阻尼吸振的波纹辊轧机非线性垂振控制. 钢铁,

2021, (6): 1-11.
[48] Lieber P, Jensen D P. An acceleration damper: Development, design and some applications. Transactions of the ASME, 1945, 67(10): 523-530.
[49] 段勇, 陈前, 林莎. 颗粒阻尼对直升机旋翼桨叶减振效果的试验. 航空学报, 2009, 30(11): 2113-2118.
[50] 刘彬, 王延荣, 田爱梅, 等. 轮体结构颗粒阻尼器设计方法.航空动力学报, 2014, 29(10): 2476-2485.
[51] 於为刚, 陈果, 刘彬彬, 等. 飞机管道颗粒碰撞阻尼器设计与试验验证. 航空学报, 2018, 39(12): 401-413.
[52] 闫维明, 王瑾, 许维炳. 基于单自由度结构的颗粒阻尼减振机理试验研究. 土木工程学报, 2014, 47(S1): 76-82.
[53] 陈天宁, 陈花玲, 黄协清. 豆包消振器的阻尼特性研究. 西安交通大学学报, 1996, 30(7): 25-31.
[54] Ogawa K, Ide T, Saitou T. Application of impact mass damper to a cable-stayed bridge pylon. Journal of Wind Engineering and Industrial Aerodynamics, 1997, 72(1): 301-312.
[55] 杨智春, 李泽江. 颗粒碰撞阻尼动力吸振器的设计及实验研究. 振动与冲击, 2010, 29(6): 69-71, 143, 236.
[56] 鲁正, 王佃超, 吕西林. 颗粒调谐质量阻尼系统对高层建筑风振控制的试验研究. 建筑结构学报, 2015, 36(11): 92-98.
[57] 闫维明, 谢志强, 张向东, 等. 隔舱式颗粒阻尼器在沉管隧道中的减振控制试验研究. 振动与冲击, 2016, 35(17): 7-12,25.

第 2 章　颗粒阻尼耗能理论分析

2.1　颗粒材料的基本特征

粉体力学研究了单颗粒和颗粒堆积体的力学性质，如颗粒的填充性、摩擦性、黏附性、流动性、偏析、起拱、透过性、强度、硬度、磨蚀性等。

1) 颗粒的堆积密度

颗粒的堆积密度 ρ_b 定义为

$$\rho_b = \frac{M}{V_b} \tag{2.1}$$

式中，M 为颗粒质量；V_b 为堆积体积。

颗粒的堆积密度不仅取决于颗粒的形状、颗粒的尺寸与尺寸分布，还取决于颗粒的堆积方式。常用的堆积密度有松动堆积密度 $\rho_{b,l}$ 和紧密堆积密度 $\rho_{b,t}$。松动堆积是指在重力作用下慢慢沉积后的堆积，紧密堆积是通过机械振动所达到的最紧密堆积。

2) 颗粒堆积的空隙率

颗粒堆积的空隙率 ε 定义为

$$\varepsilon = \frac{V_v}{V_b} = 1 - \frac{\rho_b}{\rho_p} \tag{2.2}$$

式中，V_v 为空隙体积；ρ_p 为颗粒密度。

与堆积密度相同，堆积空隙率取决于颗粒的形状、颗粒的尺寸与尺寸分布及颗粒的堆积方式。与堆积密度相对应，常用的堆积空隙率有松动堆积空隙率 $\varepsilon_{b,l}$ 和紧密堆积空隙率 $\varepsilon_{b,t}$，它们分别为

$$\varepsilon_{b,l} = 1 - \frac{\rho_{b,l}}{\rho_p} \tag{2.3}$$

$$\varepsilon_{b,t} = 1 - \frac{\rho_{b,t}}{\rho_p} \tag{2.4}$$

3) 颗粒的配位数

颗粒的配位数为颗粒堆积中与某一颗粒所接触的颗粒数量，均匀颗粒的6种排列形式示意图如图2.1所示。其中1和4为最松排列，3和6为最密排列。表2.1列出了这6种排列空间特征的计算结果，其中填充率为颗粒体积占颗粒堆积体积的比率，其配位数为6～12[1]。

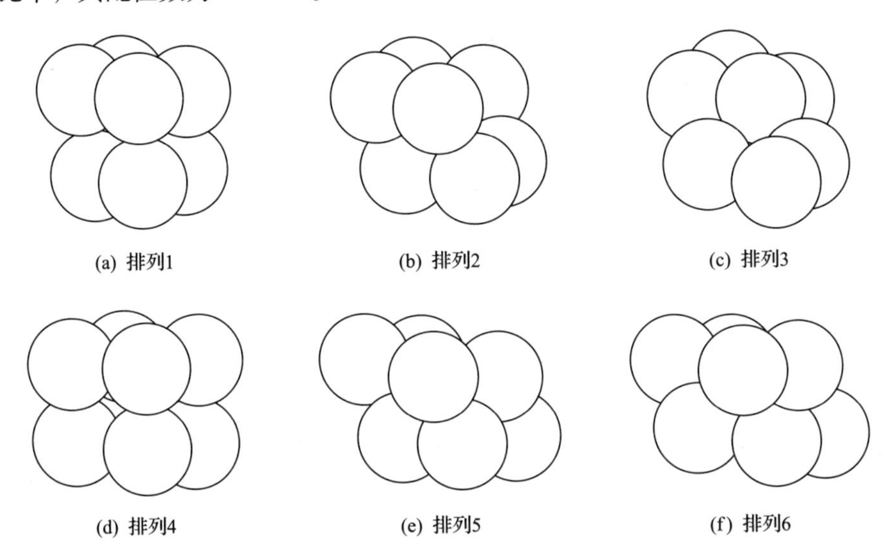

图2.1　均匀颗粒的6种排列形式示意图

表2.1　均匀颗粒的6种排列形式最小单元体空间特征

序号	底面积	单元体		空隙率	填充率	配位数	名称
		总体积	空隙体积				
1	1	1	0.4764	0.4764	0.5236	6	立方体填充
2	1	$\frac{\sqrt{3}}{2}$	0.3424	0.3954	0.6046	8	正斜方体填充
3	1	$\frac{1}{\sqrt{2}}$	0.1834	0.2594	0.7406	12	棱面体填充
4	$\frac{\sqrt{3}}{2}$	$\frac{\sqrt{3}}{2}$	0.3424	0.3954	0.6406	8	正斜方体填充
5	$\frac{\sqrt{3}}{2}$	$\frac{3}{4}$	0.2264	0.3019	0.6981	10	楔形四面体填充
6	$\frac{\sqrt{3}}{2}$	$\frac{1}{\sqrt{2}}$	0.1834	0.2595	0.7406	12	六方最密填充

颗粒在简谐振动过程中，颗粒排列会在密实和稀疏之间来回变化，因此一般

假设颗粒之间的排列形式是排列最紧密的 3 或者 6。

4)颗粒的兰金应力状态

颗粒装在两个无限大的垂直平板之间。当两平板受力向外移动时，颗粒向外移动或有向外移动的趋势，这种应力状态称为兰金主动应力状态简称主动态，兰金主动应力状态如图 2.2(a)所示；当两平板受向内推力的作用时，颗粒向内移动或有向内移动的趋势，这种应力状态称为兰金被动应力状态简称被动态，兰金被动应力状态如图 2.2(b)所示。

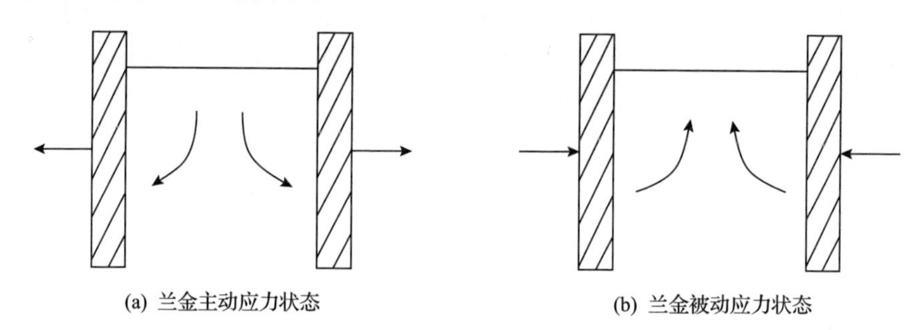

图 2.2　兰金应力状态示意图

兰金应力状态微元体如图 2.3 所示。图中 $A—A'$为自由表面，其面上没有应力，即 $\tau_{xy}=-\tau_{yx}=0$。所以微元体上只有正应力，且有

$$\sigma_{yy}=\rho_{\mathrm{b}}gy \tag{2.5}$$

当两平板受力向外移动时 σ_{xx} 减小，当 σ_{xx} 减小到某一临界状态时颗粒开始流动，这个临界应力状态即为兰金主动应力状态，由莫尔-库仑定律可得

$$\sigma_{xx}=p^{*}(1-\sin\phi_i)-c\cot\phi_i \tag{2.6}$$

$$\sigma_{yy}=p^{*}(1+\sin\phi_i)-c\cot\phi_i \tag{2.7}$$

由式(2.6)和式(2.7)可得

$$\sigma_{xx}=\frac{1-\sin\phi_i}{1+\sin\phi_i}\sigma_{yy}-2c\frac{\cos\phi_i}{1+\sin\phi_i} \tag{2.8}$$

对于 Molerus Ⅰ类颗粒，有

$$\sigma_{xx}=\frac{1-\sin\phi_i}{1+\sin\phi_i}\sigma_{yy}=\frac{1-\sin\phi_i}{1+\sin\phi_i}\rho_{\mathrm{b}}gy=K^{*}\rho_{\mathrm{b}}gy \tag{2.9}$$

式中，K^{*} 为兰金被动应力系数，简称被动态系数。

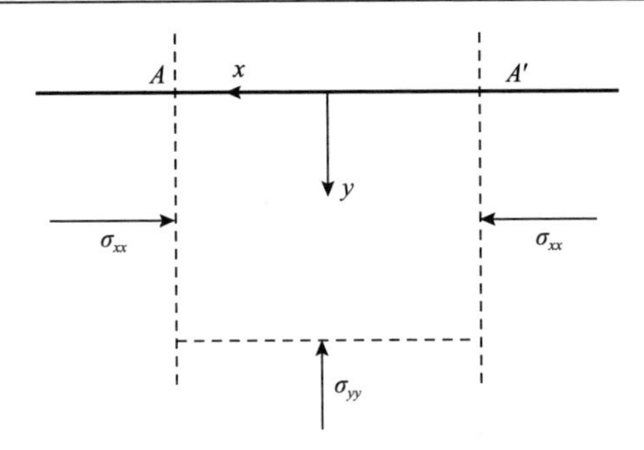

图 2.3　兰金应力状态微元体

2.2　颗粒接触模型

在离散元方法中，为合理地对离散体进行分析，有以下几点基本的假设，在实际建模过程中，分析模型需要满足离散元方法的基本假设，否则将无法使用离散元方法进行分析求解[2]。基本假设如下：

(1)通过各个颗粒的运动轨迹，计算两个颗粒之间的接触力以及颗粒的运动位移，把运动看作是颗粒的自身质量或者是外部载荷在介质中传播的结果。假设颗粒在任何一个时间步长内的速度与加速度都是不变的，在实际计算过程中需要将时间步长设置为足够小，以至于在每一个时间步长循环周期内，任一颗粒受到的扰动量不能从其中任意的一个颗粒传播扩散到它的相邻颗粒上。在所有时间段内，任意颗粒所具有的合力以及多个颗粒间的接触作用都是唯一确定的。在这个计算过程中，不需要形成结构的刚度矩阵，避免了复杂的矩阵运算。

(2)颗粒相互作用时，假设在颗粒的接触位置存在重叠量,其大小与接触力直接相关。颗粒的运动特性均由其重心表示，颗粒之间的作用力遵循作用力与反作用力的法则。

(3)当颗粒分离后，它们之间不存在作用力。

(4)颗粒为刚性体，可以根据不同的对象以及应用场景，建立相应的接触模型。常见的接触模型主要有Hertz-Mindlin的无滑动接触模型和Hertz-Mindlin的黏结性接触模型等[3-5]。

离散元模型分为软球模型和硬球模型两种简化模型。软球模型将颗粒间的法向接触力简化为弹簧和阻尼器，切向接触力简化为弹簧、阻尼器和滑动器，引入刚度系数和阻尼系数等参量，不考虑颗粒表面变形，根据颗粒间法向重叠量和切向相对位移计算接触力。硬球模型完全忽略颗粒接触力大小和颗粒表面变形细节，接触过程简化为瞬间完成的碰撞过程，碰撞后速度直接给出，是接触过程中力对时间积分的结果，碰撞过程中能量的耗散采用颗粒表面恢复系数予以表达。

根据颗粒系统结构特点，颗粒填充在颗粒阻尼器内部，颗粒系统受腔体约束。宏观尺度的颗粒系统为不连续介质且具有可压缩性，冲击振动过程，系统内部颗粒运动(滚动与相对滑动)为非仿射性，受力变形性能主要与局部区域即剪切带的运动相关，采用软球模型。

为研究颗粒系统在振动作用下的力链传递，假设应力波冲击颗粒系统时，微观颗粒均不发生变形，颗粒系统的变形为颗粒间接触点的变形的总和；颗粒间的接触发生在很小的区域内(即点接触)；颗粒接触特性为软接触(即刚性颗粒在接触点允许发生一定的重叠量，重叠量与颗粒粒径相比很小)，颗粒本身的形变相对于颗粒的平移和转动也很小；在每个时间步内，扰动不能从任一颗粒传播到它的相邻颗粒上，在所有时间内，任一颗粒上作用的合力可以由与其接触的颗粒之间的相互作用唯一确定。

颗粒与颗粒之间的接触力分为法向接触力、切向接触力和颗粒间力矩。颗粒接触力学模型如图 2.4 所示。

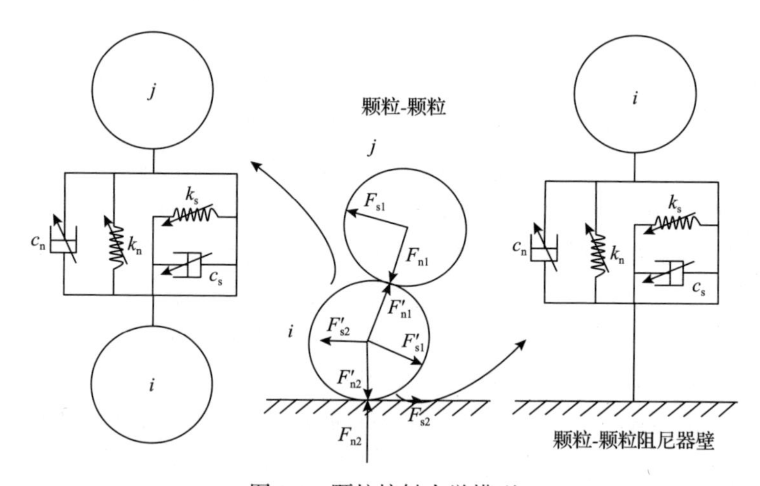

图 2.4　颗粒接触力学模型

设初始时刻，颗粒 i 和颗粒 j 在空间坐标系中的坐标分别为 (x_i, y_i, z_i) 和 (x_j, y_j, z_j)，两个颗粒的半径分别为 r_i 和 r_j，颗粒 i、j 之间的相对位移为 $D_{i,j}$，颗粒 i 与颗粒阻尼器壁之间的相对位移为 $D_{i,w}$。当 $D_{i,j} < r_i + r_j$ 时，颗粒 i、j 发生碰撞；当 $D_{i,w} < r_i$ 时，颗粒 i 与颗粒阻尼器壁之间发生碰撞。当碰撞发生时，颗粒与颗粒之间或颗粒与颗粒阻尼器壁之间的法向重叠量可以表示为

$$D_n = \begin{cases} r_i + r_j - D_{i,j}, & \text{颗粒与颗粒之间} \\ r_i - D_{i,w}, & \text{颗粒与颗粒阻尼器壁之间} \end{cases} \tag{2.10}$$

法向接触力包括法向弹簧力与法向阻尼力，二者分别表示为

$$F_{\mathrm{kn}} = -k_{\mathrm{n}} D_{\mathrm{n}} \tag{2.11}$$

$$F_{\mathrm{cn}} = -c_{\mathrm{n}} v_{\mathrm{n}} \tag{2.12}$$

式中，c_{n} 为法向阻尼系数；k_{n} 为法向刚度系数；v_{n} 为法向相对速度。

k_{n} 和 c_{n} 均可由 Hertz 接触理论推导出，可以表示为

$$k_{\mathrm{n}} = \frac{4}{3}\left(\frac{1-\mu_i^{2}}{E_i} + \frac{1-\mu_j^{2}}{E_j}\right)^{-1}\left(\frac{r_i + r_j}{r_i r_j}\right)^{-\frac{1}{2}} \tag{2.13}$$

$$c_{\mathrm{n}} = 2\sqrt{m k_{\mathrm{n}}} \tag{2.14}$$

式中，E 为颗粒材料的弹性模量；μ 为颗粒材料的泊松比。

当颗粒材料和颗粒半径相同时，k_{n} 可被简化为

$$k_{\mathrm{n}} = \frac{\sqrt{2r}E}{3(1-\mu^{2})} \tag{2.15}$$

因此，两颗粒间的法向接触力可以表示为

$$F_{\mathrm{n1}} = F_{\mathrm{kn}} + F_{\mathrm{cn}} = \frac{\sqrt{2r}E}{3(1-\mu^{2})}(2r - D_{i,j}) + 2\sqrt{m k_{\mathrm{n}}}\, v_{\mathrm{n}} \tag{2.16}$$

切向接触力包括切向弹簧力与切向阻尼力，二者分别表示为

$$F_{\mathrm{ks}} = -k_{\mathrm{s}} D_{\mathrm{s}} \tag{2.17}$$

$$F_{\mathrm{cs}} = -c_{\mathrm{s}} v_{\mathrm{s}} \tag{2.18}$$

式中，D_{s} 为切向相对位移；v_{s} 为切向相对速度。

k_{s} 和 c_{s} 均可由 Hertz 接触理论推导出，可以表示为

$$k_{\mathrm{s}} = 8 D_{\mathrm{n}}^{\frac{1}{2}}\left(\frac{1-\mu_i^{2}}{E_i} + \frac{1-\mu_j^{2}}{E_j}\right)^{-1}\left(\frac{r_i + r_j}{r_i r_j}\right)^{-\frac{1}{2}} \tag{2.19}$$

$$c_{\mathrm{s}} = 2\sqrt{m k_{\mathrm{s}}} \tag{2.20}$$

当颗粒材料和颗粒粒径相同时，k_{s} 可被简化为

$$k_s = \frac{2\sqrt{2D_n r}E}{1-\mu^2} \tag{2.21}$$

两颗粒间切向接触力为

$$F_{s1} = F_{ks} + F_{cs} = -\frac{2\sqrt{2D_n r}E}{1-\mu^2}D_s + 2\sqrt{m\frac{2\sqrt{2D_n r}E}{1-\mu^2}}v_s \tag{2.22}$$

切向摩擦力可由库仑摩擦力模型得到，可以表示为

$$F_s = fF_n \tag{2.23}$$

当 $F_{s1} > F_s$ 时，即切向接触力大于切向摩擦力，颗粒之间存在相对滑动。

颗粒与颗粒阻尼器壁间的接触力，可以表示为

$$\begin{cases} F_{n2} = F_{kn} + F_{cn}, & \text{法向} \\ F_{s2} = F_{ks} + F_{cs}, & \text{切向} \end{cases} \tag{2.24}$$

2.3 颗粒接触判断算法

在任意时刻点上，颗粒 i 的控制方程为

$$m_i \frac{d^2 p_i}{dt^2} = F_i + m_i g \tag{2.25}$$

$$I_i \frac{d^2 S_i}{dt^2} = T_i \tag{2.26}$$

式中，F_i 为颗粒 i 受到的接触力；g 为重力加速度；I_i 为颗粒 i 的惯性矩；m_i 为颗粒 i 的质量；p_i 为颗粒 i 的平动位移；S_i 为颗粒 i 的角位移；T_i 为颗粒 i 上作用的力矩。

接触力的作用点为两个颗粒之间的接触点，如果相互作用力不在颗粒的质心，其切向接触力的作用使得颗粒受到力矩而产生旋转。

在离散元方法的计算过程中，由于假设在 1 个时间步内，单个颗粒受到的扰动不会传递到与它接触的颗粒之外的其他颗粒上面，因而迭代时间步很小，其中，接触检测的计算方法尤为关键。

设有标号为{0, 1, 2,…, N–1}的大小相等的颗粒位于矩形范围内，该矩形被划分成边长为 $2r$ 的正方形网格，每个网格用二维坐标(i_x, i_y) (i_x=0, 1, 2,…; i_y=0, 1, 2,…)表示，其中 n_x、n_y 分别为沿着 x 和 y 方向的网格的总数量。

$$
\begin{cases}
n_x = \dfrac{x_{\max} - x_{\min}}{2r} \\
n_y = \dfrac{y_{\max} - y_{\min}}{2r} \\
i_x = \mathrm{Int}\left(\dfrac{x - x_{\min}}{2r}\right) \\
i_y = \mathrm{Int}\left(\dfrac{y - y_{\min}}{2r}\right)
\end{cases}
\tag{2.27}
$$

式中，$\mathrm{Int}(\cdot)$为向下取整为最接近的整数；$x_{\min}$、$x_{\max}$、$y_{\min}$、$y_{\max}$分别为矩形区域的四个边界。

所有的颗粒集合 $P=\{0, 1, 2,\cdots, N-1\}$都可映射到矩形的网格集合 $\boldsymbol{C}$ 中。

$$
\boldsymbol{C} = \begin{bmatrix}
(0,0) & (0,1) & \cdots & (0,n_x-1) \\
(1,0) & (1,1) & \cdots & (1,n_x-1) \\
(n_y-1,0) & (n_y-1,1) & \cdots & (n_y-1,n_x-1)
\end{bmatrix}
\tag{2.28}
$$

颗粒间的接触判断方法与颗粒的几何模型有关。对于球形颗粒，只需判断两颗粒的中心距与它们半径之和的差，如果中心距小于半径之和，则两颗粒相互接触，且法向重叠量为半径之和与中心距之差，如果中心距大于半径之和，则两颗粒未接触。

2.4　离散元方法求解

1. 时间步长

离散元方法假设，在一个时间步长内颗粒受到的力是不变的。因此，对时间步长的选择尤为重要。如果时间步长选得过大，计算出的结果会不准确，数值计算会发散，发生颗粒阻尼器结构内部颗粒无视仿真边界直接穿透等现象；反之，如果时间步长选得过小，则会造成计算量急剧增大，大大增加仿真时间。因此，选择合适的时间步长是很重要的。

在颗粒碰撞过程中，总耗能的 70%都是由瑞利波引起的，瑞利波是当颗粒发生接触变形时产生的沿颗粒表面传播的偏振波，故而应根据颗粒表面的瑞利波速确定临界时间步长。瑞利波传播时，颗粒表面质点作椭圆运动，椭圆长轴垂直于波的传播方向，短轴平行于波的传播方向；椭圆运动可以视为纵向运动与横向运动的合成，即纵波与横波的合成。瑞利波传播时，在表面上的能量最强，随着深度的增大而显著减弱。在各向同性材料中，瑞利波振幅按指数规律衰减；各向异性材料中瑞利波振幅随着深度呈振荡衰减，振荡幅度包络线呈指数关系。当传播深度超过两倍波长时，振幅已经很小。这里的时间步长是指离散元中准静态颗粒的集中时间步理论的最大值，并且要求所有颗粒的配位数都大于 1。

弹性固体颗粒表面瑞利波波速为

$$v = \beta\sqrt{\frac{G}{\rho}} \tag{2.29}$$

式中，G 为颗粒材料的剪切模量；β 为瑞利波方程的根；ρ 为颗粒材料的密度。

则有

$$(2-\beta^2)^4=16(1-\beta^2)\left[1-\frac{1-2\mu}{2(1-\mu)}\beta^2\right] \tag{2.30}$$

β 的近似解为

$$\beta=0.163\mu+0.877 \tag{2.31}$$

瑞利波波速可改写为

$$v=(0.163\mu+0.877)\sqrt{\frac{G}{\rho}} \tag{2.32}$$

两个颗粒间的接触作用仅限于发生碰撞的两个颗粒上，而不应通过瑞利波而传递到其他的颗粒上，因此时间步长应小于瑞利波传递半球面所需要的时间。

$$\Delta t=\frac{\pi r}{v}=\frac{\pi r}{(0.163\mu+0.877)\sqrt{\dfrac{G}{\rho}}} \tag{2.33}$$

不同颗粒组成的系统时间步长为

$$\Delta t=\pi\left(\frac{r}{0.163\mu+0.877}\sqrt{\frac{\rho}{G}}\right)_{\min} \tag{2.34}$$

式中，G 为剪切模量；r 为颗粒半径。

Δt 确定了离散元仿真的时间步长，在有限元采用显示动力学仿真时，最小时间取决于最小单元尺寸。

2. 求解流程

在颗粒的离散元方法中，把颗粒之间互相接触的行为当作一个动态运动的过程，通过实时跟踪颗粒的运动状态可以获得颗粒间的接触力以及相对位移的情况。各颗粒间会因为相互的接触产生接触力，颗粒的重心因接触力产生相对应的合力以及合力矩，它们使得颗粒产生移动。在离散元方法中，根据牛顿第二定律能够计算出颗粒的运动状态。

对于一个刚性的颗粒，它的运动状态可以由作用在自身上面的合力以及合力矩共同作用。颗粒的运动状态可以分为平移与旋转的运动。对于平移运动，可以用位移 x_i 、速度 $\dot{x}_i$ 以及加速度 $\ddot{x}_i$ 表示；对于旋转运动，可以用颗粒的角速度 ω_i 和角加速度 $\dot{\omega}_i$ 表示。

$$\begin{cases} F_i = m(\ddot{x}_i - g_i) \\ M_i = I\dot{\omega}_i = \dfrac{2}{5}mr^2\dot{\omega}_i \end{cases} \tag{2.35}$$

式中，F_i 为合力；g_i 为重力的加速度；I 为颗粒的主要惯性矩；M_i 为合力矩；m 为颗粒的质量；r 为颗粒的半径。

离散元方法选择足够小的时间步长，在颗粒自身所单独对应的时间步长内，颗粒的运动形式只会对接触其自身的颗粒状态产生作用，不会对其他颗粒产生影响。由此可以得出只有直接相接触的颗粒才会产生力的作用。通过应用中心有限差分的方法，将 Δt 时间步长内进行积分求解，t 时刻所对应的平移与旋转的加速度可以表示为

$$\begin{cases} \ddot{x}_i^{(t)} = \dfrac{1}{\Delta t}\left(\dot{x}_i^{\left(t+\frac{\Delta t}{2}\right)} - \dot{x}_i^{\left(t-\frac{\Delta t}{2}\right)}\right) \\ \ddot{\omega}_i^{(t)} = \dfrac{1}{\Delta t}\left(\dot{\omega}_i^{\left(t+\frac{\Delta t}{2}\right)} - \dot{\omega}_i^{\left(t-\frac{\Delta t}{2}\right)}\right) \end{cases} \tag{2.36}$$

式中，$t+\dfrac{\Delta t}{2}$ 时刻的速度为

$$\begin{cases} \dot{x}_i^{\left(t+\frac{\Delta t}{2}\right)} = \dot{x}_i^{\left(t-\frac{\Delta t}{2}\right)} + \left(\dfrac{F_i^{(t)}}{m} + g_i\right)\Delta t \\ \dot{\omega}_i^{\left(t+\frac{\Delta t}{2}\right)} = \dot{\omega}_i^{\left(t-\frac{\Delta t}{2}\right)} + \dfrac{M_i^{(t)}}{I}\Delta t \end{cases} \tag{2.37}$$

由 $t+\Delta t$ 时刻的速度可得 $t+\Delta t$ 时刻的相对位移为

$$\begin{cases} x_i^{(t+\Delta t)} = x_i^{(t)} + \dot{x}_i^{\left(t+\frac{\Delta t}{2}\right)} \Delta t \\ \dot{\omega}_i^{\left(t+\frac{\Delta t}{2}\right)} = \omega_i^{(t)} + \dot{\omega}_i^{\left(t+\frac{\Delta t}{2}\right)} \Delta t \end{cases} \tag{2.38}$$

经过 Δt 时间后颗粒会运动到一个与之前状态不同的位置，会产生不同的接触力以及接触的力矩，从而产生新的运动状态，包括新的加速度以及新的角加速度，并以此不间断地循环往复。在任意不同位置以及时间段内，颗粒的运动状态只与自身以及相接触的颗粒有关。

2.5　颗粒阻尼耗能机理

1. 耗能计算

颗粒阻尼减振系统的耗能机理为主结构发生振动时，颗粒阻尼器和主结构一起振动，外界激励使颗粒与颗粒之间、颗粒与颗粒阻尼器壁之间发生碰撞和摩擦，进而耗散振动能量。颗粒间运动模式如图 2.5 所示。

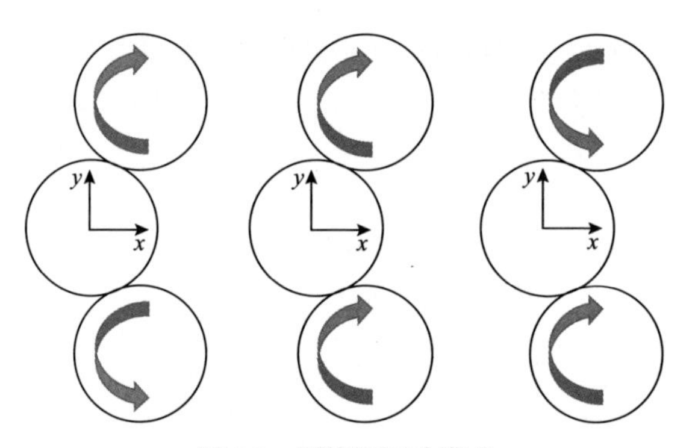

图 2.5　颗粒间运动模式

颗粒耗能分为碰撞耗能和摩擦耗能。当任意两个颗粒 i 和 j 发生碰撞接触时，碰撞耗能表示为

$$\Delta E_{\mathrm{e}} = \frac{m_i m_j}{2(m_i + m_j)}(1-e^2)\Delta v^2 \tag{2.39}$$

式中，e 为颗粒表面恢复系数；Δv 为两颗粒碰撞前的相对速度。

摩擦力做功决定了摩擦耗能的大小，可表示为

$$\Delta E_{\mathrm{f}} = fF_{\mathrm{n}ij}\Delta S \tag{2.40}$$

式中，f 为两颗粒之间的摩擦系数；F_{nij} 为两颗粒间法向接触力；ΔS 为两颗粒间切向相对位移。

因此，颗粒系统的总体耗能可表示为

$$\Delta E = \Delta E_{\mathrm{e}} + \Delta E_{\mathrm{f}} \tag{2.41}$$

2. 耗能影响因素

颗粒耗能受到粒径、材料、填充率、表面摩擦系数、表面恢复系数等颗粒参数的影响。

1) 颗粒材料

颗粒材料是影响颗粒减振效果最重要的影响因素之一。对于颗粒材料，其影响因素有颗粒密度、弹性模量、泊松比和恢复系数。不同的弹性模量、恢复系数、泊松比所对应的阻尼效应不同。考虑到实际工程应用，一般采用应用较广泛的颗粒材料进行仿真计算，根据颗粒阻尼器在相应激励下的耗能大小确定颗粒阻尼器的材料参数。

2) 颗粒粒径

在一定的填充空间内，颗粒粒径太小或者太大其减振效果都会受到影响。如果颗粒粒径过小，颗粒之间相互接触多但颗粒之间的摩擦耗能过小，不利于提升减振效果；如果颗粒粒径过大，颗粒数量过少以至于颗粒间和颗粒与颗粒阻尼器壁间的相互接触过少，同样不利于提升减振效果。

安装位置不同，颗粒受到的激励情况不同，其产生的减振效果也有所差异。激励较弱时，颗粒运动平缓，其碰撞和摩擦作用较弱，此时使用粒径较小的颗粒容易形成弹性流，摩擦耗能增加。激励较强时，颗粒运动剧烈，颗粒容易形成惯性流，使用粒径较大的颗粒可以增加碰撞耗能，使结构阻尼比水平得到显著提高。

在不同的结构和激励条件下，需要选取合适的颗粒粒径使得颗粒总耗能最大，以达到最好的减振效果。

3) 颗粒填充率

颗粒填充率的变化，其核心是颗粒流态的变化，表现为颗粒等效黏滞阻尼系数的变化。颗粒从低填充率向高填充率的变化过程，实际是颗粒从惯性流到弹性流的变化过程，如图 2.6 所示。颗粒流是由众多颗粒组成的具有内在相互作用的非经典介质流动，在固定的空腔内，随着颗粒数量的增加，颗粒从非阻塞性颗粒流(惯性流)逐渐转变为密实颗粒排布(弹性流)，在惯性流中颗粒之间的耗能主要以颗粒的碰撞耗能为主，在弹性流中颗粒主要以颗粒系统力链传递及组构颗粒之间的摩擦耗能为主。

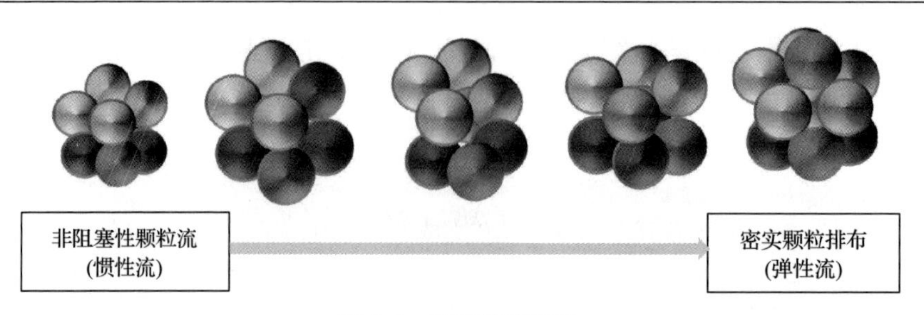

图 2.6 颗粒流态变化

对于颗粒填充率较低的惯性流或颗粒较为光滑的惯性流，不容易形成稳定的力链，颗粒之间发生较为频繁的碰撞作用，相互之间传递能量。对于填充较为密集颗粒的弹性流，容易形成力链网络，靠力链变形传递内应力，颗粒系统在受到剪切作用时，颗粒之间发生剧烈的摩擦与碰撞进而耗能，达到减振降冲击的目的。惯性流不仅与颗粒弹性有关，而且与剪切速率线性相关。

在常刚度系数碰撞模型中，颗粒发生碰撞的时间间隔是固定不变的，如要使颗粒间接触时间长一些，有两种方法：一种是颗粒被其他多个颗粒包围，并发生接触，使得它们不能相互分离；另一种是锁定在力链中的颗粒，使得相邻的颗粒接触而不能分离。

颗粒的力学性能与颗粒阻尼器的外形和内部空间排列有密切的关系，不同的颗粒填充率会影响颗粒在颗粒阻尼器中的排布情况，过大或过小的颗粒填充率均会减少颗粒的耗能。

4) 颗粒表面摩擦系数

摩擦系数和相对运动的两物体表面的粗糙度有关，其定义为摩擦力与摩擦界面上的法向载荷之比。因为摩擦的存在，两物体做相对运动时，引起相对运动的力会克服摩擦力做功，造成能量的损耗。研究表明，驱动力克服摩擦所做的功，除了部分转化为表面能、声能和光能等外，85%～95%都转化为热能[6]。因此根据能量守恒定律，因摩擦力所产生的热能，可间接反映出摩擦系数。

影响摩擦系数的主要因素有载荷、物体间相对速度、接触面的微观结构、表面形状、材料性质、温度等[7,8]。

颗粒间的摩擦力是维持颗粒接触稳定以及形成力链的必要条件，颗粒间存储的能量部分通过摩擦力做功耗散，其余部分释放或者流向邻近更强力链及其周围侧向支撑颗粒，或是直接转变为颗粒的动能。当力链因变形破坏而发生颗粒重组时，能量将进一步通过颗粒接触的摩擦力做功耗散。摩擦力主要由颗粒间的滑移摩擦力和滚动摩擦力组成。

能量除了由颗粒间摩擦力做功消耗一部分外，大部分由力链传递耗散，在力链变形过程中，维持力链变形稳定的因素为颗粒接触间的摩擦力以及侧向支撑颗粒。力链变形过程引起的耗能其实是由颗粒间摩擦力和侧向支撑稳定性控制的，两者达到塑性变形阶段的顺序与颗粒间滑移摩擦系数和颗粒间滚动摩擦系数的相对大小有关。对于密实颗粒，颗粒接触间存在一定的摩擦力，在外力作用下，部分颗粒形成与竖向主应力方向一致的力链，这些力链在外部激励的作用下，逐渐形成并发生变形，随着颗粒间接触力的逐渐增大，力链开始存储变形能，然后随着激励的增加，力链发生变形并失稳破坏，存储在力链中的变形能释放。

5) 颗粒表面恢复系数

恢复系数可以反映物体碰撞时变形的恢复能力，其取值仅与物体的材料有关。根据古典碰撞理论，恢复系数的定义为碰撞前后两物体的相对速度之比。两种特殊情况下，弹性碰撞时恢复系数 e=1；完全非弹性碰撞时恢复系数 e=0。

2.6　颗粒阻尼耗能仿真

颗粒阻尼耗能仿真基于离散元方法进行求解。颗粒的离散元仿真求解流程如图 2.7 所示。

在 1～1000Hz 频率范围内，颗粒系统整体耗能约占总能量的 25%～50%，且随着激振频率的增大而增加，其原因在于随着激振频率的增大，颗粒之间碰撞次数呈指数增加，增加了颗粒系统碰撞和摩擦耗能；外界激振频率改变时，颗粒碰撞总能量随着颗粒系统振动状态的改变而改变，且总能量随振动的强弱呈不均匀分布。不同频率下的平均碰撞次数如表 2.2 所示。

表 2.2　不同频率下的平均碰撞次数

频率/Hz	平均碰撞次数
100	1910000
200	2254812
400	2708020
600	3207215
800	3595222
1000	3960098

颗粒系统在中、低频外界振动激励下，颗粒之间碰撞次数与频率为非线性指数关系，且近似满足如下关系：

$$\frac{N_c}{\omega} = 5.129 \times 10^5 \omega^{-0.7172} \tag{2.42}$$

根据式(2.42)可以得到，当颗粒系统在受迫振动时，中、低频振动能量转换为高频碰撞能量，并将碰撞能量转变为颗粒球体表面瑞利波和碰撞声波、超声波进行耗能，这也应是颗粒耗能的关键因素。

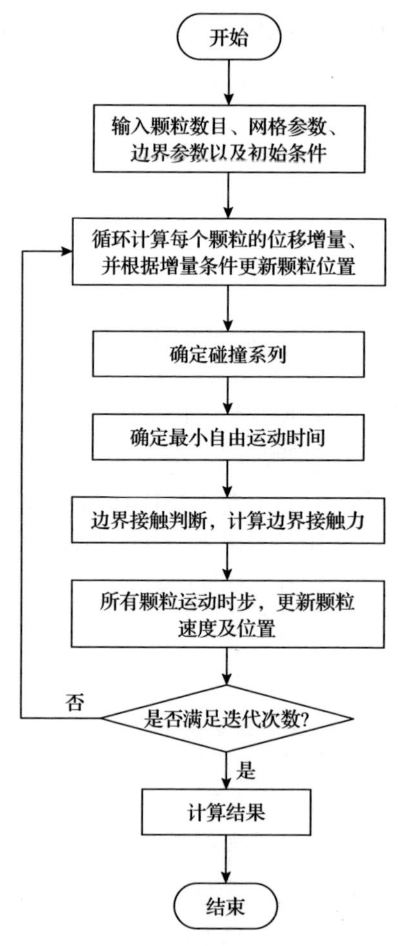

图 2.7　颗粒的离散元仿真求解流程

选取 2mm 铁基合金颗粒为研究对象(颗粒表面恢复系数为 0.65，填充率自然堆积 100%)分析耗能规律。不同频率下颗粒系统总能量如图 2.8 所示。

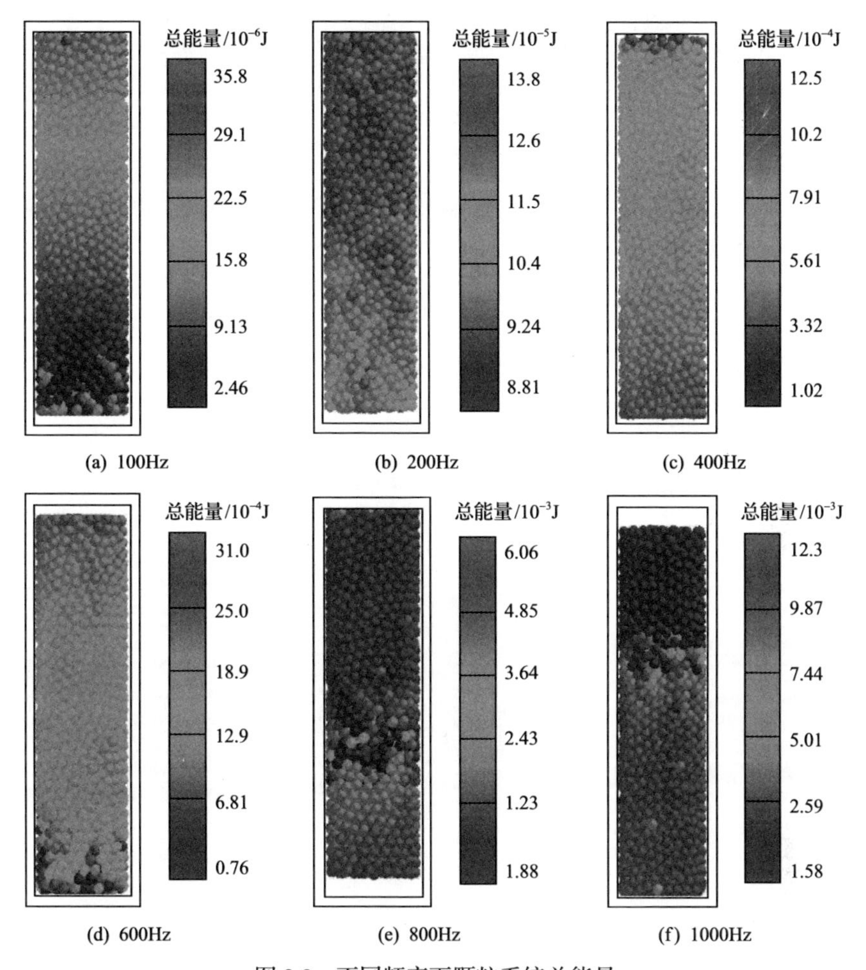

(a) 100Hz　(b) 200Hz　(c) 400Hz

(d) 600Hz　(e) 800Hz　(f) 1000Hz

图 2.8　不同频率下颗粒系统总能量

参 考 文 献

[1] 戴北冰，杨峻，周翠英. 颗粒大小对颗粒材料力学行为影响初探. 岩土力学，2014，35(7)：1878-1884.

[2] 李梦月，徐波，李生娟. 振动研磨机颗粒系统的仿真试验. 轻工机械，2018，36(2)：36-40.

[3] 孙其诚，宋世雄，蒋亦民，等. 基于颗粒物质流体动力学的三轴力学分析. 力学学报，2012，44(2)：447-450.

[4] 王成军，贺鑫，章天雨，等. 基于离散元素法的杨木颗粒筛分效率研究. 林产工业，2017，44(4)：16-19，30.

[5] Wu L, Huang P, Fu S Q. Particles segregation in rotating drum based on discrete element method. Journal of Southeast University, 2017, 33(4): 391-397.

[6] Macherczak D, Dufrenoy P, Berthier Y. Tribological, thermal and mechanical coupling aspects of the dry sliding contact. Tribology International, 2007, 40(5): 834-843.

[7] John E D, Dae E K. Measurement of static friction coefficient between flat surfaces. Wear, 1996, 193(2): 186-192.

[8] 盛选禹, 雒建斌, 温诗铸. 摩阻材料的研制及其静摩擦因数变化规律. 清华大学学报(自然科学版), 1997, 37(11): 1-4.

第3章　基于颗粒阻尼的齿轮传动耗能研究

齿轮是机械领域的重要零件，齿轮传动是机械动力传递的主要方式之一。齿轮传动正朝着高速、重载、轻量化和高精度的方向发展，这对其动态性能提出了更高的要求。在齿轮传动过程中，由于齿轮啮合过程中存在单双齿啮合的变化，产生了啮合刚度的变化，从而导致齿轮传动中的振动传递[1-3]。齿轮传动时的振动是许多机械装备振动和噪声的主要来源，给机械装备本身和操作人员的人身安全带来了很大的隐患[4-8]。因此，如何控制齿轮振动和噪声对机械装备的精度、性能、寿命和操作人员的劳动保护都具有重要的意义。

齿轮传动被动抑振技术的研究相对较少，主要集中在摩擦耗能器和黏弹性耗能器的抑振特性研究上[9]。颗粒阻尼技术的研究都是针对稳态的边界条件[10-13]，然而实际工作状态下齿轮处于高速旋转状态，安装在齿轮阻尼孔内的颗粒阻尼器要承受很强的离心力作用，颗粒被积压在远离转动中心的一端，与稳态边界的颗粒阻尼动力响应及耗能特性有很大不同。因此，需要探寻离心场下颗粒阻尼是否还能有效减振降噪[14-16]，研究离心场下颗粒的耗能机理，分析颗粒阻尼参数对齿轮传动减振效果的影响规律，为不同齿轮转速和不同载荷等级下齿轮传动减振的应用提供确切的理论依据和设计准则。

3.1　齿轮啮合激励

1. 齿轮系统动力学模型的建立

啮合激励的变化是齿轮传动产生振动的主要原因，应用离散元方法分析颗粒耗能需先确定齿轮啮合对颗粒阻尼器中颗粒的激励。通过动力学软件仿真齿轮系统的运动，得到不同系统参数的从动轮角加速度和角速度的变化，将啮合激励导入到离散元方法中。

根据齿轮运动情况，在主动轮和从动轮上添加旋转副，在主动轮上添加转速驱动，在从动轮上添加载荷。由于主动轮和从动轮材料相同，设置弹性模量 E=206GPa、泊松比 μ=0.3，动力学模型仿真时间设置为 1s，步长设定为 0.0001s。齿轮系统动力学模型如图 3.1 所示。

在接触函数的选取上，选用以刚度系数和阻尼系数为参数的 IMPAClT 函数计算接触力，综合考虑齿轮啮合的不同影响因素，实现齿轮之间单侧冲击的计算。

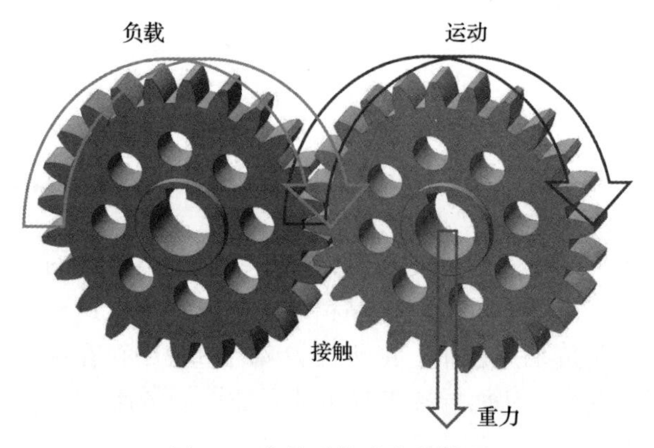

图 3.1 齿轮系统动力学模型

基于 Hertz 碰撞模型计算得到刚度系数和阻尼系数，齿轮表面摩擦系数选用动摩擦系数为 0.05，静摩擦系数为 0.02。

齿轮传动仿真分析为动力学分析，选择积分器 GSTIFF，积分格式为 I^3，计算精度为 0.001，设定仿真时间为 1s，时间步长为 0.0001s。进行仿真分析，并利用动力学软件的后处理模块输出结果。

在这个过程中，固定主动轮的转速，研究不同载荷等级下从动轮的运动规律，将从动轮上的载荷等级分为 0～7 级，载荷等级参数如表 3.1 所示。齿轮上的载荷等级从空载开始，到最大载荷等级为 96N·m。主动轮的输入采用 Step 函数模拟启动，工作中发动机启动需要一个过程，设定在 0～0.1s 时加速，三次样条阶跃，0.3s 以后主动轮保持设定的 600r/min 的转速输出。

表 3.1 载荷等级参数

载荷等级	从动轮的载荷/(N·m)
0	0
1	2
2	4
3	8
4	16
5	34
6	60
7	96

2. 主被动齿轮角速度分析

不同载荷等级下从动轮角速度如图 3.2 所示。可以看出，0～0.1s 时从动轮的角速度随着电机转速的增加而增加；0.1s 以后，从动轮角速度在一个恒定值附近

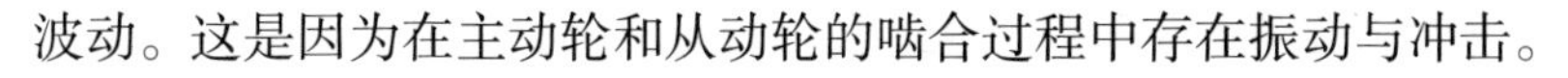
波动。这是因为在主动轮和从动轮的啮合过程中存在振动与冲击。

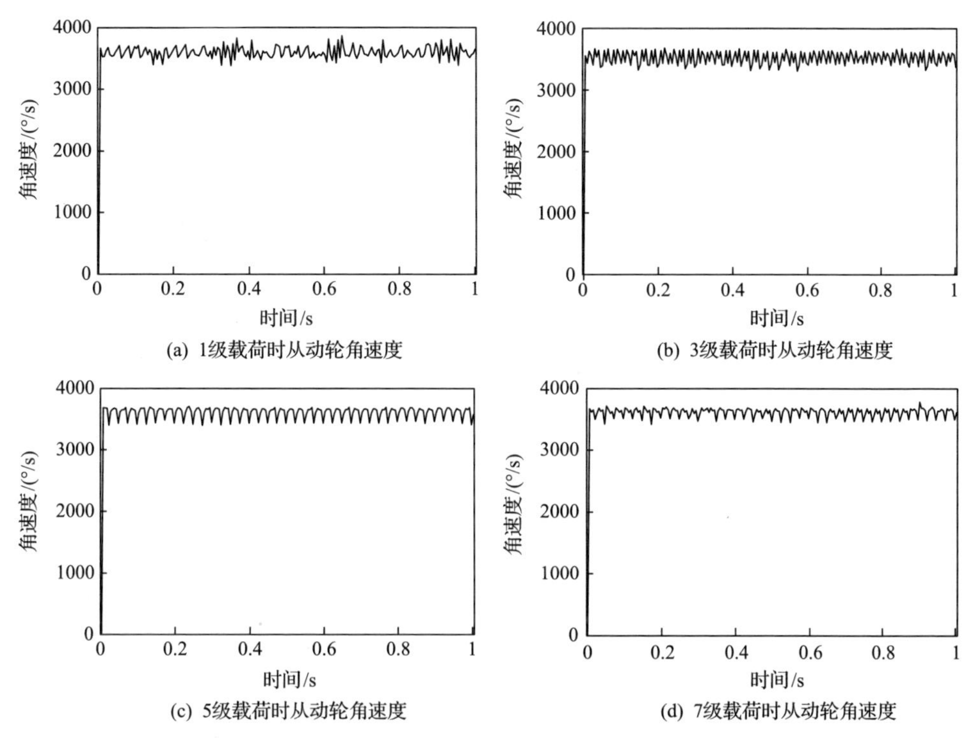

(a) 1级载荷时从动轮角速度

(b) 3级载荷时从动轮角速度

(c) 5级载荷时从动轮角速度

(d) 7级载荷时从动轮角速度

图 3.2　不同载荷等级下从动轮角速度

主动轮与从动轮的齿数都是 24 齿，理论的传动比为 1。主动轮的角速度为 3600°/s，从动轮的角速度在恒定值的附近波动。1 级载荷时从动轮的角速度均值为 3589.2°/s，3 级载荷时从动轮的角速度均值为 3587.9°/s，5 级载荷时从动轮的角速度均值为 3591.7°/s，7 级载荷时从动轮的角速度均值为 3598.6°/s，仿真计算和理论计算的结果十分接近，由此可验证虚拟样机的正确性，同时也验证齿轮转速、驱动函数的正确性。然而，不同载荷等级时从动轮的角速度波动范围不同，1 级载荷时从动轮的角速度波动范围为 3370～3834°/s，5 级载荷时从动轮的角速度波动范围为 3422.6～3862.2°/s。因此载荷等级的不同直接影响齿轮角速度的波动幅值和随机波动分布。

不同载荷等级下从动轮单个齿角速度如图 3.3 所示。可以看出，1 级载荷和 2 级载荷时从动轮单个齿的角速度规律基本相同，从动轮的角速度都在给定的转速附近波动，然而不同载荷等级下波动的幅值不同，2 级载荷的从动轮角速度幅值明显比 1 级载荷时大。随着载荷等级的增大，从动轮角速度的幅值逐渐变大，这是因为随着载荷等级的增大，齿轮之间的形变量变大，齿轮的啮入与啮出时间被延长。

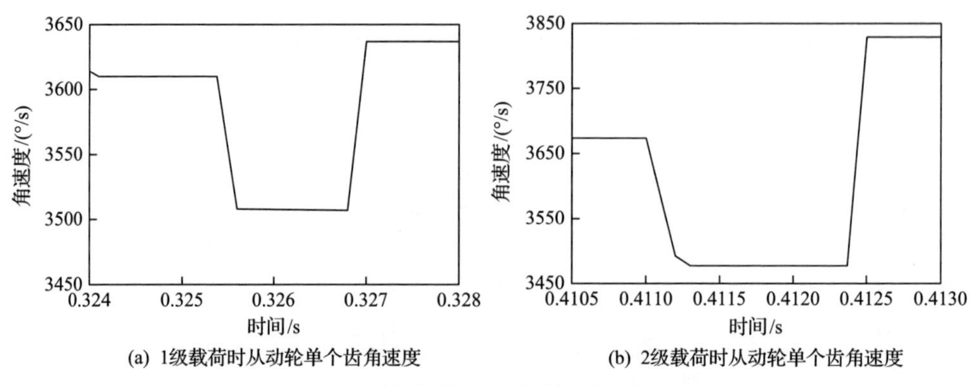

(a) 1级载荷时从动轮单个齿角速度　　(b) 2级载荷时从动轮单个齿角速度

图 3.3　不同载荷等级下从动轮单个齿角速度

3. 主被动齿轮角加速度分析

为精确计算相同齿轮转速、不同载荷等级时齿轮的冲击激励，进行从动轮角加速度的分析。不同载荷等级下从动轮角加速度如图 3.4 所示。可以看出，不同载荷等级下从动轮角加速度在开始时有一个极大值，这是由于发动机启动时有一个极大的冲击。0～0.1s 时从动轮角加速度较大，从动轮的角速度也在不断地增大；

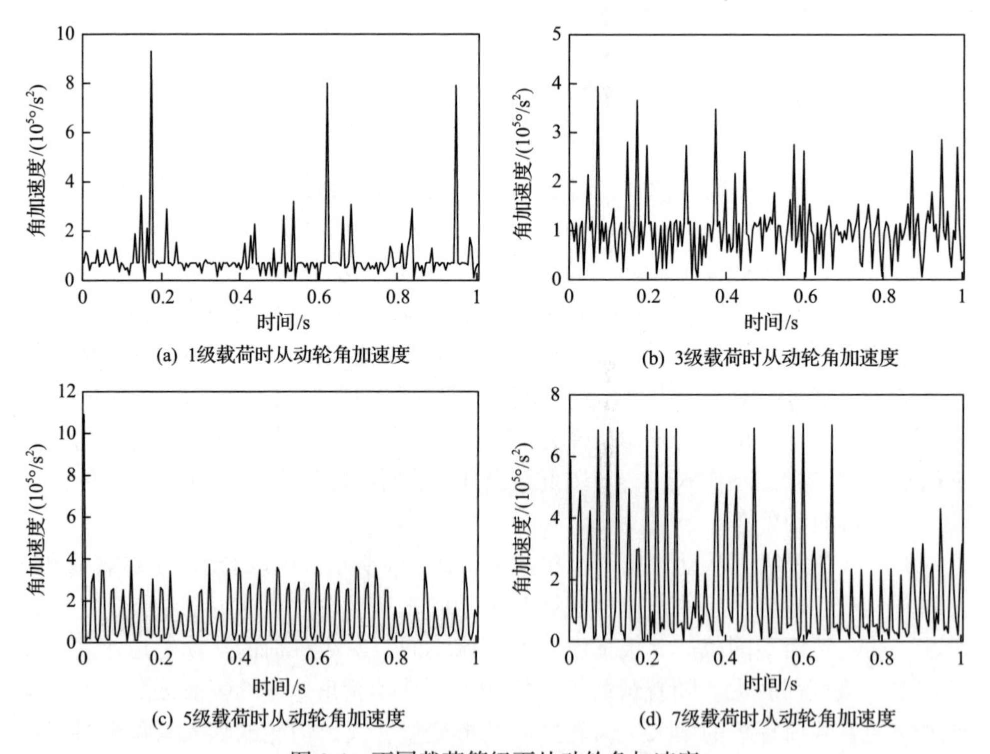

(a) 1级载荷时从动轮角加速度　　(b) 3级载荷时从动轮角加速度

(c) 5级载荷时从动轮角加速度　　(d) 7级载荷时从动轮角加速度

图 3.4　不同载荷等级下从动轮角加速度

0.1s 以后，从动轮角加速度周期性地变化，这是齿轮在啮合过程中冲击与碰撞造成的。

随着载荷等级的增大，从动轮的角加速度均值也相应地变化。1 级载荷时，从动轮角加速度的均值为 8.9×10^4°/s²；3 级载荷时，从动轮角加速度的均值为 1.03×10^5°/s²；5 级载荷时，从动轮角加速度的均值为 1.22×10^5°/s²；7 级载荷时，从动轮角加速度的均值为 1.59×10^5°/s²。

取不同载荷等级下从动轮的角加速度均值进行拟合，得到载荷等级与齿轮角加速度之间的关系，随着载荷等级的增大，从动轮角加速度均值也相应地增大。不同载荷等级下从动轮角加速度均值如图 3.5 所示。

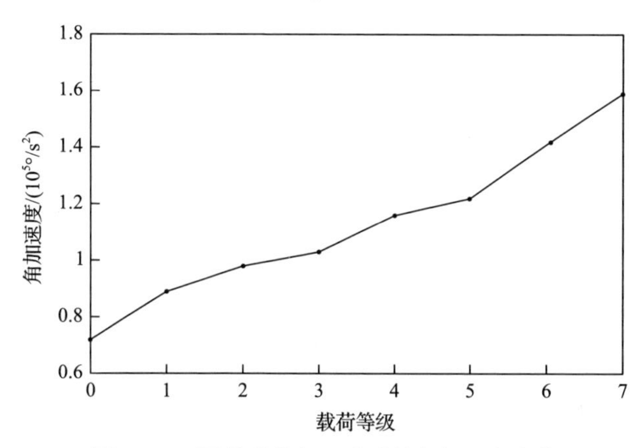

图 3.5　不同载荷等级下从动轮角加速度均值

3.2　齿轮传动中颗粒离散元建模

运用离散元方法研究颗粒耗能具有以下优点：首先，在没有可靠的理论研究工业生产设备中颗粒运动行为的情况下，可先采用离散元方法对系统进行仿真并对仿真结果进行分析，进而设计和优化设备；其次，较大规模的试验往往耗费巨大的人力、物力、财力，甚至存在危险，采用离散元方法能补充并替换部分试验，这不仅能节约成本，还能够获得试验不容易测得的数据，进而改进现有的理论模型，更好地解决实际问题。

在齿轮阻尼孔中填充不同材料、粒径、填充率等参数的颗粒。在齿轮传动过程中主要的振动方向为径向平面，即图中 x-y 平面，z 方向振动较小。基于颗粒阻尼的齿轮离散元模型如图 3.6 所示。

系统控制方程为

$$m\frac{\mathrm{d}^2x}{\mathrm{d}t^2}+c\frac{\mathrm{d}x}{\mathrm{d}t}+kx=F+mg \tag{3.1}$$

式中，c 为等效阻尼系数；F 为颗粒对齿轮的接触力；g 为重力加速度；k 为等效刚度系数；m 为等效质量；x 为位移。

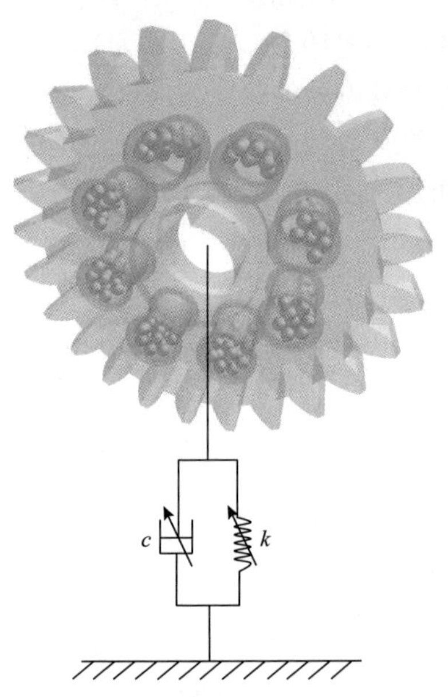

图 3.6　基于颗粒阻尼的齿轮离散元模型

齿轮的主要参数如表 3.2 所示。

表 3.2　齿轮的主要参数

齿轮	材料	模数/mm	齿数	压力角/(°)	齿宽/mm	分度圆直径/mm
主动轮	40Cr	4.5	24	20	20	108
从动轮	40Cr	4.5	24	20	20	108

齿轮在传动过程中，齿轮系统和颗粒都会受到离心力的作用，离心力的存在对颗粒阻尼的抑振效果产生很大影响。同时齿轮的旋转模态、等效刚度系数和等效阻尼系数也会随着齿轮转速的变化而发生变化。利用有限元软件分析不同齿轮模型在齿轮转速 0～800r/min 的 1 阶模态，根据模型的 1 阶固有频率得出齿轮等效质量与齿轮转速的关系。不同阻尼孔齿轮模型如图 3.7 所示。

应用于齿轮模型 1 和齿轮模型 2 的颗粒阻尼器质量分别为 m_1'=0kg、m_2'=0.06273kg。对齿轮模型 1 和齿轮模型 2 在有限元软件中进行模态分析，齿轮模型在不同齿轮转速 n 下的 1 阶固有频率如表 3.3 所示。

(a) 齿轮模型1

(b) 齿轮模型2

图 3.7　不同阻尼孔齿轮模型

表 3.3　齿轮模型在不同齿轮转速 *n* 下的 1 阶固有频率

n/(r/min)	ω_1 /Hz	ω_2 /Hz
0	7.704	7.561
100	7.763	7.624
200	7.926	7.795
300	8.160	8.032
400	8.435	8.318
500	8.730	8.619
600	9.020	8.909
700	9.302	9.191
800	9.562	9.445

不同齿轮转速下齿轮模型 1 的 1 阶模态如图 3.8 所示。不同齿轮转速下齿轮模型 2 的 1 阶模态如图 3.9 所示。

(a) 300r/min时1阶模态

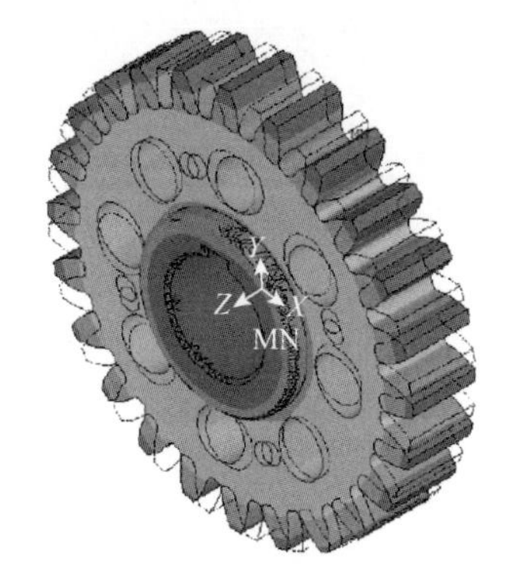

(b) 600r/min时1阶模态

图 3.8　不同齿轮转速下齿轮模型 1 的 1 阶模态

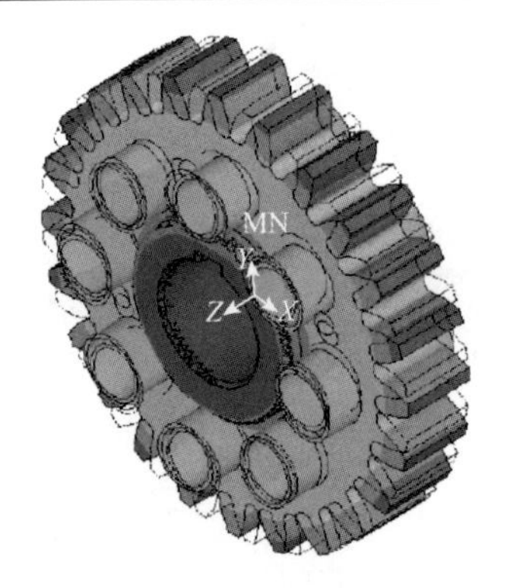

(a) 300 r/min时1阶模态　　(b) 600r/min时1阶模态

图 3.9　不同齿轮转速下齿轮模型 2 的 1 阶模态

根据表 3.3 齿轮模型在不同齿轮转速下的 1 阶固有频率，对每个模型的齿轮转速和固有频率进行曲线拟合，拟合结果为

$$\begin{cases} \omega_1 = 2.316\times10^{-12}n^4 - 7.168\times10^{-9}n^3 + 7.243\times10^{-6}n^2 - 7.028\times10^{-5}n + 7.705 \\ \omega_2 = 2.378\times10^{-12}n^4 - 7.479\times10^{-9}n^3 + 7.471\times10^{-6}n^2 - 5.276\times10^{-5}n + 7.562 \end{cases} \tag{3.2}$$

齿轮的等效质量 m、等效刚度系数 k 和等效阻尼系数 c 指的是在一个等效的单自由度质量弹簧阻尼系统中，齿轮传动过程中在离心场中齿轮的等效质量、等效刚度系数和等效阻尼系数。齿轮的等效质量 m 与齿轮的等效刚度系数 k 的关系为

$$k = 4\pi^2\omega_i^2(m + m_2'),\ \ i = 1,2 \tag{3.3}$$

根据式(3.3)可得

$$m = \frac{\omega_2^2 m_2' - \omega_1^2 m_1'}{\omega_1^2 - \omega_2^2} \tag{3.4}$$

由 m_1'=0kg 可得

$$m = \frac{m_2'}{\left(\dfrac{\omega_1}{\omega_2}\right)^2 - 1} \tag{3.5}$$

根据表 3.3 中 1 阶固有频率，代入式(3.5)可得齿轮模型 1 等效质量，从而得到齿轮等效质量与齿轮转速的关系式为

$$m = -1.249\times10^{-6}n^2 + 2.298\times10^{-3}n + 1.540 \tag{3.6}$$

对于不同齿轮转速下齿轮系统的等效刚度系数 k 和等效阻尼系数 c 与齿轮转速的关系式可表示为

$$k = 4\pi^2\omega_j^2[m(n_j) + m_1'],\quad j = 0,\ 1,\ \cdots,\ N \tag{3.7}$$

$$c = 4\pi\zeta\omega_j[m(n_j) + m_1'],\quad j = 0,\ 1,\ \cdots,\ N \tag{3.8}$$

式中，ζ 为阻尼比。

根据等效质量和齿轮转速的关系以及 1 阶固有频率，可得齿轮模型 1 的等效刚度系数和等效阻尼系数如表 3.4 所示。

表 3.4　齿轮模型 1 的等效刚度系数和等效阻尼系数

n/(r/min)	k/(N/m)	c/(N·s/m)
0	3.8503	0.1591
100	4.0425	0.1845
200	4.5938	0.1845
300	5.4240	0.2115
400	6.3902	0.2411
500	7.3353	0.2675
600	8.1793	0.2886
700	8.8345	0.3023
800	8.9741	0.2987

根据表 3.4 中不同齿轮转速时齿轮系统的等效刚度系数和等效阻尼系数，可得齿轮系统的等效刚度系数和等效阻尼系数与齿轮转速的关系多项式为

$$k = -4.435\times10^{-12}n^4 - 1.447\times10^{-8}n^3 + 2.260\times10^{-5}n^2 - 1.310\times10^{-4}n + 3.848 \tag{3.9}$$

$$c = -1.069\times10^{-12}n^4 + 1.098\times10^{-9}n^3 - 1.725\times10^{-7}n^2 + 1.528\times10^{-4}n + 0.162 \tag{3.10}$$

3.3　齿轮传动中颗粒参数对耗能的影响

利用离散元方法建立在齿轮传动离心场中颗粒耗能模型，通过离散元方法计算颗粒耗能，分析不同材料的颗粒在齿轮传动中的减振效果。

1. 颗粒材料

颗粒材料是影响颗粒阻尼减振效果的一个重要参数，不同材料的颗粒减振效果会不同，在某种程度上，随着颗粒材料密度 ρ 的增大减振效果越来越好。颗粒材料密度影响颗粒碰撞时的碰撞力大小，颗粒表面恢复系数影响着碰撞频率，颗粒表面摩擦系数影响着摩擦耗能。随着齿轮转速和载荷等级的变化，同种材料的颗粒减振效果会有波动，不是一成不变的。

1) 颗粒离散元参数确定

为研究不同材料的颗粒在齿轮传动中的减振效果，在齿轮阻尼孔中填充粒径和数量相同的颗粒，改变颗粒材料，分析不同材料颗粒的减振效果，探寻齿轮传动离心场中最佳的颗粒材料。利用离散元软件对比分析氧化镁、氧化铝、不锈钢、铅基合金和钨基合金五种材料颗粒的耗能，通过离散元软件计算得出颗粒刚度系数和颗粒阻尼系数等参数，颗粒之间和颗粒与颗粒阻尼器之间的恢复系数分别用 e_1、e_2 表示，每种材料的颗粒粒径均为 d=3mm，每个颗粒阻尼器的颗粒填充率为60%，两个接触单元之间的表面恢复系数由两者的材料属性决定。不同材料的颗粒参数如表 3.5 所示。2 级载荷、700r/min 时系统参数如表 3.6 所示。2 级载荷、700r/min 时颗粒参数如表 3.7 所示。

表 3.5　不同材料的颗粒参数

颗粒材料	ρ/(kg/m^3)	E/GPa	μ
氧化镁	2750	43.6	0.35
氧化铝	3650	72	0.33
不锈钢	7850	200	0.3
铅基合金	11300	16	0.42
钨基合金	18200	400	0.28

表 3.6　2 级载荷、700r/min 时系统参数

n/(r/min)	m/kg	k/(N/m)	c/(N·s/m)
700	2.605	8.83452	0.3023

表 3.7　2 级载荷、700r/min 时颗粒参数

颗粒材料	k_n/(10^5N/m)	k_s/(10^5N/m)	c_n/(N·s/m)	c_s/(N·s/m)	e_1	e_2
氧化镁	0.907	0.714	83.2	74.0	0.65	0.7
氧化铝	1.478	1.183	122.7	109.9	0.72	0.8

续表

颗粒材料	k_n/(10^5N/m)	k_s/(10^5N/m)	c_n/(N·s/m)	c_s/(N·s/m)	e_1	e_2
不锈钢	4.021	3.304	297.8	269.7	0.7	0.7
铅基合金	0.355	0.260	106.1	90.8	0.2	0.14
钨基合金	6.466	5.747	577.1	544.6	0.9	0.85

将表 3.6 和表 3.7 中的数据导入到离散元软件中进行计算，统计不同材料的颗粒在齿轮转过 3 个齿的时间内的颗粒耗能。不同材料的颗粒耗能如图 3.10 所示。

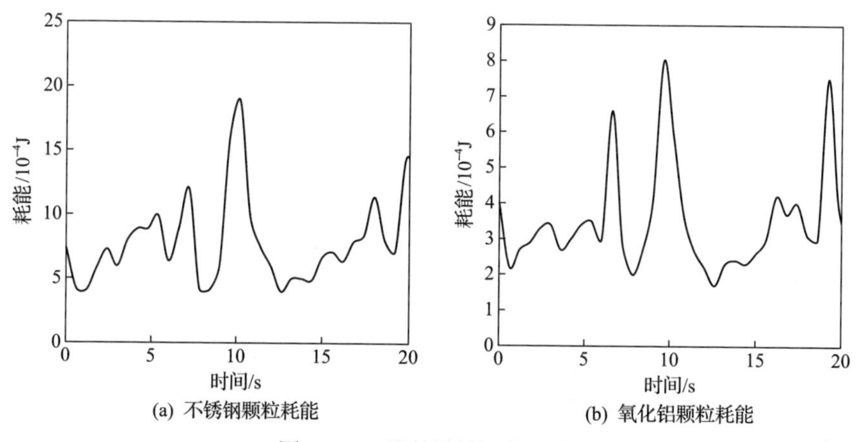

图 3.10　不同材料的颗粒耗能

2) 不同材料的颗粒耗能

当齿轮高转速时，由于颗粒受到离心力的影响大于重力的影响，颗粒都紧贴在颗粒阻尼器壁上运动，但是在齿轮低转速时颗粒会由于重力的影响与齿轮高转速时呈现出不同的状态。当齿轮转速和载荷等级相同，填充不同材料的颗粒时，颗粒的总体运动趋势是一样的，当颗粒受的离心力较大时，颗粒紧贴着颗粒阻尼器壁在运动。2 级载荷、700r/min 时的颗粒运动过程如图 3.11 所示。

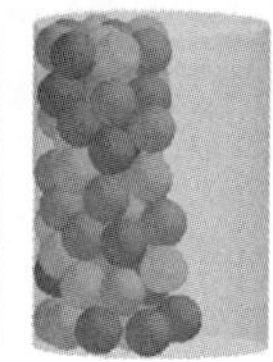

图 3.11　2 级载荷、700r/min 时的颗粒运动过程

在齿轮传动过程中从动轮转速呈现出较大的周期性波动，将动力学软件获得的啮合周期波动加载到离散元仿真中，得到颗粒在齿轮系统中的运动情况。仿真中加载 3 个啮合周期，统计不同材料的颗粒在不同齿轮转速和不同载荷等级情况

下的耗能和碰撞次数。2 级载荷时不同材料的颗粒碰撞次数如表 3.8 所示。

表 3.8　2 级载荷时不同材料的颗粒碰撞次数

n/(r/min)	颗粒碰撞次数/10^4				
	氧化镁	氧化铝	不锈钢	铅基合金	钨基合金
300	2.6671	2.7025	2.9367	1.0268	1.0007
500	1.9793	2.2597	2.2152	0.8047	2.4860
700	1.5967	1.8053	1.8240	0.7002	2.0116
900	1.3827	1.4886	1.5622	0.6104	1.7623
1100	0.8081	0.9060	0.9493	0.5808	1.9934

当齿轮转速大于 500r/min 时，钨基合金颗粒的碰撞次数最多，铅基合金颗粒的碰撞次数最少，氧化镁、氧化铝和不锈钢颗粒的碰撞次数相差不大，说明碰撞次数与颗粒材料密度关系不大，而与颗粒表面恢复系数有关。当颗粒表面恢复系数较大时，颗粒之间相互碰撞后，被反弹回来的能力更大，由此增加了颗粒与其他单元碰撞的机会；当颗粒表面恢复系数较小时，颗粒之间相互碰撞后，被反弹回来的能力较小，颗粒与其他单元碰撞的机会就越小。当碰撞力相同时，颗粒表面恢复系数越小，单次碰撞过程中的碰撞耗能越大，因此颗粒表面恢复系数会影响单次碰撞的耗能。在 300r/min 时，钨基合金颗粒的碰撞次数明显少于其他几种材料的颗粒，但是当齿轮转速增加时钨基合金颗粒的碰撞次数急剧增加，这说明在低齿轮转速时由于钨基合金材料密度过大，颗粒之间的碰撞耗能还没有完全发挥出来。

不同齿轮转速下不同材料的颗粒耗能如图 3.12 所示。可以看出：

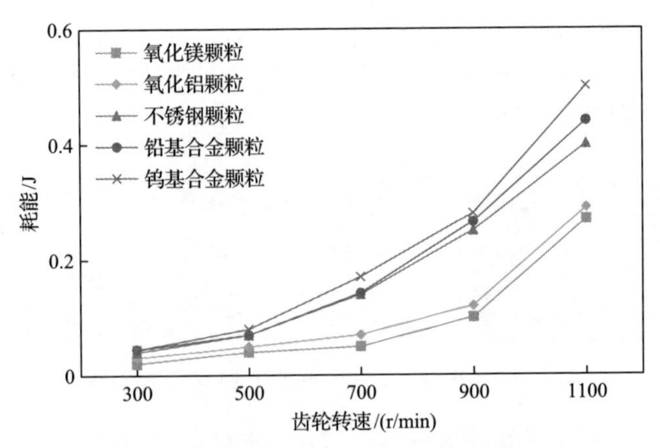

图 3.12　不同齿轮转速下不同材料的颗粒耗能

(1) 铅基合金颗粒的耗能较大，说明颗粒耗能不但与颗粒碰撞次数有关，还与单次碰撞耗能有关。由于铅基合金颗粒单次碰撞耗能大，虽然碰撞次数明显少于其他材料的颗粒但是耗能会比氧化铝颗粒和氧化镁颗粒的耗能要大。

(2) 对于同一种材料的颗粒，随着齿轮转速的增加颗粒耗能增加。齿轮转速越大，颗粒受到的离心力越大，颗粒碰撞时的法向力增大，单次碰撞过程中碰撞耗能和摩擦耗能都会增加。

(3) 齿轮转速的变化对于材料密度不同的颗粒耗能影响程度也不同，钨基合金颗粒耗能在各种齿轮转速下都明显大于其他几种材料的颗粒，这是由于钨基合金的材料密度最大，同体积下钨基合金颗粒质量最大，单次碰撞过程中碰撞耗能最大。

颗粒耗能还与颗粒碰撞次数有关。结合图 3.12 和表 3.8，氧化镁颗粒和氧化铝颗粒的颗粒碰撞次数随着齿轮转速的增加而减少，这是由于齿轮转速增加后，齿轮转动一个齿的时间变短。但是颗粒的总耗能没有随着啮合周期的缩短而减少，反而增加。因此对于氧化镁颗粒和氧化铝颗粒，随着齿轮转速的增加，颗粒单次碰撞过程中的耗能增加。

不同载荷等级下不同材料的颗粒耗能如图 3.13 所示。可以看出，在齿轮转速为 900r/min 时，对于同种材料的颗粒，颗粒的耗能随着载荷等级的增大而增加。钨基合金颗粒在载荷等级变化过程中，颗粒的耗能增加最快，而氧化镁颗粒和氧化铝颗粒的耗能增加较为缓慢。钨基合金颗粒的减振效果要好于铅基合金颗粒，铅基合金颗粒的减振效果和不锈钢颗粒的减振效果相当，而氧化镁颗粒和氧化铝颗粒的减振效果较差。

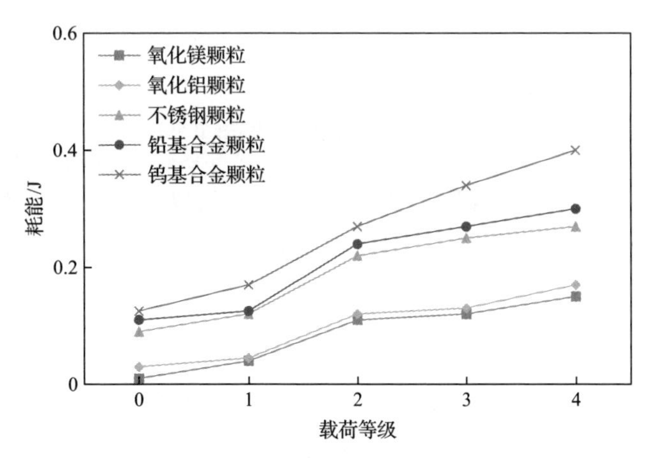

图 3.13　不同载荷等级下不同材料的颗粒耗能

氧化镁颗粒和氧化铝颗粒的材料密度相对较小，且两者材料密度相近，其他参数也相近，因此在相同载荷等级和齿轮转速下单次碰撞过程中耗能也相近。

通过以上的分析可知颗粒在离心场中的减振效果与颗粒材料有直接关系。在颗粒表面摩擦系数和颗粒表面恢复系数相同的情况下，颗粒材料密度越大，相同体积的颗粒单次碰撞过程中的接触力越大，故碰撞耗能和摩擦耗能越大，从而颗粒耗能越大，减振效果越好；颗粒表面恢复系数越大，单次碰撞过程中碰撞耗能越小，但是发生碰撞的可能性越大，颗粒之间的碰撞次数会增加，因此颗粒表面恢复系数也会影响颗粒耗能。

2. 颗粒粒径

1) 颗粒离散元参数确定

颗粒材料选用不锈钢材料，密度 ρ=7850kg/m^3，泊松比 μ=0.28，弹性模量 E=206GPa，颗粒填充率为 60%，颗粒粒径 d=3mm，齿轮转速分别设置为 200r/min、400r/min、600r/min、800r/min、1000r/min、1200r/min。3 级载荷、600r/min 时，填充不同粒径的颗粒在颗粒阻尼器中。为保证颗粒填充率的相近，随着颗粒粒径的由小变大，颗粒的填充数量越来越少。不同粒径的颗粒填充(单个孔)如图 3.14 所示。

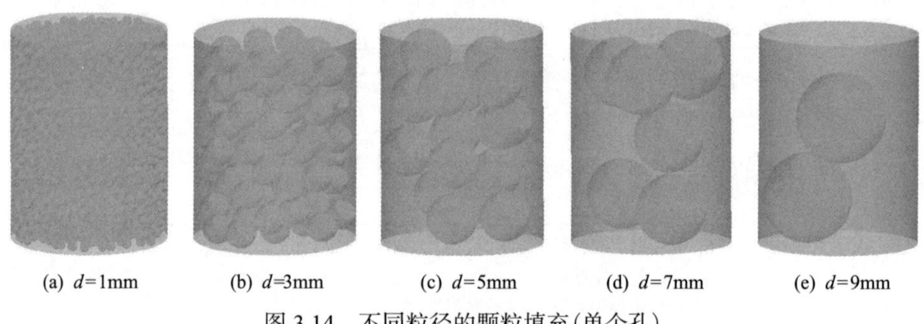

(a) d=1mm　(b) d=3mm　(c) d=5mm　(d) d=7mm　(e) d=9mm

图 3.14　不同粒径的颗粒填充(单个孔)

选用不同粒径的不锈钢颗粒作为研究对象，齿轮颗粒阻尼器内颗粒填充率设定为 60%，颗粒粒径分别设定为 1mm、2mm、3mm、4mm、5mm、6mm、7mm、8mm、9mm。3 级载荷、600r/min 时系统参数如表 3.9 所示。不同粒径的颗粒参数如表 3.10 所示。

表 3.9　3 级载荷、600r/min 时系统参数

m/kg	k/(N/m)	c/(N·s/m)	ϕ/mm	n/(r/min)
2.546	8.1792	0.2886	15	600

表 3.10　不同粒径的颗粒参数

颗粒粒径/mm	k_n/(10^6N/m)	k_s/(10^6N/m)	c_n/(N·s/m)	c_s/(N·s/m)
1	1.143764	0.957569	3.276837	3.914
2	3.396805	2.843837	16.20837	19.36
3	4.160219	3.482974	32.91907	39.32
4	4.803807	4.021792	54.46046	65.05
5	5.370820	4.496500	80.49767	96.15
6	5.883438	4.925669	110.7377	132.27
7	6.354839	5.320330	145.0247	173.22
8	6.793609	5.687673	183.1647	218.78
9	7.205711	6.032688	225.11	268.87

2) 不同粒径的颗粒耗能

2 级载荷下不同粒径的颗粒耗能如图 3.15 所示。可以看出，不同粒径的颗粒在不同时间点上的耗能不同，但在整体的耗能趋势上表现相同：在 0.0688s，耗能出现一个峰值，然后随着齿轮振动的消失逐渐减少，并趋于平稳。齿轮转速为 600r/min，则齿轮之间完成单个齿的啮合时间为 0.0042s，即齿轮的激励在下一个齿啮合到来时，由于齿轮啮合的激励，颗粒之间的耗能急剧增加。

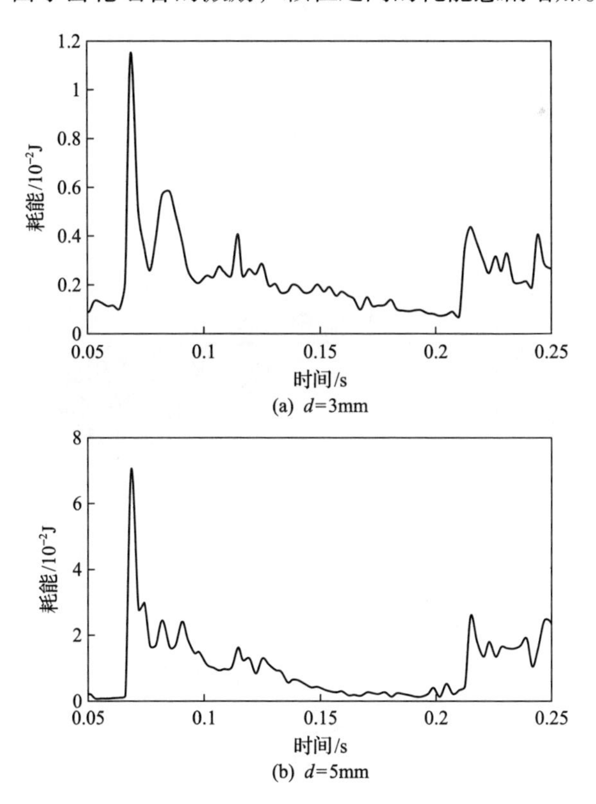

(a) d=3mm

(b) d=5mm

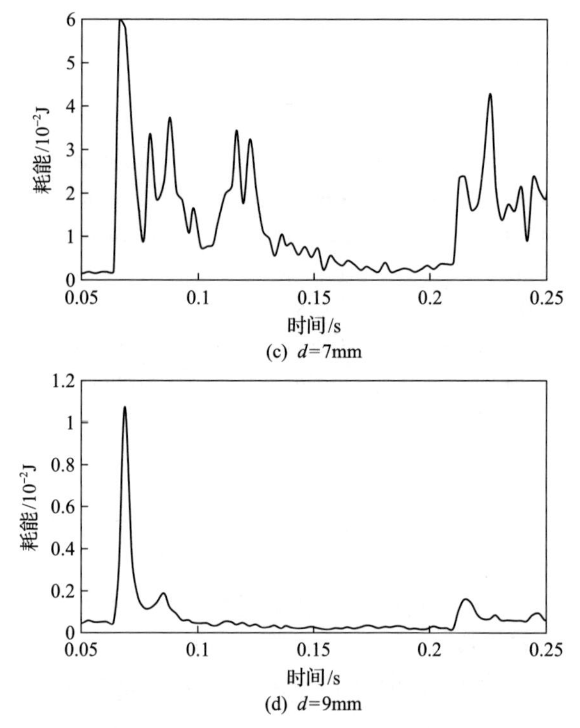

(c) d=7mm

(d) d=9mm

图 3.15　2 级载荷下不同粒径的颗粒耗能

当颗粒粒径比较小时，由于填充的颗粒数量较多，所以颗粒的碰撞次数也较多，然而单个颗粒耗能较小。不同粒径的颗粒碰撞次数与单个颗粒耗能的关系如图 3.16 所示。

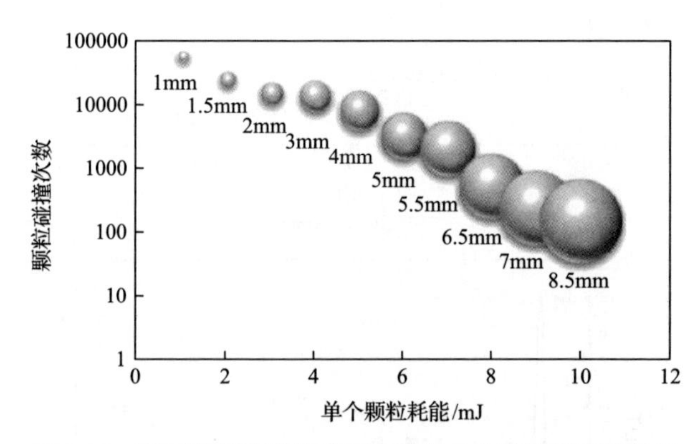

图 3.16　不同粒径的颗粒碰撞次数与单个颗粒耗能的关系

不同载荷等级下不同粒径的颗粒耗能如图 3.17 所示。可以看出，当载荷等级相同时，粒径小于 5mm 的颗粒耗能随着颗粒粒径的增大而增加；粒径为 5mm 的颗粒耗能最大；粒径大于 5mm 的颗粒耗能随着颗粒粒径的增大反而减少。

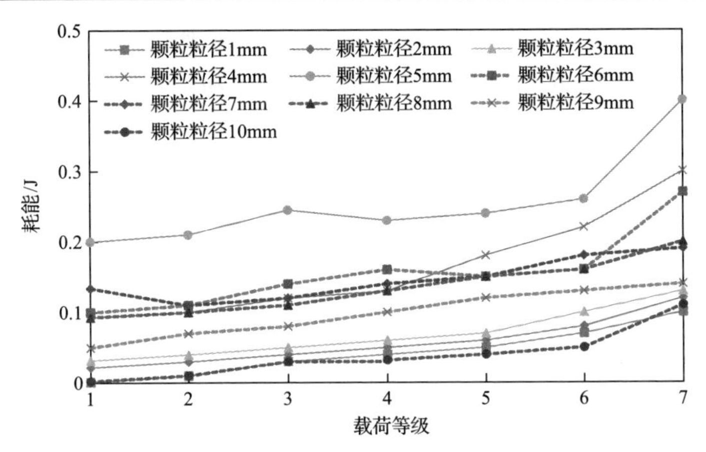

图 3.17　不同载荷等级下不同粒径的颗粒耗能

当颗粒粒径较小时，颗粒自身所具有的能量较小，虽然颗粒碰撞的次数较多，但每次接触碰撞的耗能较小；随着颗粒粒径的增大，单个颗粒获得的能量较大，碰撞摩擦耗能也较大，此时颗粒粒径变化对颗粒耗能的影响占主要地位；当颗粒粒径较大时，单个颗粒的能量较大，颗粒之间的能量等级变化影响较小，而颗粒阻尼器容积相同时，颗粒粒径变大填充颗粒的数量变小，颗粒之间碰撞次数变少从而总耗能变小；当颗粒粒径为 10mm 时，颗粒阻尼器内颗粒填充数量为 2 个，此时颗粒之间的碰撞次数很少，耗能也变得极小。

随着载荷等级的增大，齿轮的振动变大，从而颗粒的激励变大，颗粒的速度和角速度都相应地变大，使得颗粒的碰撞和摩擦更激烈，颗粒能量被转化为热能，从而达到减振的目的。

为研究相同载荷等级时不同齿轮转速下颗粒粒径的减振效果，固定载荷等级为 4 级载荷，齿轮转速按照预先设定的计算值，颗粒填充率为 60%不变。不同齿轮转速下系统参数如表 3.11 所示。

表 3.11　不同齿轮转速下系统参数

n/(r/min)	m/kg	k/(N/m)	c/(N·s/m)
200	1.9496	4.5942	0.1850
400	2.2594	6.3852	0.2401
600	2.4692	8.1959	0.2896
800	2.5790	8.9909	0.2988
1000	2.5890	7.7349	0.2329
1200	2.4990	3.3924	0.0572

不同齿轮转速下不同粒径的颗粒耗能如图 3.18 所示。可以看出，当齿轮转速

小于 600r/min 时，随着齿轮转速的不断增加，颗粒耗能增加，但是增加趋势较平缓；当齿轮转速大于 600r/min 时，随着齿轮转速的增加，颗粒的耗能增加趋势加快。

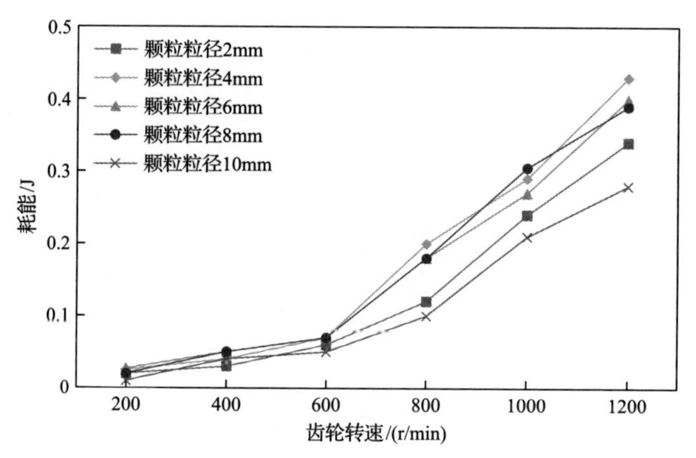

图 3.18　不同齿轮转速下不同粒径的颗粒耗能

随着齿轮转速的提高，颗粒的耗能逐渐增加。这是由于随着齿轮转速的提高，颗粒所受的离心力也逐渐增大，颗粒紧贴在远离齿轮中心的颗粒阻尼器壁上，此时颗粒配位数增加，颗粒间相互作用力变大，单个颗粒具有的能量变大。

3. 颗粒填充率

1)颗粒离散元参数确定

齿轮离心场中颗粒填充率是影响颗粒阻尼减振效果的一个重要参数，且存在最佳值，过大或过小的颗粒填充率均会降低颗粒的减振效果。不同颗粒填充率的齿轮如图 3.19 所示。

为研究颗粒填充率的变化对于减振效果的影响，在齿轮系统中安装不同填充率的颗粒阻尼器。当载荷等级和齿轮转速相同时，在颗粒阻尼器中填充不同数量的颗粒，以达到改变颗粒填充率的目的。2 级载荷、700r/min 时系统参数如表 3.12 所示。2 级载荷、700r/min 时颗粒参数如表 3.13 所示。

(a) 颗粒填充率30%

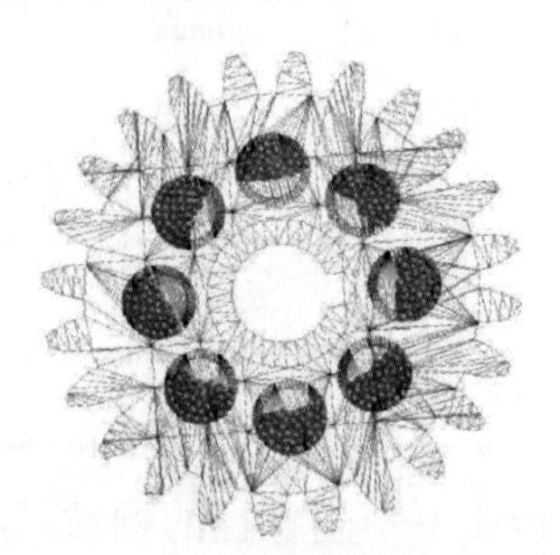

(b) 颗粒填充率60%

(c) 颗粒填充率90%

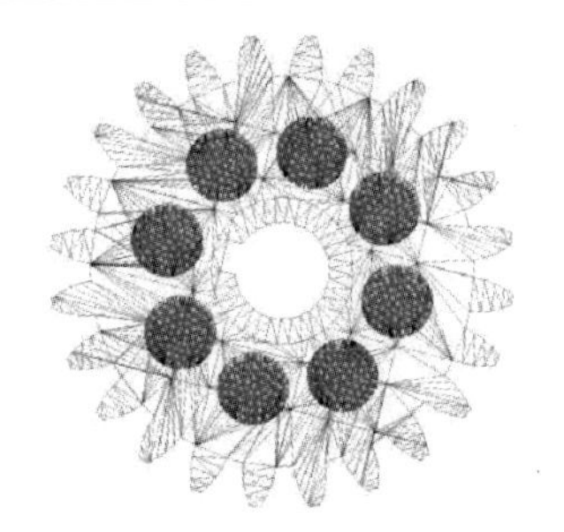
(d) 颗粒填充率95%

图 3.19　不同颗粒填充率的齿轮

表 3.12　2 级载荷、700r/min 时系统参数

n/(r/min)	k/(10^3N/m)	c/(10^3N·s /m)	m/kg
700	8.831	0.3022	2.5706

表 3.13　2 级载荷、700r/min 时颗粒参数

相互作用情况	e	f	f_s	μ
颗粒-颗粒	0.7	0.015	0.015	0.2
颗粒-颗粒阻尼器壁	0.7	0.015	0.015	0.2

2)不同填充率的颗粒耗能

根据以上参数，利用离散元软件统计在单个齿啮合过程中的颗粒耗能，700r/min 时不同填充率的颗粒耗能如图 3.20 所示。

通过离散元软件统计在齿轮转动 3 个齿的时间内的颗粒耗能，在不同载荷等级下统计不同齿轮转速和不同填充率的颗粒耗能。不同载荷等级下齿轮转速、颗粒填充率与耗能的关系如图 3.21 所示。

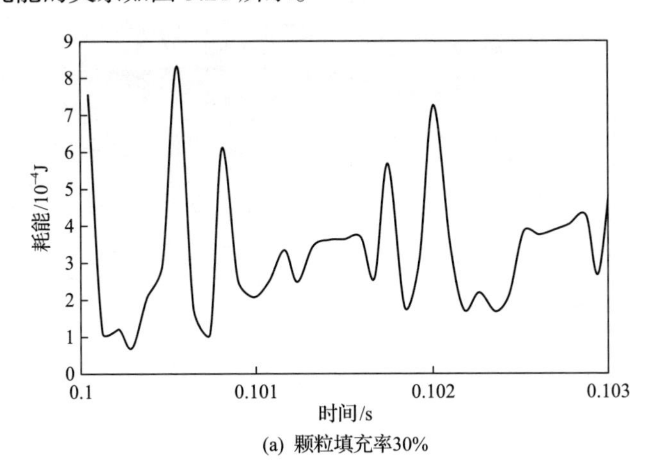

(a) 颗粒填充率30%

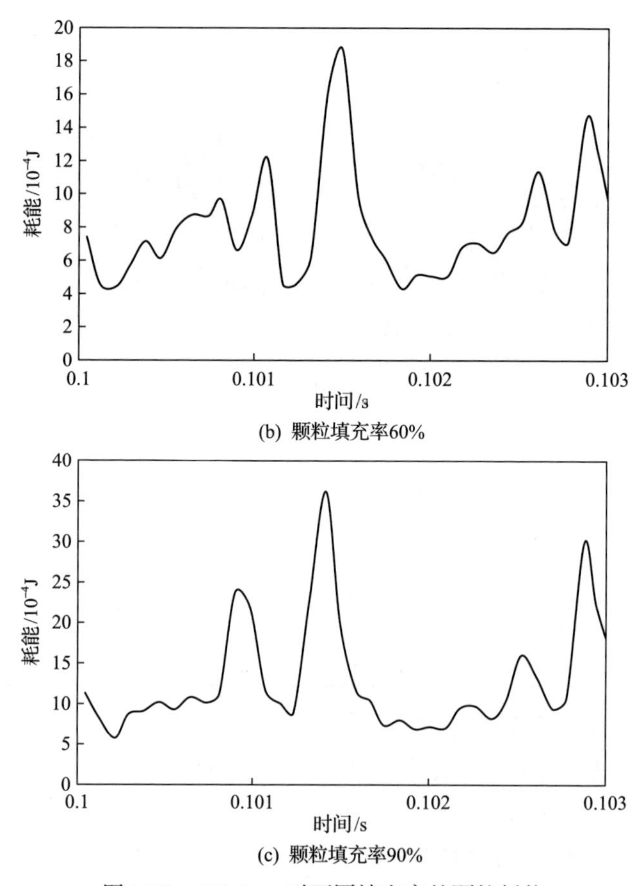

(b) 颗粒填充率60%

(c) 颗粒填充率90%

图 3.20　700r/min 时不同填充率的颗粒耗能

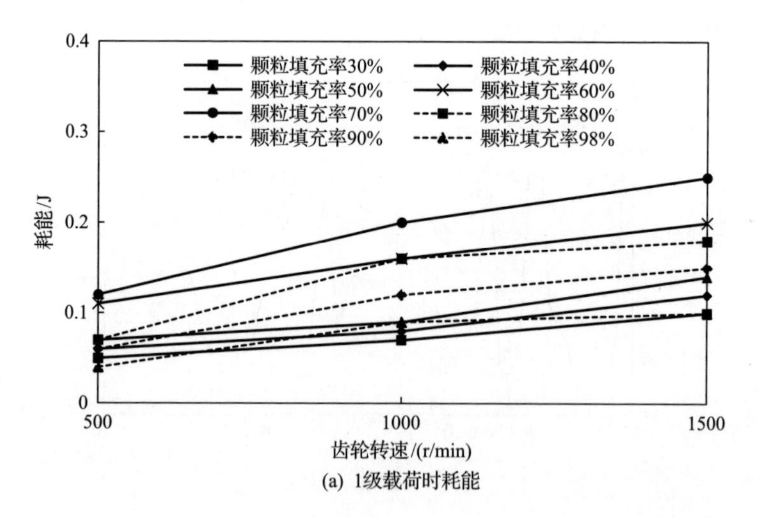

(a) 1级载荷时耗能

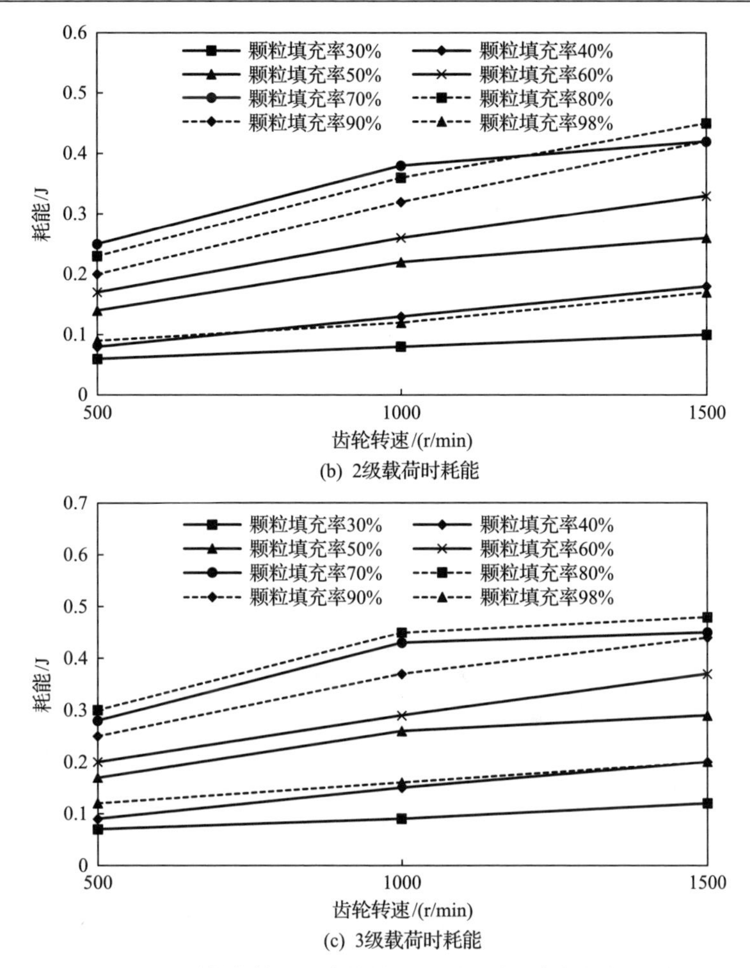

(b) 2级载荷时耗能

(c) 3级载荷时耗能

图 3.21　不同载荷等级下齿轮转速、颗粒填充率与耗能的关系

由图 3.21 可以看出，在载荷等级和颗粒填充率相同时，齿轮转速越高，耗能越大。这是由于当齿轮转速较高时，齿轮单双齿啮合的冲击更大，颗粒间的碰撞更加激烈，运动更加频繁，从而耗能也就越大。在载荷等级和齿轮转速都相同时，随着颗粒填充率的增大耗能呈先增加后减少的趋势。

颗粒主要通过颗粒间的碰撞和摩擦进行耗能，不同填充率的颗粒碰撞次数如表 3.14 所示。不同填充率的颗粒碰撞次数如图 3.22 所示。可以看出，在载荷等级和颗粒填充率相同时，颗粒间的碰撞次数随着齿轮转速的增加是有所减少的。

齿轮转速和颗粒填充率相同时，不同的载荷等级下，随着齿轮所受载荷等级的增大颗粒耗能增加。当载荷等级较大时，齿轮运动过程中的单双齿啮合的冲击相对较大，颗粒在颗粒阻尼器中的运动较为剧烈，从而耗能较大；当载荷等级较小时，齿轮啮合冲击较小，颗粒在颗粒阻尼器中的运动相对平缓，所以耗能较小。

表 3.14 不同填充率的颗粒碰撞次数

颗粒填充率/%	颗粒碰撞次数/10^4		
	n=700r/min	n=900r/min	n=1100r/min
30	0.9833	0.8717	0.7575
40	1.2976	1.1963	1.0252
50	1.6400	1.4805	1.2724
60	1.8837	1.7233	1.2724
70	2.1792	1.9216	1.7039
80	2.4438	2.1631	1.9239
90	2.7051	2.4083	2.0772

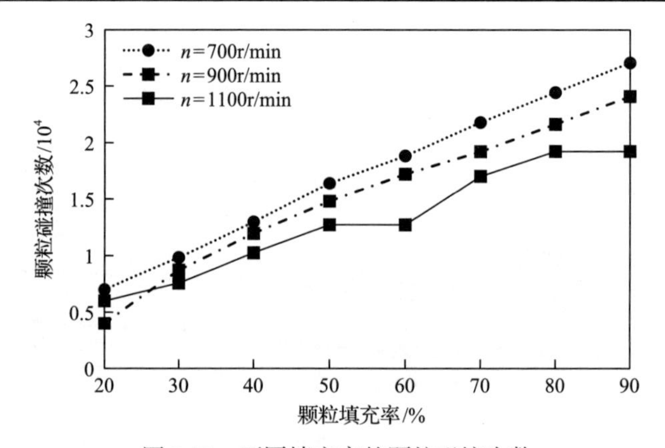

图 3.22 不同填充率的颗粒碰撞次数

4. 颗粒表面恢复系数

1)颗粒离散元参数确定

恢复系数反映碰撞过程的变形回弹能力，定义为颗粒和颗粒阻尼器壁之间碰撞前速度与碰撞后速度的占比。颗粒表面恢复系数在弹性碰撞中取值为 1，而在完全非弹性碰撞情况下取值为 0。

恢复系数 e 为

$$e=\left|\frac{v_1}{v_0}\right|=\sqrt{\frac{\frac{1}{2}mv_1^2}{\frac{1}{2}mv_0^2}}=\sqrt{\frac{mgh_1}{mgh_0}}=\sqrt{\frac{h_1}{h_0}} \tag{3.11}$$

式中，h_0 为反弹高度；h_1 为下落高度；v_0 为碰撞前速度；v_1 为碰撞后速度。

齿轮内颗粒阻尼器中的颗粒选用不同表层厚度，表层厚度的规格为 0mm、

0.1mm、0.3mm、0.5mm 和 0.7mm。表层厚度为 0mm 和 0.1mm 的颗粒如图 3.23 所示。不同表层厚度的颗粒参数如表 3.15 所示。

(a) 表层厚度为0mm的颗粒

(b) 表层厚度为0.1mm的颗粒

图 3.23　表层厚度为 0mm 和 0.1mm 的颗粒

表 3.15　不同表层厚度的颗粒参数

表层厚度/mm	e	k_n/(10^9N/m)	c_n/(10^4N·s/m)	k_s/(10^9N/m)	c_s/(10^4N·s/m)	μ	颗粒粒径/mm
0	0.50	9.54	2.5395	7.86	2.3051	0.1	1.5
0.1	0.10	0.0669	0.2481	0.0463	0.2113	0.1	1.6
0.3	0.14	0.0689	0.2577	0.0477	0.2144	0.1	1.8
0.5	0.20	0.0708	0.2836	0.0491	0.2362	0.1	2.0
0.7	0.32	0.0726	0.3100	0.0503	0.2581	0.1	2.2

2) 不同表面恢复系数的颗粒耗能

通过颗粒粒径、颗粒填充率等参数的仿真分析，发现齿轮转速较低时颗粒摩擦耗能比颗粒碰撞耗能小得多，因此在相对低的齿轮转速下，耗能主要通过碰撞实现。而颗粒表面恢复系数主导着碰撞耗能，颗粒表面恢复系数的变化会对颗粒耗能产生很大的影响。当颗粒表面恢复系数很小时，单次碰撞耗能很大。较小的颗粒表面恢复系数意味着颗粒的回弹很小，颗粒之间以及颗粒与颗粒阻尼器壁之间的碰撞周期也会增加；当颗粒表面恢复系数较大时，即使单次碰撞的颗粒耗能都较小，但由于颗粒更容易反弹，碰撞周期将会减少，这就意味着在相同的时间内碰撞次数会更多。因此，在仿真或试验之前，无法确定颗粒表面恢复系数对耗能特性的影响。

通过离散元方法获得颗粒表面恢复系数为 0.32 和 0.5 时的耗能趋势，不同表面恢复系数的颗粒耗能如图 3.24 所示。

在齿轮转速较高时，由于强离心力的作用，颗粒会附着在远离旋转中心的颗粒阻尼器壁上。此时，颗粒耗能中摩擦耗能和碰撞耗能的影响都比较重要。在强离心力作用下，颗粒表面恢复系数的变化对耗能的影响相对较小。此外，在这种情况下，碰撞主要发生在颗粒之间，而不是颗粒和颗粒阻尼器壁之间，这样颗粒

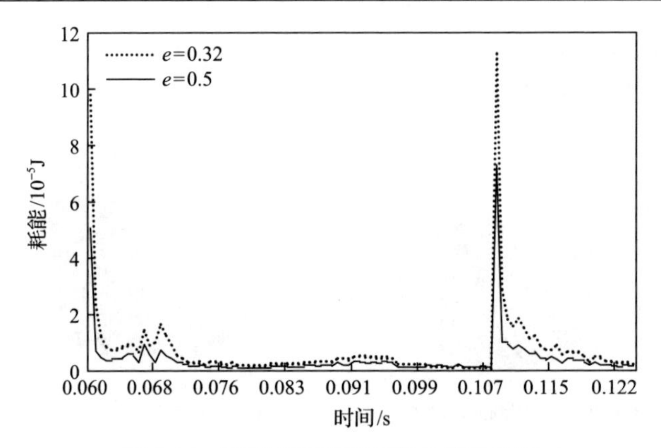

图 3.24　不同表面恢复系数的颗粒耗能

的碰撞周期就小。因此，单次碰撞耗能主导着颗粒总耗能。在这种情况下，颗粒表面恢复系数较小时耗能会较大。

不同齿轮转速下不同表面恢复系数的颗粒耗能如图 3.25 所示。可以看出，在低齿轮转速时，颗粒表面恢复系数为 0.2 时减振效果最好；而在高齿轮转速时，颗粒表面恢复系数较小时减振效果最好。颗粒表面恢复系数小于 0.2 时，不同齿轮转速下的减振效果都是相似的；颗粒表面恢复系数大于 0.2 时，齿轮转速越小，减振效果越差；随着颗粒表面恢复系数的增大，减振效果越来越差。

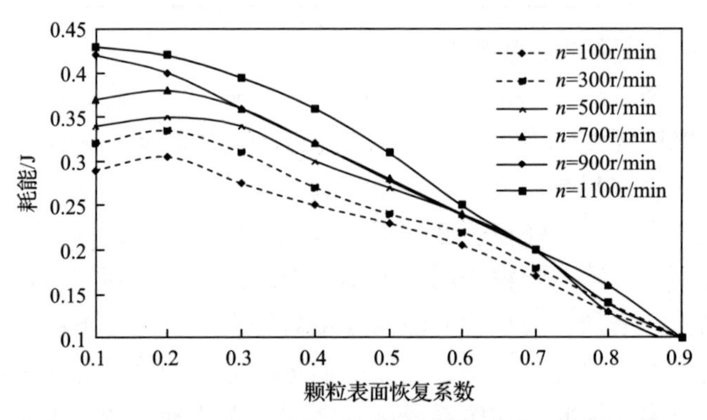

图 3.25　不同齿轮转速下不同表面恢复系数的颗粒耗能

5. 颗粒表面摩擦系数

考虑到不同齿轮转速下，颗粒在离心场内的运动状态不同，对应的摩擦耗能和碰撞耗能特性也不同，因此需要研究在不同齿轮转速下颗粒表面摩擦系数对减振效果的影响。此外，不同的载荷等级下，施加在颗粒上的力是不同的，振动导致颗粒的耗能特性发生改变，可能带来不同的减振效果，因此需要研究在不同载荷等级下颗粒表面摩擦系数对减振效果的影响。

1) 不同齿轮转速下不同表面摩擦系数的颗粒耗能

为研究不同齿轮转速下颗粒表面摩擦系数对减振效果的影响，采用控制变量法，保持齿轮所受载荷等级恒定，设定载荷等级为1级，对不同齿轮转速下颗粒的耗能特性进行仿真分析。不同齿轮转速下不同表面摩擦系数的颗粒耗能如图3.26所示。

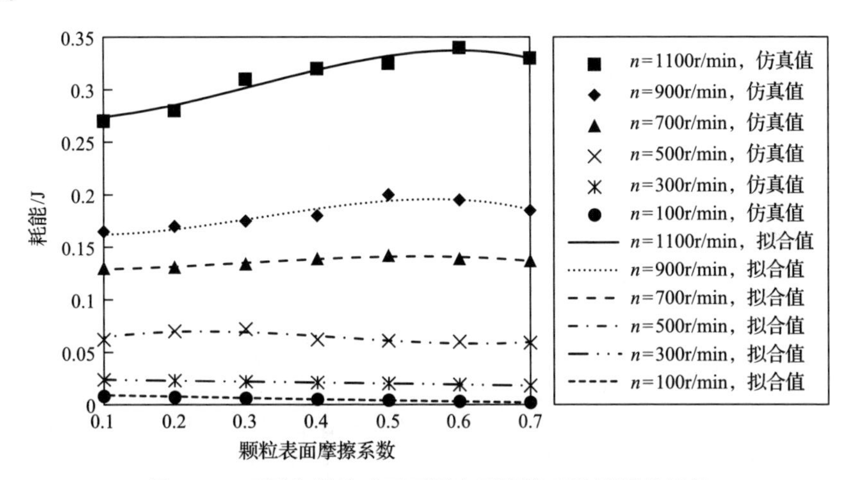

图3.26　不同齿轮转速下不同表面摩擦系数的颗粒耗能

由图3.26可以看出，随着齿轮转速的增加，单个仿真周期内颗粒的耗能逐渐增加，这是由于齿轮转速增加导致齿轮间的啮合振动更剧烈，产生更多的振动能量供颗粒耗散。随着齿轮转速的增加，耗能最大时的颗粒表面摩擦系数也逐渐增大。

为探究颗粒表面摩擦系数对颗粒的摩擦耗能和碰撞耗能的影响，分别对单个仿真周期内不同齿轮转速下颗粒的摩擦耗能与碰撞耗能进行仿真分析。

不同齿轮转速下不同表面摩擦系数的颗粒摩擦耗能与颗粒碰撞耗能如图3.27所示。

由图3.27可以看出：

(1) 随着颗粒表面摩擦系数的增大，颗粒摩擦耗能也随之增加。齿轮转速较低时，颗粒摩擦耗能增加的幅度不明显，此时由于受到较小的离心力束缚，颗粒之间可以自由地进行碰撞，颗粒的主要耗能方式为颗粒之间的碰撞耗能。

(2) 随着齿轮转速的增加，颗粒摩擦耗能增加的幅度也变大。齿轮转速的增加引起离心场的强度增强，颗粒受离心力作用，远离旋转中心的颗粒阻尼器壁进行运动，此时颗粒之间的碰撞耗能减少，颗粒间的摩擦耗能作用明显。

(3) 当颗粒表面摩擦系数大于0.6时，摩擦耗能的增加幅度明显变缓。颗粒表

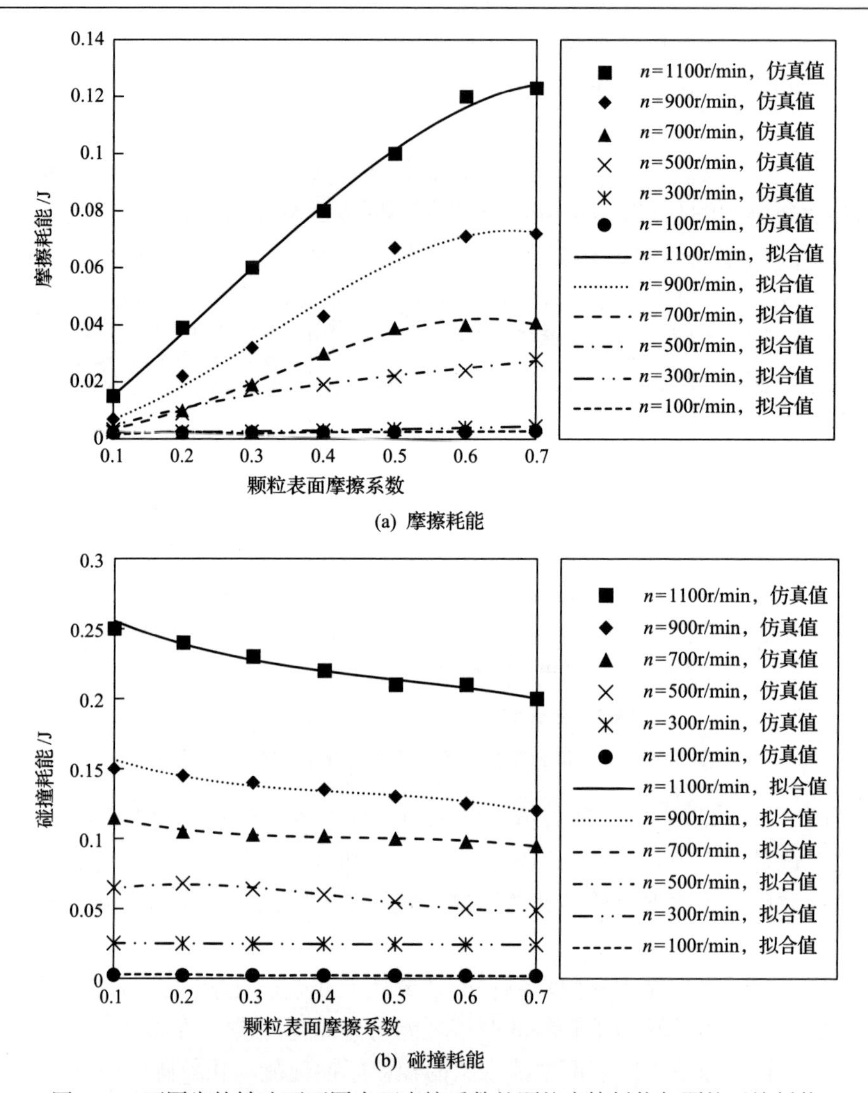

图 3.27　不同齿轮转速下不同表面摩擦系数的颗粒摩擦耗能与颗粒碰撞耗能

面摩擦系数过大导致颗粒间的切向运动阻碍作用显著，因此颗粒间的摩擦耗能不会因为颗粒表面摩擦系数的增大而无限制地增加。

(4)随着颗粒表面摩擦系数的增大，颗粒碰撞耗能有减少的趋势。光滑颗粒之间的切向阻碍作用很小，颗粒之间可以自由碰撞，因此碰撞耗能较大。颗粒表面摩擦系数越大，颗粒之间的摩擦作用越来越明显，限制和阻碍了部分颗粒之间的碰撞，因此颗粒的碰撞耗能会减少。

不同齿轮转速下不同表面摩擦系数的颗粒摩擦耗能占比如图 3.28 所示。

由图 3.27 和图 3.28 可以看出：

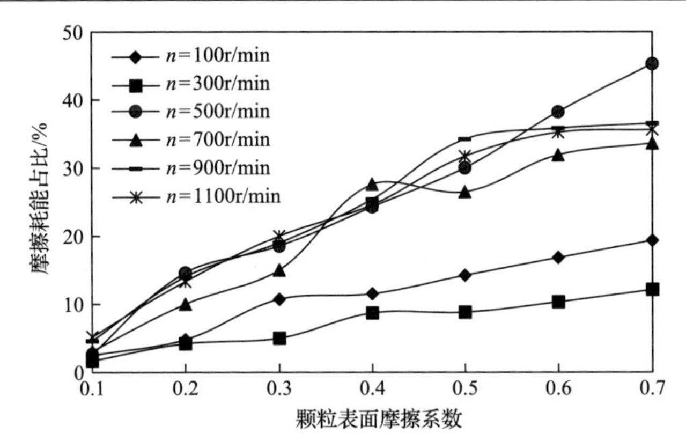

图 3.28　不同齿轮转速下不同表面摩擦系数的颗粒摩擦耗能占比

(1) 当齿轮转速较低时，增大颗粒表面摩擦系数，颗粒的摩擦耗能占比增加较小。摩擦耗能的增加量小于碰撞耗能的减少量，从而导致总耗能的减少。

(2) 当齿轮转速增加到 500r/min，颗粒表面摩擦系数小于 0.3 时，随着颗粒表面摩擦系数的增大，摩擦耗能的增加量大于碰撞耗能的减少量，总体表现为总耗能的增加；颗粒表面摩擦系数大于 0.3 时，尽管摩擦耗能的占比增加较大，但颗粒碰撞耗能的减少量大于摩擦耗能的增加量，总体表现为总耗能的减少。

(3) 当齿轮转速较高时，摩擦耗能占总耗能的比例较高，但在颗粒表面摩擦系数从 0.6 上升到 0.7 的过程中，摩擦耗能的占比增加极小。在颗粒表面摩擦系数小于 0.6 时，摩擦耗能的增加量大于碰撞耗能的减少量，总体表现为总耗能的增加；颗粒表面摩擦系数大于 0.6 后，由于摩擦耗能的占比增加极小，摩擦耗能的增加量小于碰撞耗能的减少量，总体表现为总耗能的减少。因此在齿轮转速为 700～1100r/min 时，耗能最大时的颗粒表面摩擦系数为 0.5～0.6。

2) 不同载荷等级下不同表面摩擦系数的颗粒耗能

为研究不同载荷等级下颗粒表面摩擦系数对颗粒耗能的影响，另外仿真在齿轮转速 700r/min 时 1 级、2 级、3 级、4 级载荷下的耗能随着颗粒表面摩擦系数的变化。不同载荷等级下不同表面摩擦系数的颗粒耗能如图 3.29 所示。

由图 3.29 可以看出，在 1 级载荷下，耗能在颗粒表面摩擦系数为 0.5 时达到峰值；载荷等级从 1 级变化到 2 级时，颗粒耗能有大幅增加；载荷等级从 2 级变化到 3 级时，颗粒耗能有小幅增加；载荷等级从 3 级变化到 4 级时，颗粒耗能较为稳定。

在载荷等级增大到一定程度后，即使继续增大载荷等级，颗粒耗能也不会有较大增加，这是由于颗粒耗能是通过碰撞和摩擦实现的，当载荷等级增加到一定程度后，齿轮间啮合导致的振动达到峰值，因此对应的颗粒的碰撞耗能和摩擦耗能也都会达到极限值，故耗能不会随着载荷等级的增大而无限增加。

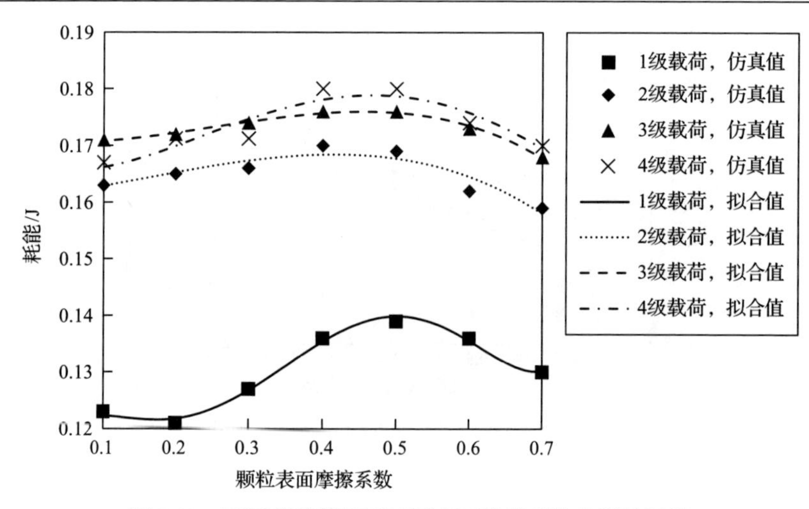

图 3.29　不同载荷等级下不同表面摩擦系数的颗粒耗能

为探究颗粒表面摩擦系数对颗粒摩擦耗能和碰撞耗能的影响，分别对单个仿真周期内不同载荷等级下颗粒的摩擦耗能与碰撞耗能进行仿真分析。不同载荷等级下不同表面摩擦系数的颗粒摩擦耗能和颗粒碰撞耗能如图 3.30 所示。

在不同载荷等级下，随着颗粒表面摩擦系数的增大，颗粒摩擦耗能越来越大。载荷等级从 1 级变化到 2 级时，颗粒碰撞耗能有大幅增加，因此颗粒阻尼器的总耗能大幅增加；载荷等级从 2 级变化到 3 级时，颗粒碰撞耗能有小幅增加；载荷等级从 3 级变化到 4 级时，颗粒碰撞耗能较为稳定。

在不同载荷等级下，随着颗粒表面摩擦系数的增大，颗粒碰撞耗能越来越小。当颗粒表面摩擦系数小于 0.5 时，摩擦耗能的增加量大于碰撞耗能的减少量，总体表现为总耗能的增加；当颗粒表面摩擦系数为 0.5 时，摩擦耗能的增加量与碰

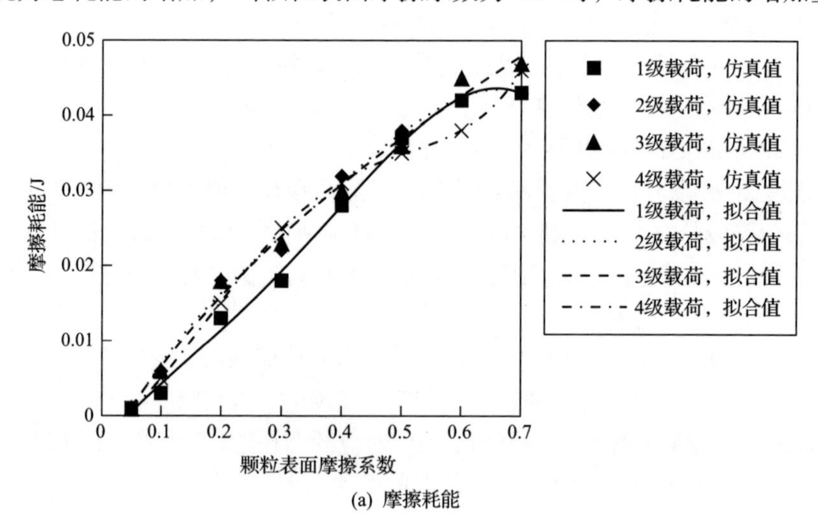

(a) 摩擦耗能

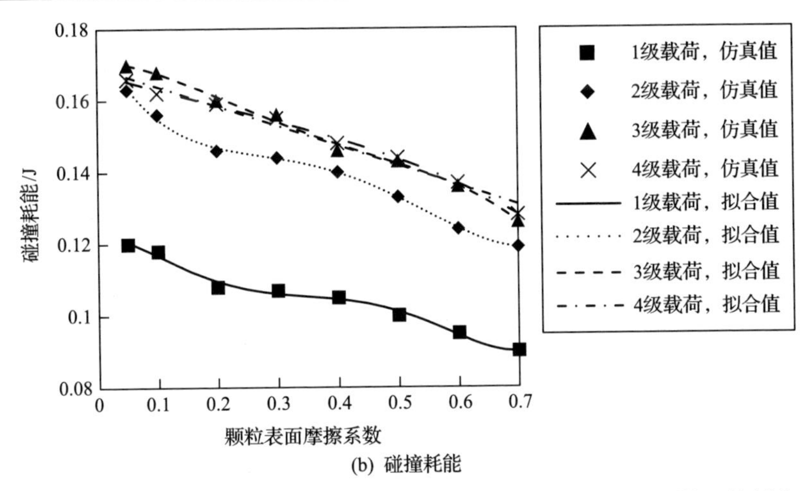

(b) 碰撞耗能

图 3.30　不同载荷等级下不同表面摩擦系数的颗粒摩擦耗能和颗粒碰撞耗能

撞耗能的减少量达成平衡，总体表现为总耗能的稳定；当颗粒表面摩擦系数大于 0.5 时，摩擦耗能的增加量小于碰撞耗能的减少量，总体表现为总耗能的减少。因此耗能随着颗粒表面摩擦系数的增大先增加后减少，在颗粒表面摩擦系数为 0.4～0.5 时达到峰值。

6. 颗粒阻尼器方案

1)颗粒离散元参数确定

颗粒阻尼器直径、颗粒阻尼器数量都会影响离心场中颗粒阻尼的减振效果。设置不同颗粒阻尼器方案，分析其减振效果。不同颗粒阻尼器方案如图 3.31 所示。方案 1、方案 2 和方案 3 的颗粒阻尼器体积基本一致，方案 4 颗粒阻尼器体积为其他方案颗粒阻尼器体积的两倍。颗粒阻尼器方案参数如表 3.16 所示。

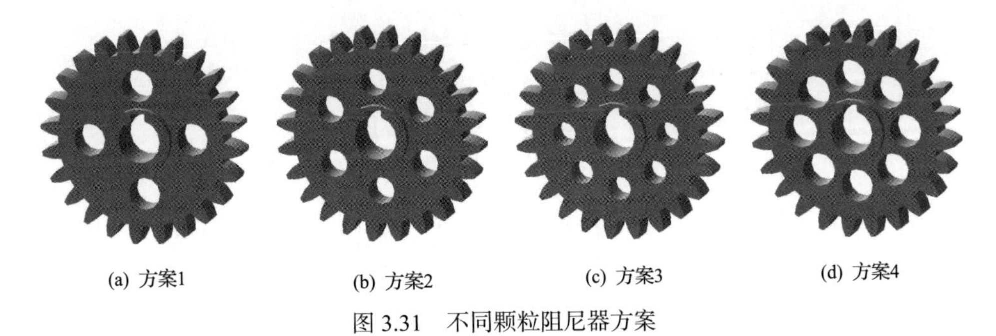
(a) 方案1　(b) 方案2　(c) 方案3　(d) 方案4

图 3.31　不同颗粒阻尼器方案

在齿轮结构中填充粒径为 4mm 的不锈钢颗粒，填充的颗粒总质量为 55g，将这些颗粒均分到各颗粒阻尼器中，通过离散元方法计算需要的颗粒刚度系数和颗粒阻尼系数等参数。

表 3.16　颗粒阻尼器方案参数

颗粒阻尼器方案	直径/mm	数量/个	高度/mm	体积/(10^4mm^3)
方案 1	18	4	20	2.03472
方案 2	15	6	20	2.11950
方案 3	13	8	20	2.12264
方案 4	18	8	20	4.06944

2)不同颗粒阻尼器方案的颗粒耗能

1 级载荷、500r/min 时单个啮合周期的颗粒耗能如图 3.32 所示。不同颗粒阻尼器方案的颗粒碰撞次数如表 3.17 所示。

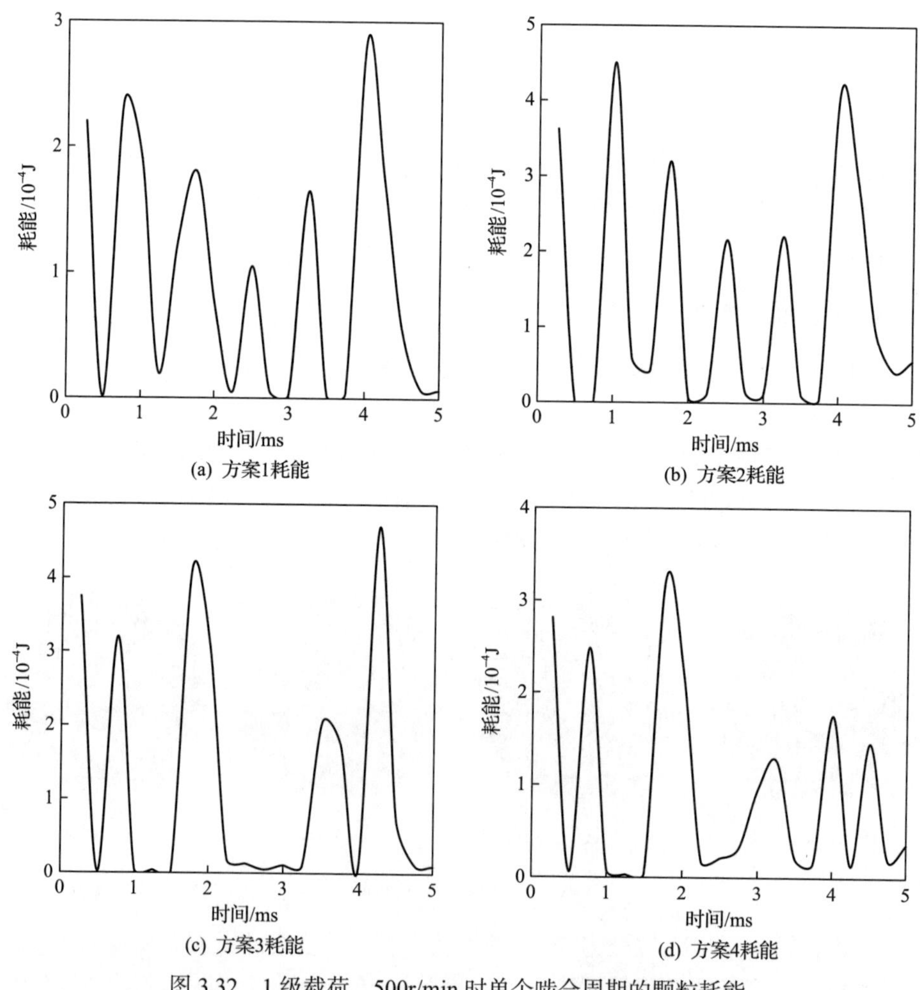

图 3.32　1 级载荷、500r/min 时单个啮合周期的颗粒耗能

表 3.17　不同颗粒阻尼器方案的颗粒碰撞次数

颗粒阻尼器方案	颗粒碰撞次数/10^4		
	n=100r/min	n=500r/min	n=1000r/min
方案 1	1.4959	0.5486	0.1373
方案 2	1.7825	0.5678	0.1570
方案 3	1.8234	0.5980	0.1934
方案 4	1.1578	0.4216	0.1011

不同齿轮转速下不同颗粒阻尼器方案的颗粒耗能（1 级载荷）如图 3.33 所示。可以看出：

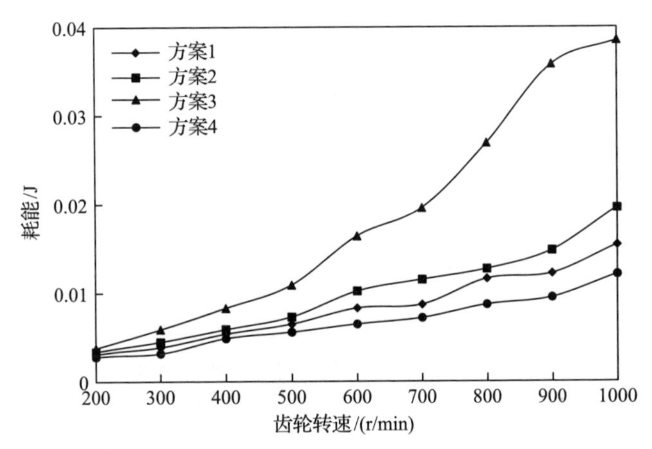

图 3.33　不同齿轮转速下不同颗粒阻尼器方案的颗粒耗能（1 级载荷）

(1) 对于同一种颗粒阻尼器方案，随着齿轮转速的增加，齿轮在啮合传动过程中的颗粒耗能增加。随着齿轮转速的增加，颗粒之间的碰撞次数在单个啮合周期内是减少的。随着齿轮转速的增加，单个啮合周期的时间缩短，因此颗粒耗能并未减少。颗粒耗能与颗粒碰撞次数以及单次碰撞的耗能有关，随着齿轮转速的增加，在单个啮合周期内颗粒之间的碰撞次数减少但是耗能增加。这是由于随着齿轮转速的增加颗粒相互碰撞的法向力增大，使得单次颗粒碰撞耗能和摩擦耗能都增加。

(2) 齿轮转速对于不同颗粒阻尼器方案时的颗粒耗能影响程度不同。随着齿轮转速的增加，方案 4 的颗粒耗能增加速度最为缓慢，其他几种方案的颗粒耗能增加较快。这是由于方案 4 的颗粒阻尼器直径大于其他几种方案的颗粒阻尼器直径，在填充相同数量的颗粒时，颗粒阻尼器内的颗粒填充率最低，在相同工况下，颗粒之间的碰撞次数减少，其耗能低于其他几种方案。

(3) 齿轮转速低于 500r/min 时，4 种颗粒阻尼器方案的颗粒耗能都较小，且相差不大。颗粒在低齿轮转速下的碰撞不够激烈，碰撞耗能和摩擦耗能较小。齿轮转速高于 500r/min 时，方案 3 的颗粒阻尼器内耗能最大，说明在较高齿轮转速下，方案 3 的颗粒阻尼器内颗粒的碰撞和摩擦最充分，从而其耗能最大；方案 1 和方案 2 的颗粒耗能居中，方案 2 的耗能略大于方案 1，这是由于方案 1 和方案 2 的颗粒填充率相同，但方案 2 的颗粒阻尼器数量比方案 1 的颗粒阻尼器数量多，可发挥阻尼效应的颗粒更多。

不同齿轮转速下不同颗粒阻尼器方案的颗粒耗能（2 级载荷）如图 3.34 所示。

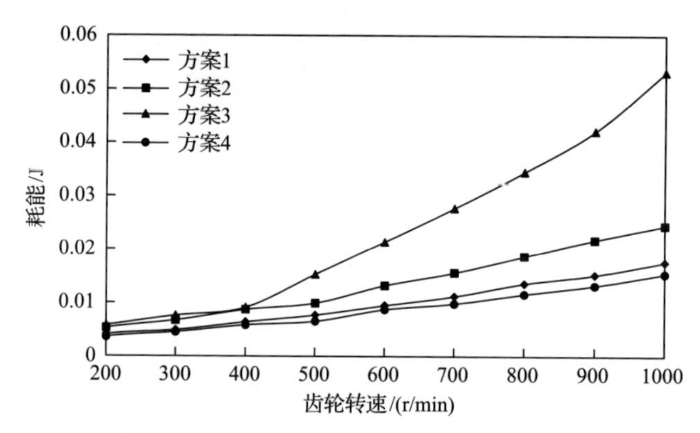

图 3.34　不同齿轮转速下不同颗粒阻尼器方案的颗粒耗能（2 级载荷）

由图 3.34 可以看出，2 级载荷时不同齿轮转速下耗能趋势和 1 级载荷时不同齿轮转速下耗能趋势一样，都是齿轮转速低于 500r/min 时颗粒耗能较小，当齿轮转速较高时方案 3 的颗粒耗能最大，方案 4 的颗粒耗能最小。载荷等级变大时，齿轮的时变啮合激励变大，颗粒的运动相对于 1 级载荷时更为激烈，碰撞耗能和摩擦耗能增加，从而使得总耗能增加。

因此，颗粒在齿轮传动离心场中的减振效果与颗粒阻尼器方案、齿轮转速和载荷等级有直接关系。当齿轮转速较低时，4 种方案的颗粒耗能都比较小；当齿轮转速较高时，方案 3 的颗粒耗能最大，方案 4 的颗粒耗能最小。对比分析方案 1、方案 2 和方案 3 的耗能趋势可知，在颗粒阻尼器体积相同且齿轮刚度系数相差不大时，颗粒阻尼器数量越多，颗粒耗能越大。对比分析方案 1 和方案 4 的耗能可知，在颗粒阻尼器直径相同且填充相同数量的颗粒时，颗粒阻尼器数量越多颗粒耗能越小。对比分析方案 3 和方案 4 的耗能可知，当颗粒阻尼器数量相同时，颗粒阻尼器直径越大颗粒耗能越小。颗粒阻尼器数量相同且填充相同数量颗粒时，颗粒阻尼器直径越大颗粒填充率越低，使得可活动的颗粒的碰撞次数减少，颗粒阻尼器内的碰撞耗能和摩擦耗能减小，从而耗能减少。

7. *参数分析结论*

根据离散元方法分析不同参数颗粒在离心场中的耗能机理，仿真计算显示颗粒阻尼在离心场中能够有效地减小齿轮系统的振动，揭示了不同颗粒参数对于颗粒减振效果的影响，颗粒参数是影响颗粒阻尼耗能的重要因素，对于不同参数的颗粒，其减振效果大不相同。

(1) 在不同工况下，钨基合金颗粒的减振效果最好，不锈钢颗粒和铅基合金颗粒的减振效果居中，氧化镁颗粒和氧化铝颗粒的减振效果较差；对于同一种颗粒材料，当载荷等级相同时，颗粒耗能随着齿轮转速的增加而增加；当齿轮转速相同时，颗粒耗能随着载荷等级的增大而增加。

(2) 当载荷等级相同时，随着颗粒粒径的变化耗能也发生变化，当颗粒粒径为 5mm 时，耗能最大。随着载荷等级的不断增大，颗粒耗能越来越大。

(3) 当载荷等级和齿轮转速相同时，随着颗粒填充率的增大耗能呈先增加后减少的趋势；当颗粒填充率增大到一定程度后，颗粒耗能开始减少。

(4) 当载荷等级相同、齿轮转速较低时，表层厚度为 0.5mm、颗粒表面恢复系数约为 0.2 时的颗粒获得最大的耗能；当齿轮转速较高时，颗粒表面恢复系数越小，耗能越大。

(5) 当齿轮转速较低时，耗能随着颗粒表面摩擦系数的增大先减少后增加；而当齿轮转速较高时，耗能随着颗粒表面摩擦系数的增大先增加后减少。

(6) 颗粒阻尼器方案、齿轮转速和载荷等级决定着齿轮振动激励，同时也决定着颗粒在颗粒阻尼器内的运动激烈程度，从而影响颗粒的减振效果。对于同一种颗粒阻尼器方案，当载荷等级相同时，颗粒耗能随着齿轮转速的增加而增加；当齿轮转速相同时，颗粒耗能随着载荷等级的增大而增加。

3.4　试验验证

3.4.1　齿轮传动系统减振试验台设计

本试验利用控制变量法，研究颗粒参数变化对颗粒阻尼减振降噪效果的影响。根据试验设计的要求，试验设备主要包括试验齿轮系统、振动设备、加速度传感器、数据接收传感器和分析设备，通过加速度传感器将试验齿轮箱的振动情况进行收集并传输给无线接收器，然后在计算机窗口生成加速度曲线图。完成振动信号的采集后，对采集到的试验值进行处理，分析总结出不同参数对减振效果的影响规律。试验装置由 GCL-100A 型齿轮试验台、无线传感器、信号采集仪和试验齿轮等构成。齿轮传动系统减振试验台如图 3.35 所示。

齿轮试验台采用机械封闭能量流试验方式，可将能量封闭回传，所需动力功率大幅减小，可做重复试验。试验齿轮为外挂悬臂式布局，齿轮箱端盖拆卸后，可以方便地拆装齿轮，无须拆卸轴和轴承，降低因试验操作带来的误差。齿轮实验台如图 3.36(a)所示。

由于在启停机阶段存在共振等原因，齿轮试验台会有不稳定信号，待齿轮转速和载荷等级达到设定值后延迟 20s，开始记录试验值，试验时每一种工况试验 5 次，取 5 次试验值的平均值。将三向无线加速度传感器 A103 布置在最接近试验齿轮的轴承端盖上，该传感器可同时采集 x、y、z 方向的加速度信号，加速度信号传送到数据采集仪进行采集和处理。无线传感器安装如图 3.36(b)所示。

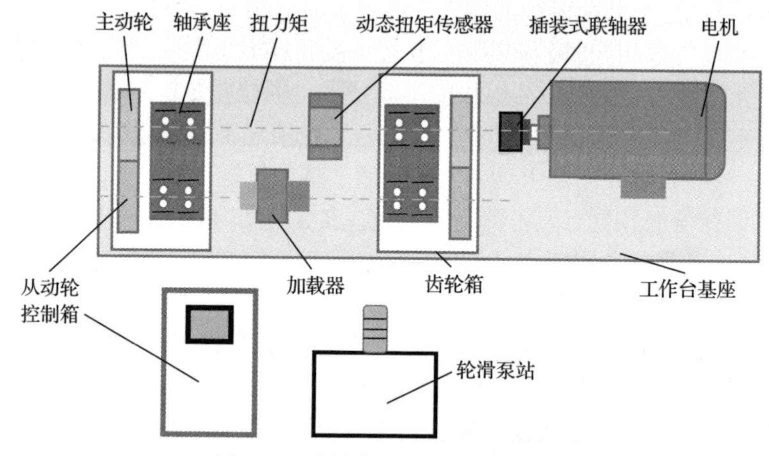

图 3.35　齿轮传动系统减振试验台

(a) 齿轮实验台

(b) 无线传感器安装

图 3.36　试验设备图

试验齿轮采用直齿轮，材料为 Ti，齿轮模数为 4.5mm，齿数为 24，压力角为 20°，齿宽为 30mm，齿轮上共打 8 个 ϕ15mm 的通孔，齿轮两侧各打 4 个 ϕ4.5mm 的螺纹孔。颗粒填充好后，用螺丝将齿轮两侧挡环固定，保证试验时在离心场中颗粒不泄漏。

试验采用的颗粒材料为不锈钢，颗粒粒径为 3mm，填充时用天平准确计量每个颗粒阻尼器内的颗粒质量，以保证齿轮旋转时的动平衡，齿轮实物图如图 3.37(a)

所示。将填充好颗粒的齿轮安装在设备上，齿轮装配图如图 3.37(b)所示。

(a) 齿轮实物图

(b) 齿轮装配图

图 3.37　齿轮实物及其装配图

3.4.2　仿真耗能与试验减振系数对比分析

1. 颗粒材料

为将颗粒仿真耗能与试验减振系数进行比较分析，分别测得不同载荷等级、不同齿轮转速下安装颗粒阻尼器与未安装颗粒阻尼器的齿轮加速度，未安装颗粒阻尼器的加速度用 a_o 表示，安装颗粒阻尼器的加速度用 a_p 表示。为衡量颗粒阻尼器的减振效果，用减振系数表示，计算公式为

$$\kappa_e = \frac{a_o - a_p}{a_o} \tag{3.12}$$

试验采用的颗粒参数如表 3.18 所示。

表 3.18　试验采用的颗粒参数

颗粒材料	ρ/(kg/m^3)	颗粒粒径/mm	颗粒填充率/%
氧化镁	2750	3	60
氧化铝	3650	3	60
不锈钢	7850	3	60
铅基合金	1130	3	60
钨基合金	1840	3	60

在每个颗粒阻尼器中填充相同材料相同数量的颗粒，以保证齿轮旋转时的动平衡。填充氧化铝颗粒的齿轮如图 3.38 所示。

由于在启停机阶段存在共振等原因，齿轮动态试验台会有不稳定信号，待齿轮转速和载荷等级达到设定值后延迟 20s，开始记录试验值，试验时每一种工况试验 5 次，取 5 次试验值的平均值。2 级载荷时不同材料的颗粒仿真耗能和试验减振系数如图 3.39 所示。

图 3.38 填充氧化铝颗粒的齿轮

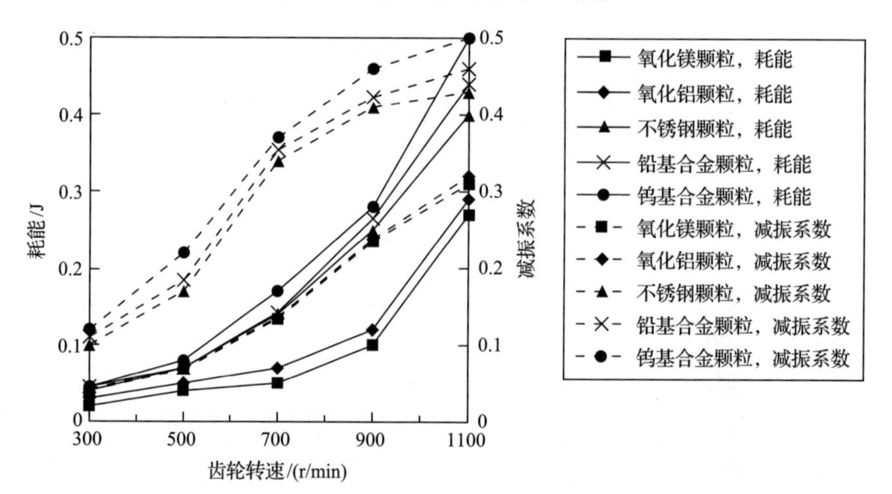

图 3.39 2 级载荷时不同材料的颗粒仿真耗能和试验减振系数

由图 3.39 可以看出，颗粒仿真耗能和试验减振系数的总体趋势一样，都随着齿轮转速的增加而增加。因此该理论模型能够正确地分析不同材料的颗粒对于齿轮系统的减振效果，这对于颗粒阻尼在离心场中的实际应用具有很好的指导意义。对于不同材料的颗粒，其仿真耗能和试验减振系数趋势一致。氧化铝颗粒和氧化镁颗粒的减振系数相差不大，但两者相对于其他几种材料的颗粒减振系数较小。不锈钢颗粒的减振系数大于材料密度较低的氧化镁颗粒和氧化铝颗粒，铅基合金颗粒的减振系数略大于不锈钢颗粒，钨基合金颗粒的减振系数最大。

当齿轮系统载荷等级相同时，齿轮转速较低时颗粒未完全发挥出减振的能力，随着齿轮转速的增加，颗粒的碰撞耗能和摩擦耗能增加，使得总耗能增加，但是由于齿轮转速增加，齿轮系统单双齿啮合时齿面冲击更大，使得系统振动更大，因此随着齿轮转速的增加，颗粒减振系数增加趋势较耗能增加趋势有所减缓。

900r/min 时不同材料的颗粒仿真耗能和试验减振系数如图 3.40 所示。

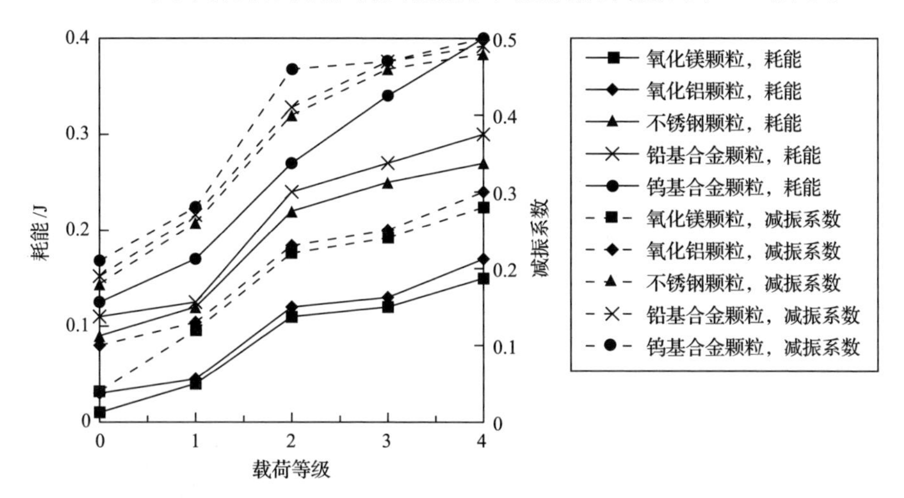

图 3.40　900r/min 时不同材料的颗粒仿真耗能和试验减振系数

由图 3.40 可以看出，当齿轮转速相同时，对于同种材料的颗粒，颗粒耗能随着载荷等级的增大而增加。同时钨基合金颗粒在载荷等级变化过程中，颗粒耗能增加最快，氧化镁颗粒和氧化铝颗粒的耗能增加较为缓慢。在随着载荷等级的增大，齿轮单双齿啮合的激励增大，齿轮振动加剧，颗粒在颗粒阻尼器的运动加剧，从而增大颗粒的碰撞耗能和摩擦耗能。

2. 颗粒粒径

分别计算出不同载荷等级、不同齿轮转速时的减振系数，并与颗粒仿真耗能相对比。4 级载荷时，不同齿轮转速下，颗粒粒径设置为 2mm、5mm、8mm，将仿真耗能与试验减振系数进行对比。4 级载荷时不同粒径的颗粒仿真耗能和试验减振系数如图 3.41 所示。

由图 3.41 可以看出，当载荷等级相同、离心场强度较小时，保证颗粒填充率等条件不变，随着颗粒粒径的变化，颗粒仿真耗能与试验减振系数的趋势基本重合，仿真计算的准确性得以验证。当颗粒粒径小于 5mm 时，随着颗粒粒径的增大，颗粒阻尼器的减振系数增大；当颗粒粒径为 5mm 时，颗粒阻尼器的减振系数增大；当颗粒粒径大于 5mm 时，随着颗粒粒径的增大，颗粒阻尼器的减振系数减小。随着齿轮转速的增加，颗粒耗能增加，颗粒阻尼器的减振系数增大。

齿轮转速为 600r/min 时，载荷等级设置为 1 级载荷、4 级载荷、7 级载荷，将耗能与减振系数进行比较分析。600r/min 时不同粒径的颗粒仿真耗能和试验减振系数如图 3.42 所示。

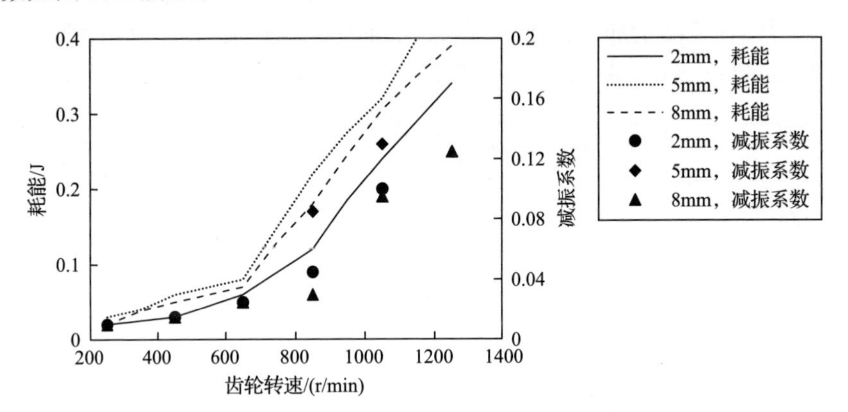

图 3.41　4 级载荷时不同粒径的颗粒仿真耗能和试验减振系数

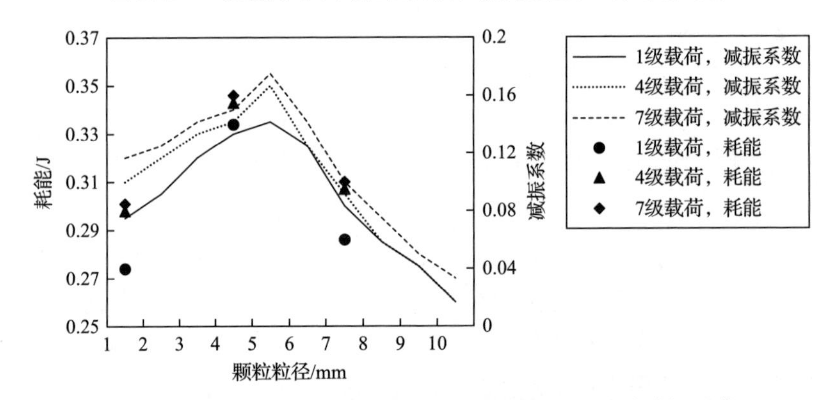

图 3.42　600r/min 时不同粒径的颗粒仿真耗能和试验减振系数

由图 3.42 可以看出，当颗粒粒径小于 5mm 时，随着颗粒粒径的增大，颗粒阻尼器的减振系数增大；当颗粒粒径为 5mm 时，颗粒阻尼器的减振系数增大；当颗粒粒径大于 5mm 时，随着颗粒粒径的增大，颗粒阻尼器的减振系数减小。随着载荷等级的增大，颗粒耗能增加，颗粒阻尼器的减振系数增大。

3. 颗粒填充率

载荷等级为 2 级载荷时，齿轮转速设置为 300r/min、700r/min、1100r/min，将仿真耗能与试验减振系数进行比较分析。2 级载荷时不同填充率的颗粒仿真耗能和试验减振系数如图 3.43 所示。

由图 3.43 可以看出：

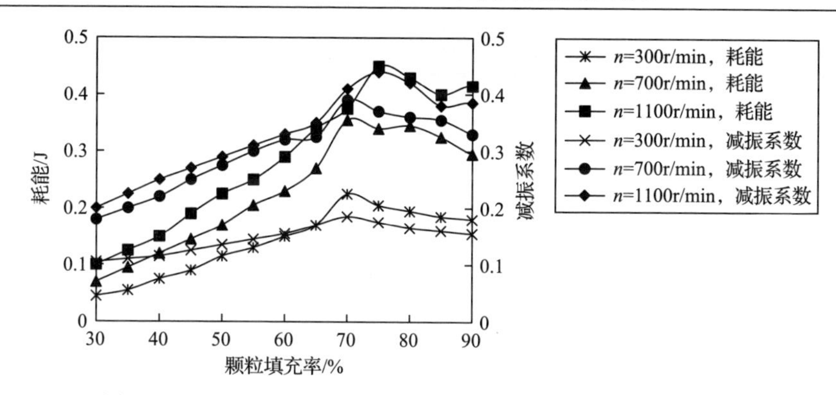

图 3.43　2 级载荷时不同填充率的颗粒仿真耗能和试验减振系数

(1) 相同颗粒填充率时，随着齿轮转速的增加，齿轮的冲击和振动加剧，减振系数总体呈现增大趋势。齿轮转速较低时减振效果较差，齿轮转速越高颗粒耗能越大，减振效果越好。

(2) 相同齿轮转速时，随着颗粒填充率的增大，颗粒仿真耗能和试验减振系数呈先增大后减小的趋势。当颗粒填充率小于 70%时，随着颗粒填充率的增大，颗粒仿真耗能和试验减振系数增大；当颗粒填充率大于 70%时，随着颗粒填充率的增大，颗粒仿真耗能和试验减振系数减小。

(3) 相同齿轮转速时，随着颗粒填充率的增大，耗能和减振系数呈现先增大后减小的趋势。齿轮转速为 300r/min 时最佳颗粒填充率为 70%，齿轮转速为 700r/min 时最佳颗粒填充率为 70%，在齿轮转速为 1100r/min 时最佳颗粒填充率为 75%。

4. 颗粒表面恢复系数

采用斜率测量法测试颗粒表面摩擦系数，调整斜坡的斜率，直至物体开始自行滑动，极限角的正切值即为颗粒表面摩擦系数。原始颗粒是粒径为 3mm 的不锈钢颗粒，表层厚度分别为 0mm、0.1mm、0.3mm、0.5mm、0.7mm。复合材料的颗粒表面摩擦系数约为 0.1，并且使用具有相同颗粒表面摩擦系数的不锈钢颗粒。由于表层厚度远小于颗粒粒径，假设这些颗粒除颗粒表面恢复系数以外都是相同的。

颗粒从相同高度 h_0 下降，并使用高速摄影机获得反弹高度 h_1，颗粒表面恢复系数可以通过公式计算获得。5 种颗粒表面恢复系数如表 3.19 所示。

2 级载荷时不同表面恢复系数的颗粒仿真耗能和试验减振系数如图 3.44 所示。

由图 3.44 可以看出，当齿轮转速小于 900r/min 时，颗粒表层厚度为 0.5mm 即颗粒表面恢复系数为 0.2 时减振系数最大；当齿轮转速为 900r/min 时，颗粒表面恢复系数越小减振系数越大。

表 3.19　5 种颗粒表面恢复系数

表层厚度/mm	e
0.1	0.1
0.3	0.14
0.5	0.2
0.7	0.32
0	0.5

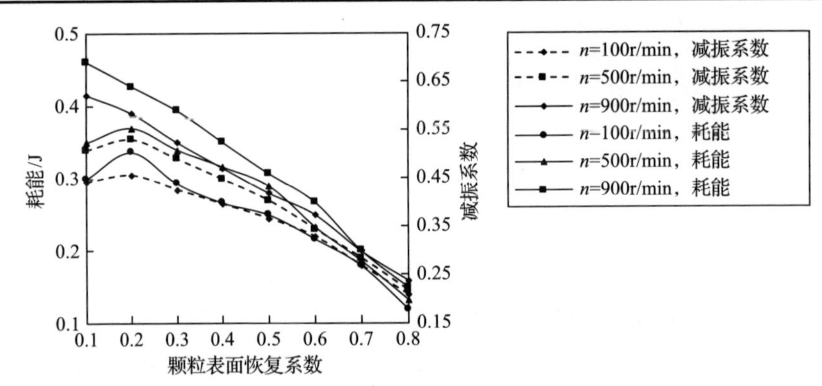

图 3.44　2 级载荷时不同表面恢复系数的颗粒仿真耗能和试验减振系数

5. 颗粒表面摩擦系数

为验证耗能，使用通过细磨、精磨、粗磨和粗加工得到表面粗糙度不同的不锈钢颗粒，颗粒粒径为 3mm。2 级载荷时不同表面摩擦系数的颗粒仿真耗能和试验减振系数如图 3.45 所示。

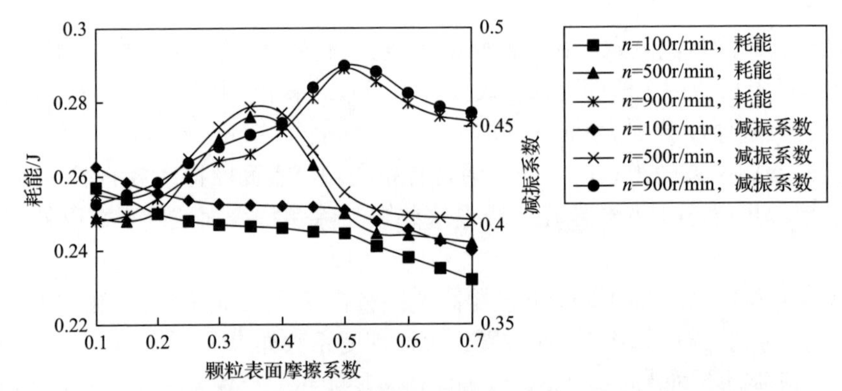

图 3.45　2 级载荷时不同表面摩擦系数的颗粒仿真耗能和试验减振系数

由图 3.45 可以看出，当齿轮转速为 100r/min 时，颗粒表面摩擦系数为 0.1 时减振系数最大；当齿轮转速为 500r/min 时，减振系数随着颗粒表面摩擦系数的增大先增大后减小；当齿轮转速为 900r/min 时，颗粒表面摩擦系数为 0.5 时减振系数最大。

6. 颗粒阻尼器方案

载荷等级为 1 级载荷时，设置不同颗粒阻尼器方案，将颗粒仿真耗能与试验减振系数进行比较，对不同颗粒阻尼器方案，颗粒试验减振系数与仿真耗能趋势一致。

由图 3.46 可以看出：

(1) 随着齿轮转速的增加，颗粒阻尼的减振系数越来越大。当齿轮转速较低时安装颗粒阻尼器后的减振系数均较小。这是因为当齿轮转速较低时，齿轮单双齿啮合引起的齿轮冲击较小，颗粒的碰撞耗能和摩擦耗能较小，颗粒未能较好地发挥作用。

(2) 方案 4 的减振系数最小。方案 4 的齿轮结构与其他几种方案的齿轮结构相差较大，其阻尼孔直径比方案 2 和方案 3 的大，颗粒阻尼器数量比方案 1 的多，使得齿轮刚度系数减小。在相同工况下，方案 4 传动过程中从动轮的加速度要大于其他方案，并且方案 4 颗粒填充率比其他方案下降了 50%，导致颗粒碰撞次数减少，颗粒碰撞耗能和摩擦耗能减少，故其仿真耗能和试验减振系数比其他几种方案小。

(3) 方案 3 的减振系数最大。方案 3 的齿轮结构比方案 4 的刚度系数大，且在离心力作用下，大部分颗粒处于挤压状态，能够活动的颗粒只是表层的部分颗粒。在填充相同数量的颗粒时，颗粒分散在 8 个直径较小的颗粒阻尼器内，使得活动的颗粒数增加，颗粒能够更加充分地发挥碰撞耗能和摩擦耗能的效果。相同工况下，方案 3 的颗粒碰撞次数比其他几种方案的颗粒碰撞次数要多，使得颗粒耗能大，故而减振系数最大。

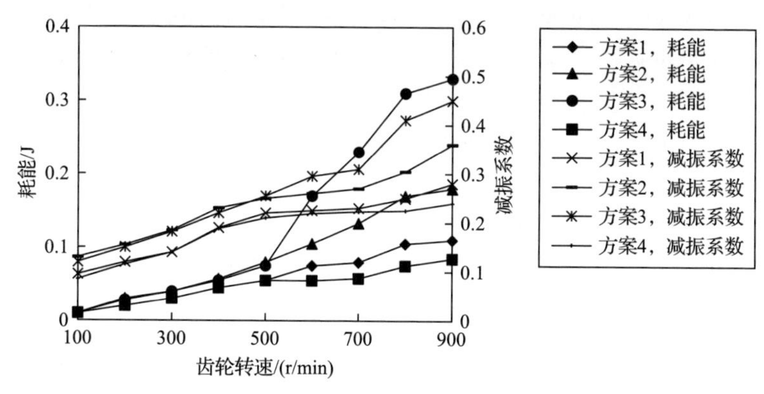

图 3.46　1 级载荷时不同颗粒阻尼器方案的颗粒仿真耗能和试验减振系数

7. 试验验证结论

通过理论分析、仿真计算、试验验证三部分进行系统的研究，可以得出颗粒阻尼技术在齿轮传动中的颗粒减振机理，并得到以下结论：

(1)通过齿轮模态分析所得的振动频率与激励频率并无重合，所以不会发生共振，普通齿轮与安装颗粒阻尼器的齿轮固有频率不同，通过齿轮的变形云图可以看到其振动变形情况，在齿轮设计时要注意齿轮的强度。

(2)在不同强度的离心场下，齿轮等效质量、等效刚度系数和等效阻尼系数不同，会随着齿轮离心场的强度变化而发生变化，可以得到离心场强度与相关参数的关系。

(3)齿轮啮合过程中，主动轮的速度、加速度、角速度、角加速度没有从动轮的变化大，啮合齿轮的速度变化主要表现在从动轮。

(4)仿真耗能和试验减振系数的总体趋势一样，说明该理论模型能够正确分析不同颗粒参数对于齿轮传动系统动特性的影响。

参考文献

[1] 吴毅萍. 电子设备振动分析与抗振设计. 舰船科学技术, 2007, 29(5): 88-91.

[2] Park S, Shah C, Kwak J, et al. Transient dynamic simulation and full-field test validation for a slim-PCB of mobile phone under drop impact// Electronic Components and Technology Conference. Sparks, 2007: 914-923.

[3] 姜洪源, 武国启, 耶・阿・兹儒勒夫. 金属橡胶材料吸声特性研究. 声学学报, 2008, 33(4): 334-339.

[4] Panossian H V. Structural damping enhancement via non-obstructive particle damping technique. Journal of Vibration and Acoustics-Transactions of The Asme, 1992, 114(1): 101-105.

[5] Kalpakidis I V, Constantinou M C, Whittaker A S. Effects of large cumulative travel on the behavior of lead-rubber seismic isolation bearings. Journal of Structural Engineering, 2010, 136(5): 491-501.

[6] Lu Z, Masri S F, Lu X L. Parametric studies of the performance of particle dampers under harmonic excitation. Structural Control and Health Monitoring, 2011, 18(1): 79-98.

[7] Ma J J, Zhang D H, Wu B H, et al. Vibration suppression of thin-walled workpiece machining considering external damping properties based on magnetorheological fluids flexible fixture. Chinese Journal of Aeronautics, 2016, 29(4): 1074-1083.

[8] 刘晗, 谭平, 张亚飞, 等. 纤维增强工程塑料板橡胶隔震支座力学性能理论研究. 土木工程学报, 2018, 51(S2): 124-129, 136.

[9] Luding S, Huthmann M, Mcnamara S, et al. Homogeneous cooling of rough, dissipative particles:

Theory and simulations. Physical Review E, 1998, 58(3): 3416-3425.

[10] Nayeri R D, Masri S F, Caffrey J P. Studies of the performance of multi-unit impact dampers under stochastic excitation. Journal of Vibration and Acoustics-Transactions of the ASME, 2007, 129(2): 239-251.

[11] Bai X M, Keer L M, Wang Q J, et al. Investigation of particle damping mechanism via particle dynamics simulations. Granular Matter, 2009, 11(6): 417-429.

[12] Lu Z, Lu X L, Lu W S, et al. Experimental studies of the effects of buffered particle dampers attached to a multi-degree-of-freedom system under dynamic loads. Journal of Sound and Vibration, 2012, 331(9): 2007-2022.

[13] 肖望强, 黄玉祥, 李威, 等. 颗粒阻尼器配置对齿轮传动系统动特性影响. 机械工程学报, 2017, 53(7): 1-12.

[14] Xiao W Q, Li J N, Wang S, et al. Study on vibration suppression based on particle damping in centrifugal field of gear transmission. Journal of Sound and Vibration, 2016, 366(3): 62-80.

[15] Xiao W Q, Li J N, Pan T L, et al. Investigation into the influence of particles' friction coefficient on vibration suppression in gear transmission. Mechanism and Machine Theory, 2017, 108(12): 217-230.

[16] Xiao W Q, Shao W Y, Shi J S, et al. Effect of particle restitution coefficient on high-power gear transmission with dynamic continuum and non-continuum coupling. Journal of Advanced Mechanical Design Systems and Manufacturing, 2021, 15(3): JAMDSM00333.

第 4 章　基于颗粒阻尼的高铁车辆耗能研究

我国现有高速铁路已突破 350km/h 的运营速度[1]，动车组行驶速度快，同时路面、车身的激励环境复杂，出于降低能耗、控制制造成本以及提升运载能力的考虑，车身结构件通常需要进行轻量化设计。车体结构件进行轻量化后可能导致车体结构件抵抗变形的能力不足，使动车组在运行过程中更容易引发结构的局部共振。振动及其带来的辐射噪声会直接影响到旅客乘坐的舒适性以及列车高速运行时的平稳性，甚至造成结构疲劳破损失效。因此在顺应提速与轻量化发展趋势的同时，如何有效控制高铁动车组的振动与噪声，成为制约高铁技术发展的关键。

高铁振动控制方法有限，普遍采用在动力包构架支座处安装橡胶隔振器的方法减少其振动，其隔振效果显著，但是提速后结构动力学环境恶化势必导致减振效果变差，所以仍需找到更为有效的减振降噪途径。基于颗粒阻尼的减振耗能原理，研究两种不同的高铁减振方法，一种是将颗粒阻尼器安装在动力包构架中，另一种是将颗粒阻尼器安装在端墙上，充分发挥颗粒阻尼高效减振优势，找出两种减振方法最佳设计方案，并验证其真实减振效果。

4.1　基于颗粒阻尼的动力包构架耗能分析

动力包构架发挥承载、导向、减振、牵引、制动的重要作用，是高铁的核心零部件[2,3]。动力包构架是动力包的重要承载部分[4]，是其他零部件安装的基础。由于动力包构架结构不宜改动、使用时间长，而颗粒阻尼技术有对原结构改动小，耐久性好等特点，在动力包构架上应用颗粒阻尼技术减少其振动[5-7]。

4.1.1　动力包构架模型

1. 动力包构架模态分析

动力包构架有限元模型如图 4.1 所示。划分网格时使用四面体实体单元，网格过渡速度为慢。尺寸参数与动力包构架结构相同，在电机挂钩处添加电机激励。动力包构架使用的材料为碳素结构钢，弹性模量为 206GPa，泊松比为 0.3，产生相对滑移的零部件之间的表面摩擦系数为 0.2。并根据圣维南原理优化动力包构架结构上微小的特征和螺纹孔。

动力包构架前 3 阶模态特性如表 4.1 所示。由表 4.1 可以看出，2 阶固有频率为 23.96Hz，3 阶固有频率为 30.36Hz，其对应的模态振型主要表现为 z 方向扭转

和 z 方向弯曲。动力包构架 2、3 阶模态振型如图 4.2 所示。

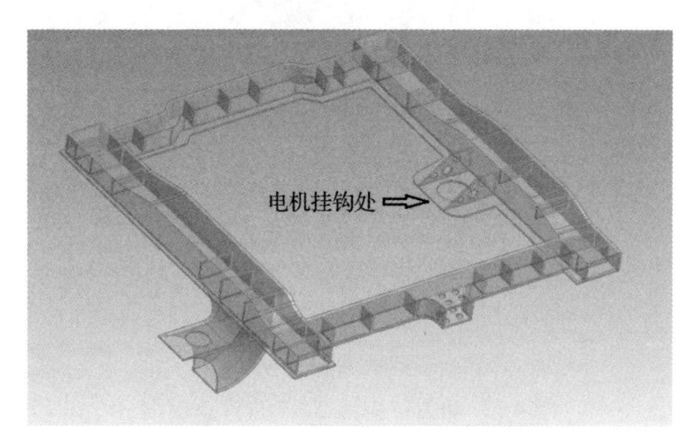

图 4.1　动力包构架有限元模型

表 4.1　动力包构架前 3 阶模态特性

阶次	固有频率/Hz	模态振型
1	16.87	z 方向弯曲
2	23.96	x 方向扭转
3	30.36	z 方向弯曲

根据有限元分析所得的动力包构架模态振型，进一步试验测试动力包构架的固有频率，以验证动力包构架模型的有效性。

2. 动力包构架模态试验

将动力包构架结构置于试验台上，使其与实际工作状态保持一致，在其上表面等间距放置 24 个传感器，收集其振动数据并用 PolyMax 法进行模态参数识别。动力包构架试验装置如图 4.3 所示。动力包构架前 4 阶模态特性如表 4.2 所示。动力包构架 3、4 阶模态振型如图 4.4 所示。

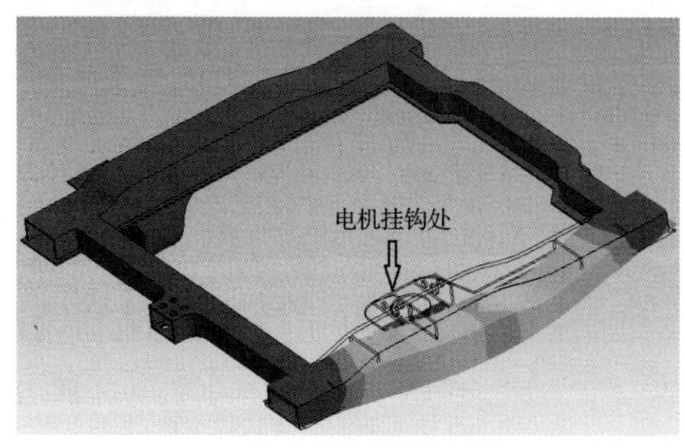

(a) 动力包构架2阶模态振型

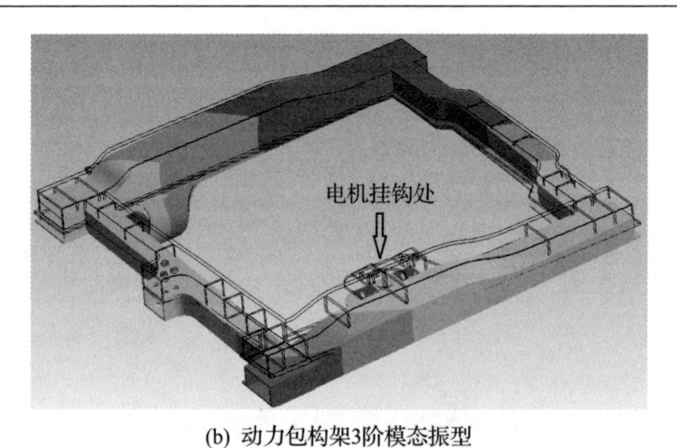

(b) 动力包构架3阶模态振型

图 4.2　动力包构架 2、3 阶模态振型

图 4.3　动力包构架试验装置

表 4.2　动力包构架前 4 阶模态特性

阶次	固有频率/Hz	模态振型
1	15.212	z 方向弯曲
2	18.583	x 方向扭转
3	24.043	z 方向弯曲
4	30.243	弯曲

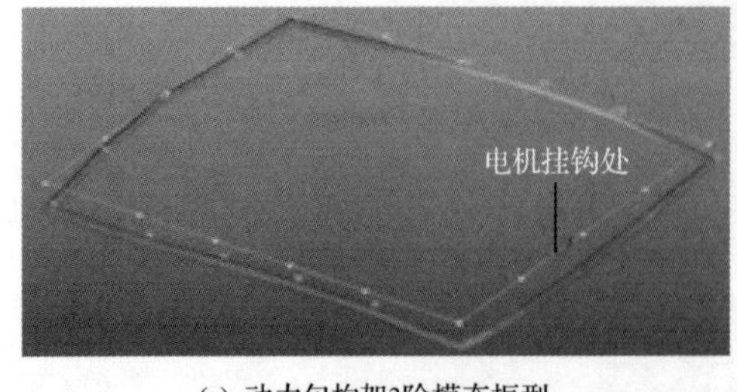

(a) 动力包构架3阶模态振型

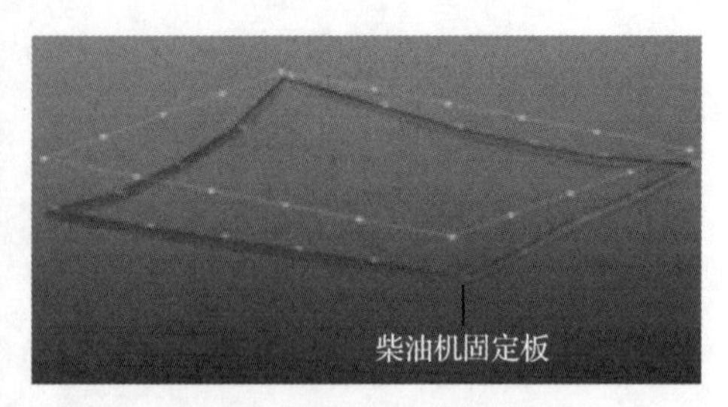

(b) 动力包构架4阶模态振型

图 4.4　动力包构架 3、4 阶模态振型

由表 4.2 和图 4.4 可以看出，动力包构架 3 阶固有频率为 24.043Hz，4 阶固有频率为 30.243Hz，3 阶模态振型以动力包构架 z 方向弯曲为主，4 阶模态振型主要为动力包构架的弯曲，柴油机固定板处的负载使得该处相对变形较大。

3. 动力包构架模态对比

由图 4.2 和图 4.4 可以看出，动力包构架仿真模态的 2 阶、3 阶模态振型与动力包构架试验模态的 3 阶、4 阶模态振型基本相同。将动力包构架前 4 阶模态特性的仿真值和试验值进行对比，得到仿真模态、试验模态、模型模态的固有频率分布，如图 4.5 所示。

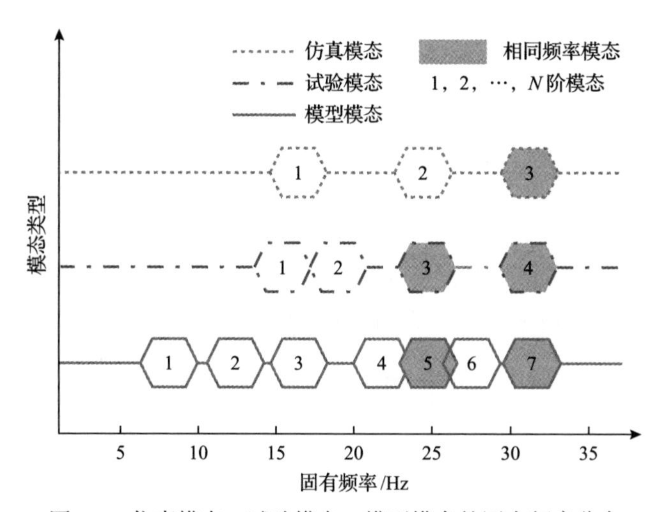

图 4.5　仿真模态、试验模态、模型模态的固有频率分布

由图 4.5 可以看出，仿真模态、试验模态都在 25Hz 和 32Hz 附近有基本相同的模态振型。

4. 试验台设计

在动力包构架的基础上，搭建包括激振系统、传感系统、数据处理系统在内的试验平台，测试各个运行工况下动力包构架的振动加速度。不同挡位下动力包构架振动加速度如图 4.6 所示。

在前 7 挡挡位时，动力包构架的振动随着电机挡位的提高而变大，当动力包构架运行工况在 7 挡时，其振动最大，使用激振器模拟动力包构架在 7 挡时所受到的振动。在搭建试验平台后，研究并优化颗粒阻尼器方案、颗粒填充率、颗粒粒径及颗粒材料等参数。

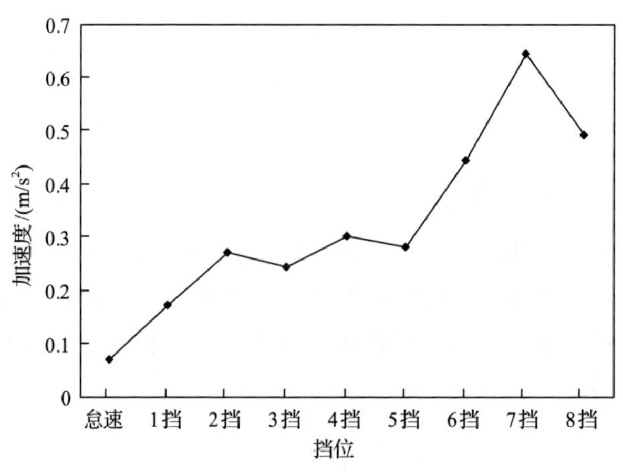

图 4.6　不同挡位下动力包构架振动加速度

4.1.2　颗粒参数对动力包构架耗能影响

1. 颗粒阻尼器方案

将动力包构架划分为 6 个区域并对应 6 种方案，分别在 6 个区域上填充等质量的不锈钢颗粒。颗粒阻尼器方案如图 4.7 所示。

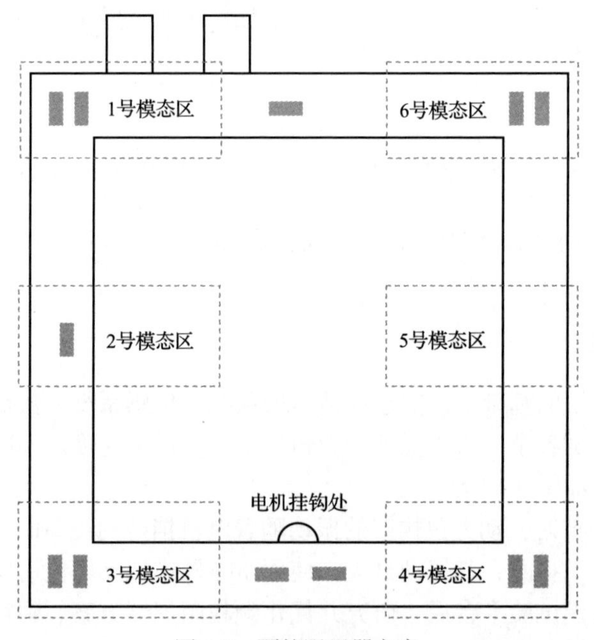

图 4.7　颗粒阻尼器方案

在电机挂钩处添加 70Hz 的激励，分别采集 4 个测点的振动加速度并取平均值，将结果与无颗粒情况下动力包构架的振动加速度进行对比，各颗粒阻尼器方案的减振系数对比如表 4.3 所示。

表 4.3　各颗粒阻尼器方案的减振系数对比

颗粒阻尼器方案	减振系数
方案 1	0.0891
方案 2	0.2157
方案 3	0.0937
方案 4	0.2921
方案 5	0.3545
方案 6	0.2162

方案 2、方案 4、方案 5 和方案 6 的减振系数明显大于其他方案，因此综合在 2 号、4 号、5 号、6 号模态区上填充颗粒，使用的颗粒总质量不变，得到 4 个测点的平均减振系数为 0.4020。各颗粒阻尼器方案的减振系数对比如图 4.8 所示。

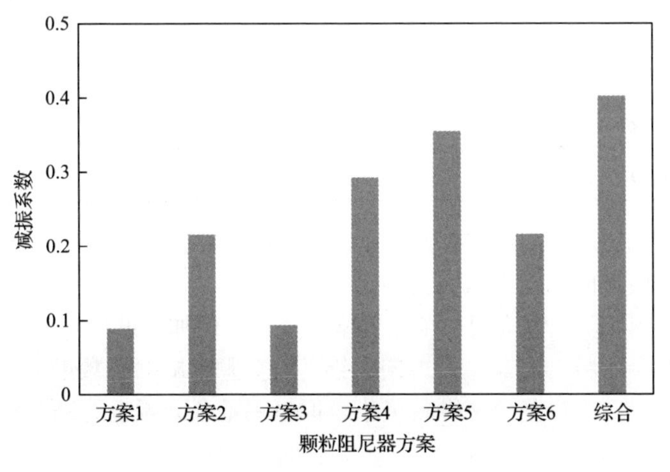

图 4.8　各颗粒阻尼器方案的减振系数对比

2. 颗粒材料

在相同工况和方案的基础上，研究颗粒的最佳颗粒材料，分别统计填充碳钢颗粒、铁基合金颗粒、不锈钢颗粒、铜基合金颗粒、铅基合金颗粒、钨基合金颗粒的动力包构架加速度值，并计算减振系数。不同材料的颗粒减振系数如图 4.9 所示。不同材料的颗粒减振系数对比如表 4.4 所示。

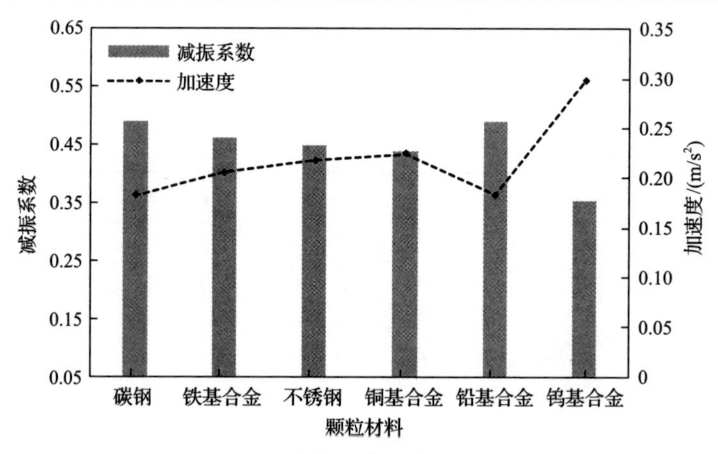

图 4.9　不同材料的颗粒减振系数

表 4.4　不同材料的颗粒减振系数对比

颗粒材料	加速度/(m/s^2)	减振系数
碳钢	0.256	0.363
铁基合金	0.241	0.402
不锈钢	0.233	0.423
铜基合金	0.227	0.435
铅基合金	0.256	0.363
钨基合金	0.177	0.561

由表 4.4 可以看出，填充钨基合金颗粒时的减振系数明显大于其他颗粒材料，动力包构架主振方向的最大减幅为 56.1%。

在主振方向，动力包构架在填充钨基合金颗粒后加速度最小，减振系数最大，其次是铜基合金颗粒。在非主振方向，钨基合金颗粒减振系数最大，碳钢颗粒和铜基合金颗粒次之，铅基合金颗粒最小，但是钨基合金颗粒的经济性较差。

3. 颗粒粒径

在相同工况和方案的基础上，研究铁基合金颗粒的最佳颗粒粒径，分别统计填充颗粒粒径为 0.5mm、1mm、2mm、3mm 的动力包构架加速度，并计算减振系数。不同粒径的颗粒减振系数如图 4.10 所示。不同粒径的颗粒减振系数对比如表 4.5 所示。

由表 4.5 可以看出，颗粒粒径为 2mm 时的减振系数明显大于其他颗粒粒径，动力包构架主振方向的最大减幅为 50.7%。当颗粒粒径小于 2mm 时，颗粒接触面大幅增大，摩擦耗能增加，碰撞耗能减少，颗粒不能充分运动；当颗粒粒径大于

2mm 时，单次碰撞耗能增加，但过少的颗粒会减少碰撞和摩擦的次数，耗能减少，减振系数减小；当颗粒粒径为 2mm 时，颗粒之间碰撞与摩擦充足，耗能最大。

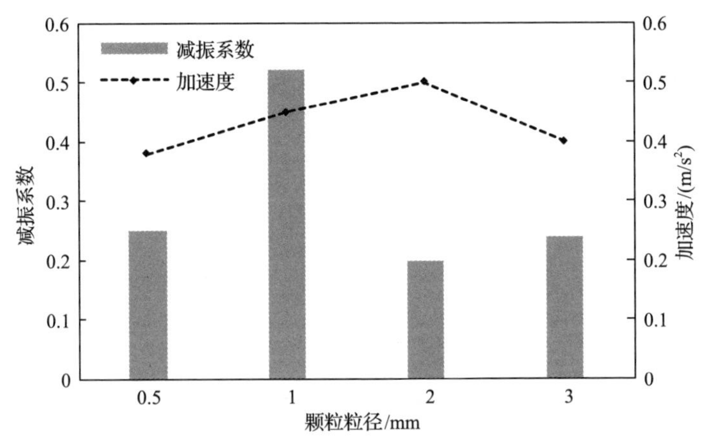

图 4.10　不同粒径的颗粒减振系数

表 4.5　不同粒径的颗粒减振系数对比

颗粒粒径/mm	加速度/(m/s^2)	减振系数
0.5	0.252	0.374
1	0.225	0.442
2	0.199	0.507
3	0.241	0.402

4. 颗粒填充率

在相同工况和方案的基础上，研究铁基合金颗粒的最佳填充率，分别统计填充颗粒填充率为 70%、80%、90%、95%的动力包构架加速度，并计算减振系数。不同填充率的颗粒减振系数如图 4.11 所示。不同填充率的颗粒减振系数对比如表 4.6 所示。

由表 4.6 可以看出，颗粒填充率为 90%时的减振效果明显好于其他颗粒填充率，动力包构架主振方向的最大减幅为 58%。当颗粒阻尼器填充率大于 90%时，颗粒之间可运动的间隙减少，颗粒的摩擦和碰撞受到限制，颗粒耗能不足；当颗粒阻尼器填充率小于 90%时，颗粒和颗粒阻尼器之间的碰撞和摩擦次数减少，耗能减少。

综上所述，最终的优化方案为颗粒粒径 2mm，颗粒填充率 90%，颗粒材料为不锈钢，填充在 2 号、4 号、5 号、6 号模态区。在动力包构架结构试验台上进行 1∶3 的缩比试验，减振系数为 0.580。

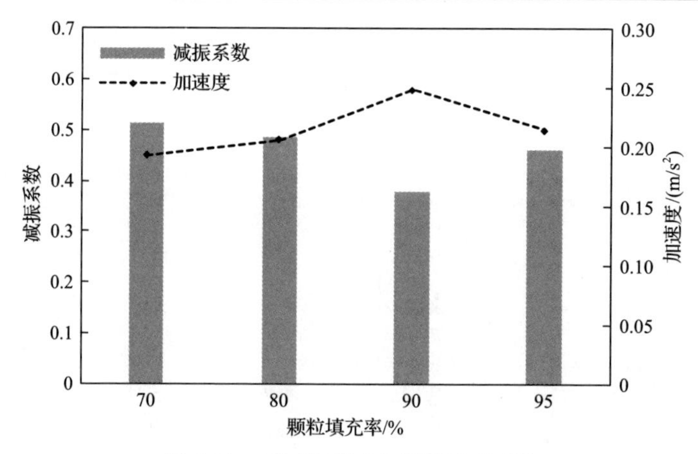

图 4.11　不同填充率的颗粒减振系数

表 4.6　不同填充率的颗粒减振系数对比

颗粒填充率/%	加速度/(m/s²)	减振系数
70	0.221	0.451
80	0.206	0.488
90	0.169	0.580
95	0.199	0.507

4.1.3　动力包构架试验验证

1. 颗粒阻尼器制造及安装

根据试验所得的优化方案，设计制造颗粒阻尼器并填充 2mm 的不锈钢颗粒，颗粒填充率为 90%。颗粒阻尼器采用矩形扁平结构外形，其外形基本尺寸为 200mm×110mm×38mm，颗粒阻尼器壁厚为 2mm，材料为低碳钢，在其顶部开口，用于颗粒的填充与更换。颗粒阻尼器外形图如图 4.12 所示。

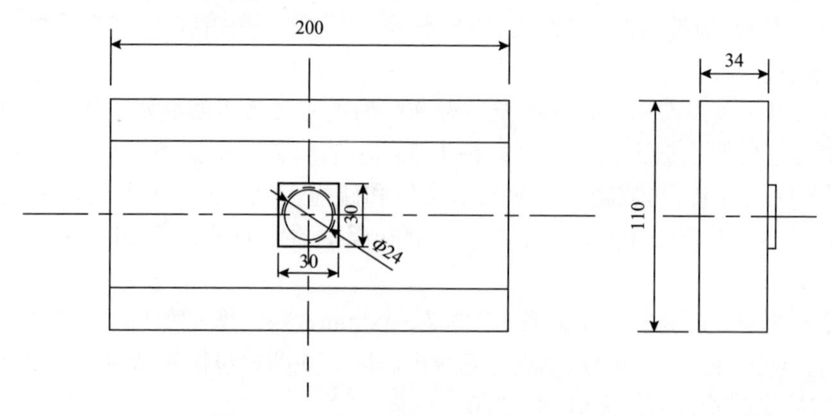

图 4.12　颗粒阻尼器外形图(单位：mm)

为保持动力包构架的结构完整和较好的试验效果，试验采用磁铁贴合的方式连接颗粒阻尼器和动力包构架。颗粒阻尼器底部平整以更好地贴合磁铁，颗粒阻尼器相关参数为优化所得的最佳颗粒参数。在颗粒阻尼器底部四角处分别安装尺寸为 50mm×50mm×5mm 的磁铁，磁铁与动力包构架端面依靠磁力吸附，以提高颗粒阻尼器与动力包构架之间连接的刚度系数。颗粒阻尼器安装图如图 4.13 所示。

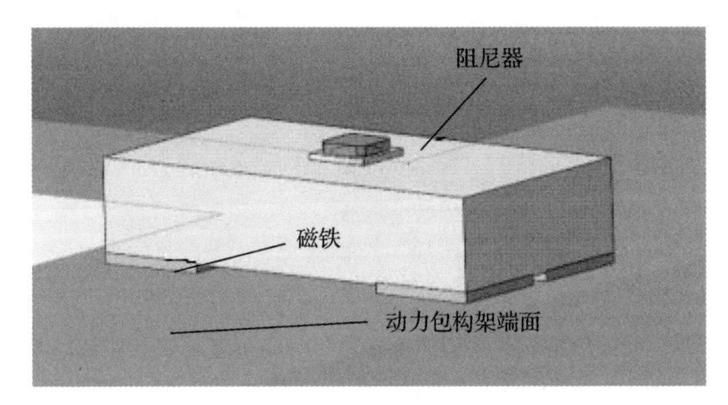

图 4.13　颗粒阻尼器安装图

2. 动力包构架减振试验设备

以列车运行时的工况为准，列车电机挡位分别为怠速以及 1～8 挡，以动力包构架与车厢接触的四角为测点，统计安装颗粒阻尼器前后动力包构架各个测点的振动加速度。颗粒阻尼器布置如图 4.14 所示。传感器布置如图 4.15 所示。

图 4.14　颗粒阻尼器布置

3. 减振试验结果及分析

7 挡是动力包构架加速度最大的挡位，8 挡是列车运行过程中速度最快的挡位，因此，列出安装颗粒阻尼器前后在 7 挡和 8 挡时的减振效果。测点 1 在 z 方向的减振效果如表 4.7 所示。

图 4.15　传感器布置

表 4.7　测点 1 在 z 方向的减振效果

挡位	安装前加速度/(m/s²)	安装后加速度/(m/s²)	减振系数
7	0.615	0.272	0.558
8	0.492	0.237	0.518

由表 4.7 可以看出，在 z 方向(主振方向)，当列车在 7 挡运行时，减振前动力包构架的加速度为 0.615m/s^2，减振后动力包构架的加速度为 0.272m/s^2，减振效果为 55.8%。当列车在 8 挡运行时，减振前动力包构架的加速度为 0.492m/s^2，减振后动力包构架的加速度降低为 0.237m/s^2，减振效果为 51.8%。

为更直观地观察安装颗粒阻尼器前后的减振效果，选取振动较大的测点 1 在 z 方向数据进行时域和频域分析。安装颗粒阻尼器前后的动力包构架加速度(7 挡)如图 4.16(a)所示。安装颗粒阻尼器前后的动力包构架加速度(8 挡)如图 4.16(b)所示。

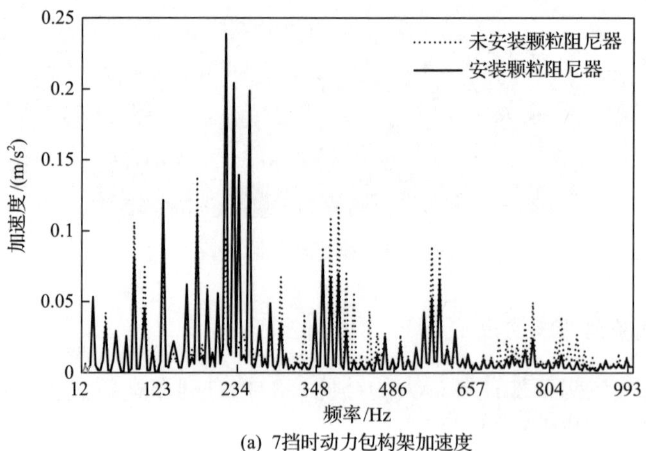

(a) 7挡时动力包构架加速度

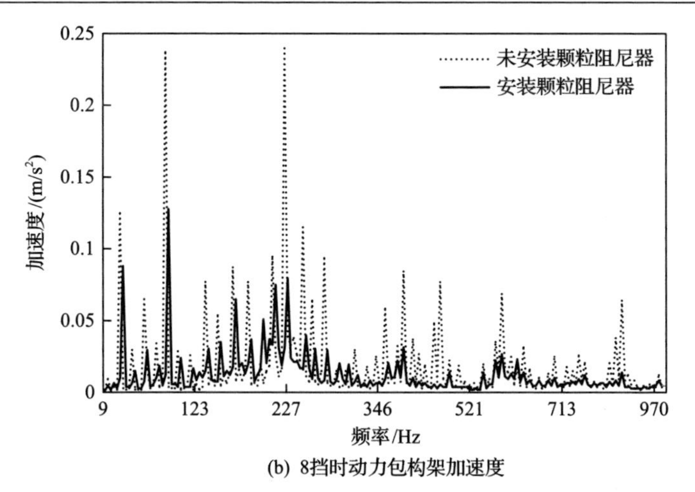

(b) 8挡时动力包构架加速度

图 4.16　安装颗粒阻尼器前后的动力包构架加速度

由图 4.16 所示，对于 7 挡和 8 挡两个工况，安装颗粒阻尼器后，动力包构架的振动加速度均明显降低，对于大于 200Hz 的高频振动，颗粒阻尼器的减振效果更加突出。

通过动力包构架试验结果的分析可以得到：

(1) 搭建动力包构架结构试验台，设计 4 个组别共计 21 种颗粒参数填充方案，以减振前后的动力包构架结构加速度为衡量减振效果的标准，试验对比分析得到颗粒阻尼器中颗粒材料、颗粒粒径和颗粒填充率的最佳参数，最终减振系数达到了 0.580。通过试验验证了有限元计算结果，并证实将颗粒阻尼技术应用于动力包构架上可以取得良好的效果，试验证实该技术具备进行实车试验的可行性。

(2) 在颗粒阻尼器方案试验中出现安装颗粒阻尼器后的动力包构架结构出现振动加速度基本不变的现象。部分试验方案中由于颗粒阻尼器配置造成系统质量的不平衡，且系统处于非刚性连接状态，在后续设计工作应注意动力包构架的质量平衡性。

(3) 根据模型试验所得的参数设计实车减振方案，取得目标工况下振动降低 55.8%的良好效果。颗粒阻尼技术对 200Hz 以上高频振动的减振效果更为明显。

4.2　基于颗粒阻尼的端墙耗能分析

4.2.1　基于颗粒阻尼的端墙建模

针对端墙这类壁板结构的异常振动问题，除对振源加以控制外，常用于解决壁板结构振动和噪声问题的方法，一种是增加结构刚度系数[8]，一种是增加结构阻尼系数[9]。增加结构刚度系数主要是增加端墙壁厚或改变板筋结构，但是上述方法会额外增加质量，从而影响原结构的轻量化设计[10,11]。相比之下，增加结构阻尼系数的方法更为合适，通过增加结构阻尼系数抑制共振峰，可在保持原本结构频率特性基本不变的情况下有效地减小结构振动及由此带来的辐射噪声[12,13]。

增加结构阻尼系数可采用刷阻尼涂层或安装颗粒阻尼器等方式[14,15]。阻尼涂层易老化、腐蚀，使用周期短，成本昂贵。颗粒阻尼是一种被动式的耗能减振技术，密闭空间内的颗粒在振动的激励下因非弹性碰撞和摩擦形成阻尼效应，从而达到减振的效果[16-18]。颗粒阻尼技术有着对结构改动小、温度适用范围广、结构耐久性好、可靠度高、减振效果好等优点[19]。对于高铁列车这样的设计寿命长(30年)、行驶区域温差大的工况条件，采用安装颗粒阻尼器的方式抑制振动有着更好的适用性。

1. 端墙模态计算

以动车组车体端墙为研究对象，其结构是以 6082-T6 铝基合金为主要材料的壁板式结构，端墙外部尺寸为 2720mm×2600mm×6mm，门框开口宽为 910mm，高为 2056mm。端墙安装于车厢首尾两端，起到封闭车体和支撑车体两端的作用。端墙在动车组的位置如图 4.17 所示。

图 4.17　端墙在动车组的位置

端墙结构为多自由度的振动系统，其满足模态分析中的四个假设条件：线性假设、时不变假设、可观测性假设和互易性假设[20]。端墙结构的多自由度系统在受迫振动情况下的运动方程为

$$m\ddot{x}(t)+c\dot{x}(t)+kx(t)=F(t) \tag{4.1}$$

式中，c 为等效阻尼系数；$F(t)$ 为外部激励；k 为等效刚度系数；m 为等效质量；$x(t)$ 为结构的位移；$\dot{x}(t)$ 为结构的速度；$\ddot{x}(t)$ 为结构的加速度。

转换到频域后，端墙结构运动方程为

$$(k - m\omega^2 + c\mathrm{j}\omega)X(\omega) = F(\omega) \tag{4.2}$$

经过模态坐标的解耦，端墙结构上任意点的响应表示为各阶模态响应的线性叠加。

$$X_l(\omega) = \varphi_{l1}q_1(\omega) + \varphi_{l2}q_2(\omega) + \varphi_{l3}q_3(\omega) + \cdots + \varphi_{lN}q_N(\omega) \tag{4.3}$$

式中，$q_i(\omega)$ 为模态坐标；φ_{li} 为测点 l 处的 i 阶模态振型系数，i=1,2,⋯,N。

因此，对于 N 个测点的系统，第 i 阶模态向量 $\boldsymbol{\varphi}_i$ 和模态矩阵 $\boldsymbol{\varphi}$ 为

$$\boldsymbol{\varphi}_i = \begin{bmatrix} \varphi_{1i} \\ \varphi_{2i} \\ \vdots \\ \varphi_{Ni} \end{bmatrix}, \quad i = 1, 2, \cdots, N \tag{4.4}$$

$$\boldsymbol{\varphi} = \begin{bmatrix} \boldsymbol{\varphi}_1 & \boldsymbol{\varphi}_2 & \cdots & \boldsymbol{\varphi}_N \end{bmatrix}^{\mathrm{T}}, \quad i=1,2,\cdots,N \tag{4.5}$$

采用 LMS 系统软件，并使用 PolyMAX 法对端墙结构进行参数识别，通过采集端墙结构上各个节点的响应信号，基于频响函数曲线，建立系统稳态图，对不同的模型阶次 p 计算得到相应的极点以及模态参与因子，进而可以得到端墙结构的相关特征参数，得到端墙结构的模态特性。作为一种非迭代频域参数估计的算法，PolyMAX 法计算快速且结果准确，比有限元方法更能反映出结构真实工况，广泛应用于试验模态分析中。在端墙系统中，采集的时域信号经过傅里叶变换后，可得

$$H(\omega) = X(\omega)F(\omega) \tag{4.6}$$

式中，$F(\omega)$ 为输入参数；$H(\omega)$ 为频响函数；$X(\omega)$ 为输出参数。

$$X(\omega) = \sum_{r=0}^{p} Q^r \beta_r, \quad Q^r = \mathrm{e}^{-\mathrm{j}\omega\Delta t} \tag{4.7}$$

$$F(\omega) = \sum_{r=0}^{p} Q^r \alpha_r \tag{4.8}$$

式中，Q 为多项式基函数；α_r 为分母矩阵系数；β_r 为分子矩阵系数。

通过取不同频率用最小二乘法可以近似求解系数矩阵，在得到分母矩阵系数

的基础之上，构建扩展酉矩阵，通过分解酉矩阵的特征值，能得到对应的系统的极点以及模态因子。

$$
\begin{bmatrix} \mathbf{0} & \boldsymbol{I} & \cdots & \mathbf{0} & \mathbf{0} \\ \mathbf{0} & \mathbf{0} & \cdots & \mathbf{0} & \mathbf{0} \\ \vdots & \vdots & \vdots & \vdots & \vdots \\ \mathbf{0} & \mathbf{0} & \cdots & \mathbf{0} & \mathbf{0} \\ -\boldsymbol{\alpha}_0^{\mathrm{T}} & -\boldsymbol{\alpha}_1^{\mathrm{T}} & \cdots & -\boldsymbol{\alpha}_{p-2}^{\mathrm{T}} & -\boldsymbol{\alpha}_{p-1}^{\mathrm{T}} \end{bmatrix} \boldsymbol{V} = \boldsymbol{V}\boldsymbol{\Lambda} \tag{4.9}
$$

式中，$\boldsymbol{\Lambda}$为酉矩阵的特征值矩阵，对角元素为λ_i，i=1, 2, ⋯, mp。

模态阻尼比可表示为

$$
\zeta_i = \frac{\sigma_i}{\omega_{\mathrm{n}i}} = \frac{\sigma_i}{\sqrt{\sigma_i^2 + \omega_{\mathrm{d}i}^2}} \tag{4.10}
$$

式中，$\omega_{\mathrm{n}i}$为端墙系统无阻尼固有频率；$\omega_{\mathrm{d}i}$为端墙系统有阻尼固有频率。

为了尽量覆盖各频率范围，对端墙结构下部设置激励点，采用随机激励进行模态试验。在端墙结构端面上均匀布置 90 个测点，同时采用 10 个加速度传感器，由下往上分 9 组依次检测信号。试验测点、加速度传感器和激励位置如图 4.18 所示。

图 4.18　试验测点、加速度传感器及激励位置

试验检测与数据计算完毕后得到相应的频率分析稳态图。端墙模态加速度的

曲线如图 4.19 所示。端墙前 3 阶模态振型如图 4.20 所示。

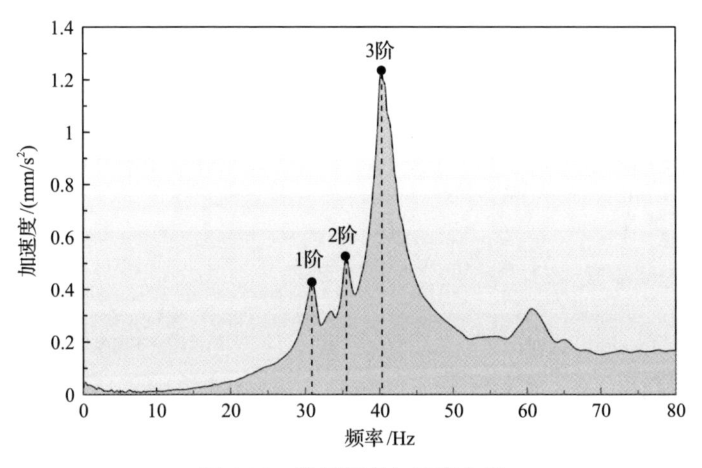

图 4.19　端墙模态加速度曲线

由图 4.20 和图 4.21 可以看出，端墙振动能量主要集中在低阶模态中的前 3 阶，固有频率为 30.859Hz 的 1 阶模态振型主要表现为两侧同步弯曲和上侧弯曲，固有频率为 35.409Hz 的 2 阶模态振型主要表现为两侧不同步弯曲和上侧弯曲，固有频率为 40.516Hz 的 3 阶模态振型主要表现为两侧反向同步弯曲和上侧扭转，且 3 阶模态的加速度幅值最大，故对端墙结构做减振处理时应重点关注 3 阶（即 40Hz 附近）模态的区域。

2. 颗粒阻尼器外形设计

根据端墙的结构特征和模态测试所呈现的振动敏感区域，设计可以贴合端墙表面蒙皮的薄壁式颗粒阻尼器。颗粒阻尼器需满足以下要求：不影响车内空间及乘客乘坐；不宜过长，否则无法达到针对集中在模态敏感点减振的原则；无须改变端墙原始结构，以便于安装。按照上述要求设计的颗粒阻尼器外形，基本外形尺寸为 324mm×94mm×21mm，材料选用 1060H14 铝材，质量约为 2.6kg，有 6 个直径为 6mm 的安装孔位，采用铆钉与端墙结构刚性连接。端墙颗粒阻尼器外形设计如图 4.21 所示。

3. 端墙-颗粒阻尼器离散元模型

为分析端墙-颗粒阻尼器的减振机理，建立基于颗粒阻尼的端墙离散元模型，包括颗粒与颗粒之间、颗粒与边界（颗粒阻尼器壁）之间的 Herzt 接触模型和振动模型。基于颗粒阻尼的端墙离散元模型如图 4.22 所示。

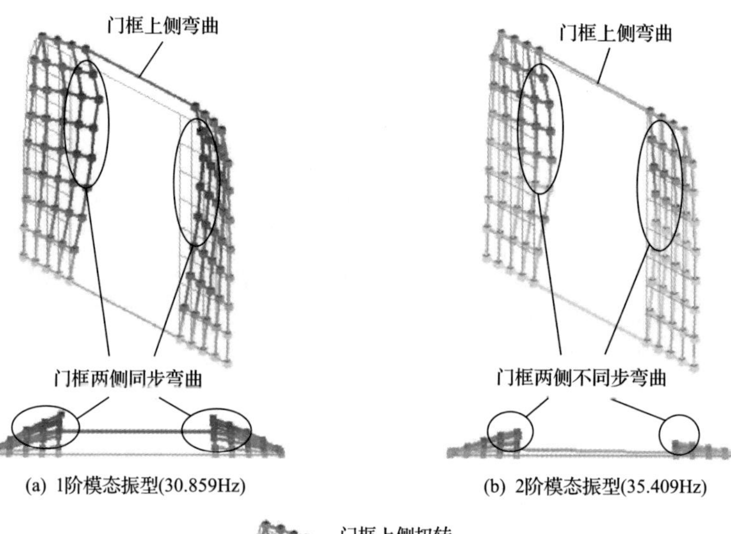

(a) 1阶模态振型(30.859Hz)　　(b) 2阶模态振型(35.409Hz)

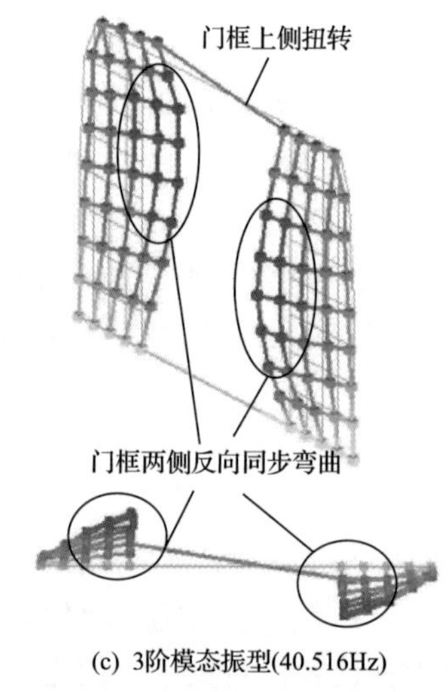

(c) 3阶模态振型(40.516Hz)

图 4.20　端墙前 3 阶模态振型

图 4.21　端墙颗粒阻尼器外形设计

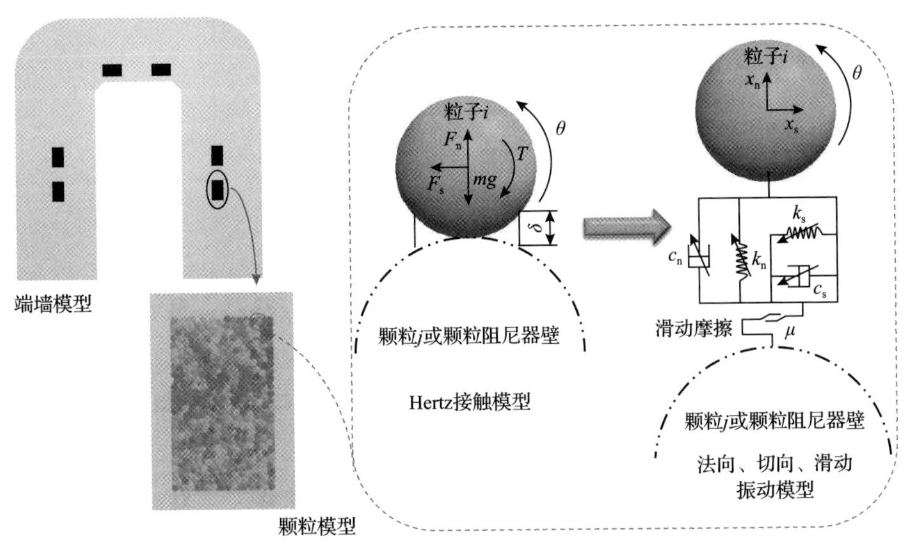

图 4.22　基于颗粒阻尼的端墙离散元模型

c_n. 颗粒的法向阻尼系数；c_s. 颗粒的切向阻尼系数；F_n. 颗粒的法向接触力；F_s. 颗粒的切向接触力；k_n. 颗粒的法向刚度系数；k_s. 颗粒的切向刚度系数；m. 颗粒质量；T. 颗粒所受外力矩；x_n. 颗粒的法向位移；x_s. 颗粒的切向位移；δ. 接触变形量；θ. 颗粒旋转角度；μ. 颗粒表面摩擦系数

4.2.2　颗粒阻尼器方案对端墙耗能影响

基于端墙模态分析结果，针对 3 阶模态(40Hz)时端墙的异常振动进行减振，研究不同颗粒阻尼器方案对端墙的减振效果。考虑到颗粒应用环境和成本，选择不易锈蚀且成本较低的 4mm 不锈钢颗粒填充颗粒阻尼器，颗粒填充率为 80%，并设定 40Hz 简谐激励。在此基础上研究颗粒阻尼器在端墙上的不同位置布局以及颗粒阻尼器不同分层数的颗粒耗能规律。

1. 不同颗粒阻尼器方案的颗粒耗能

根据 3 阶模态分析可知，端墙的异常振动主要集中于结构周围，故提出颗粒阻尼器在端墙上的布局方案，然后基于离散元方法对方案中不同位置的颗粒耗能进行仿真，并逐步做出方案调整优化，直至达到理想的减振效果。颗粒阻尼器安装点位划分如图 4.23 所示。

方案 1 安排 16 个阻尼器分别安装在端墙两侧靠近内侧的 14、15、26、27 点位区域，方案 1 布局如图 4.24(a)所示。由于端墙结构以及颗粒阻尼器布局的空间对称性，故只需研究一侧的 8 个颗粒阻尼器即可知所有颗粒阻尼器的耗能情况。统计端墙左侧 8 个颗粒耗能仿真值，其中 1、2、5、6 号颗粒耗能较小，3、4、7、8 号颗粒耗能较大，这表明在同一减振点位处，颗粒阻尼器安装位置越靠近端墙框耗能越大。

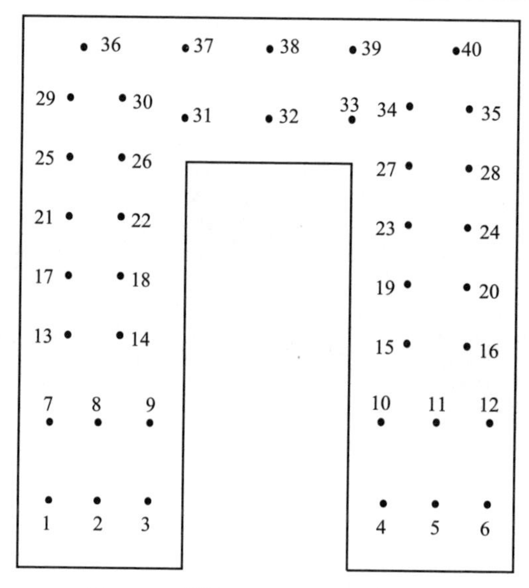

图 4.23　颗粒阻尼器安装点位划分

方案 2 安排 16 个颗粒阻尼器分别安装在端墙两侧靠近外侧的 7、12、13、16、17、20、32 点位区域，方案 2 布局如图 4.25(a)所示。统计端墙左侧 8 个颗粒耗能仿真值，其中 5、6、7、8、9、10 号颗粒耗能较小，1、2 号颗粒耗能较大，这表明颗粒阻尼器在端墙上侧减振效果明显，在端墙两侧边缘减振效果差，同时也验证了 3 阶模态结果以及方案 2 结论的正确性。

结合方案 1 和方案 2 的仿真值，设计方案 3，安排 16 个颗粒阻尼器分别安装在端墙两侧靠近内侧和顶部的 8、9、10、11、14、15、32 点位区域，方案 3 布局如图 4.26(a)所示。统计端墙左侧 8 个阻尼器的系统耗能仿真值，结果显示各个颗粒耗能均较大，这表明颗粒阻尼器已安装于合适的减振点位。

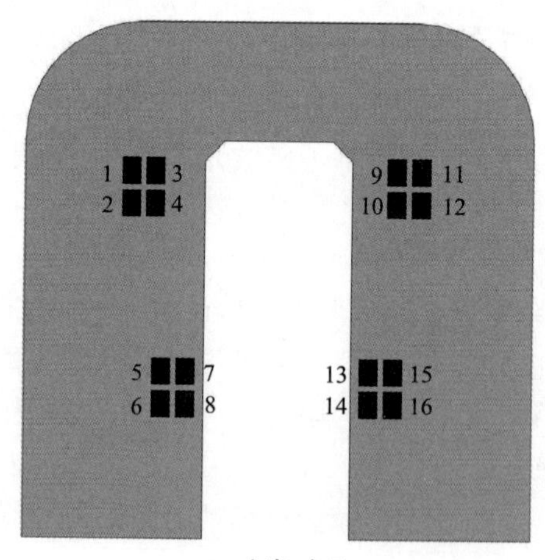

(a) 方案1布局

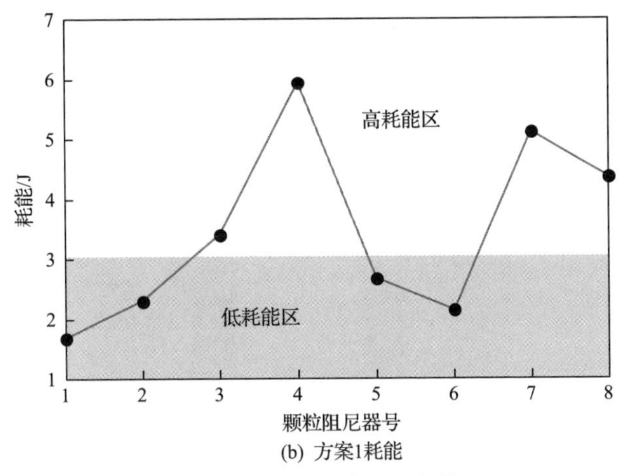

(b) 方案1耗能

图 4.24　方案 1 布局及耗能

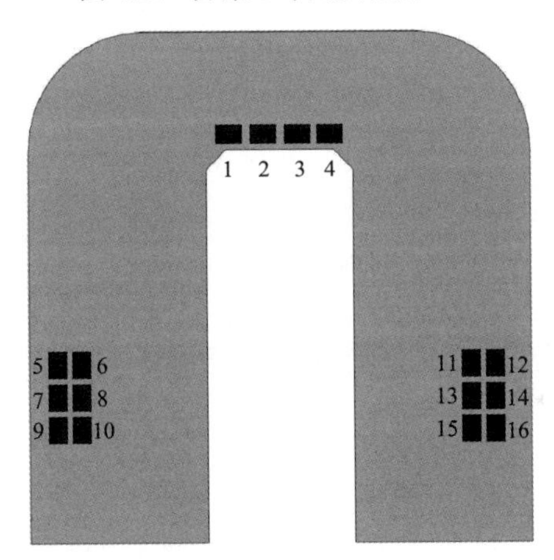

(a) 方案2布局

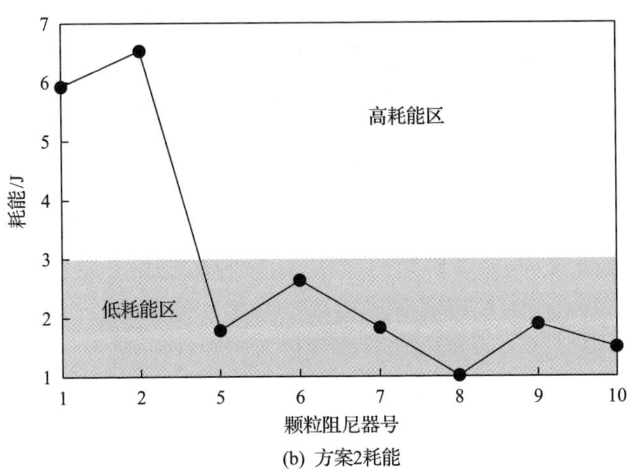

(b) 方案2耗能

图 4.25　方案 2 布局及耗能

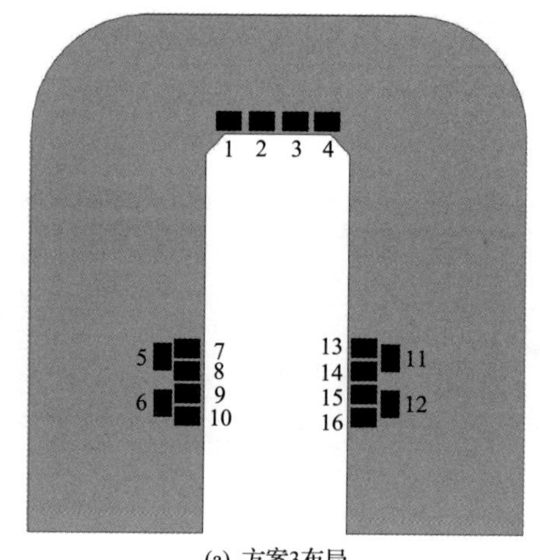

(a) 方案3布局

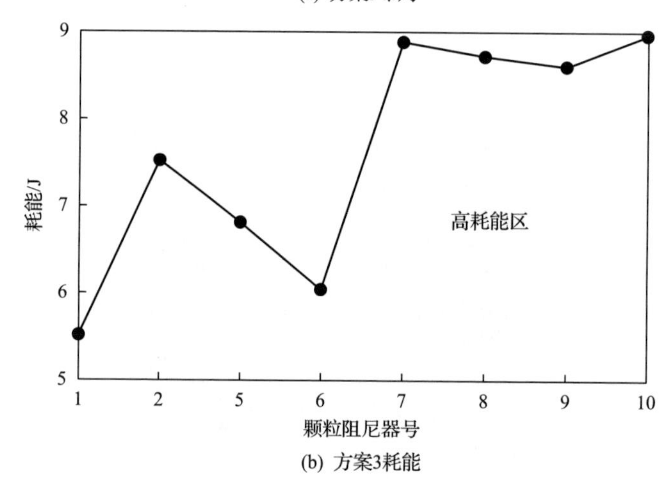

(b) 方案3耗能

图 4.26　方案 3 布局及耗能

各方案颗粒耗能如图 4.27 所示。可以看出，方案 3 布局下颗粒耗能比方案 1 提升 121%，比方案 2 提升 164%，其耗能最大。

2. 不同颗粒阻尼器分层数的颗粒耗能

基于方案 3 研究分层数不同时颗粒阻尼器的减振效果，方案 3 中 5、6、11、12 号颗粒阻尼器竖放，其余颗粒阻尼器横放。颗粒阻尼器分层设置如图 4.28 所示。对于竖放的颗粒阻尼器，构建其分层数依次分为 1 层、2 层、3 层、4 层、5 层；对于横放的颗粒阻尼器，构建出其分层数依次分为 1 层和 2 层。

对 1 号、2 号、5 号、6 号、7 号、8 号、9 号、10 号颗粒阻尼器进行耗能仿真，以 5 号颗粒阻尼器为例，分析竖放的颗粒阻尼器分层数为 1、2、4 时的颗粒运动速度变化；以 2 号颗粒阻尼器为例，分析横放的颗粒阻尼器分层数为 1、2

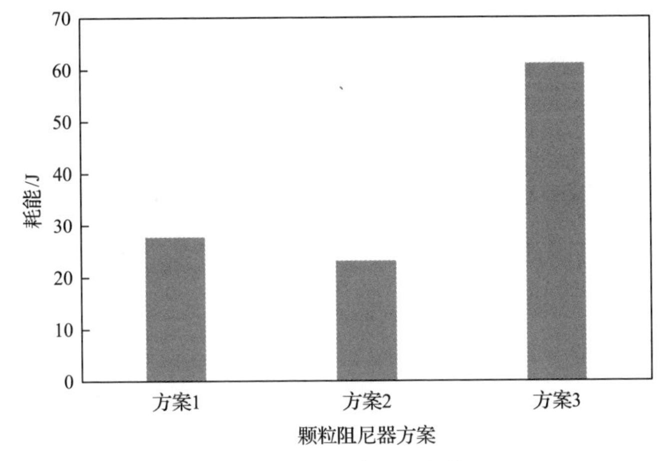

图 4.27　各方案颗粒耗能

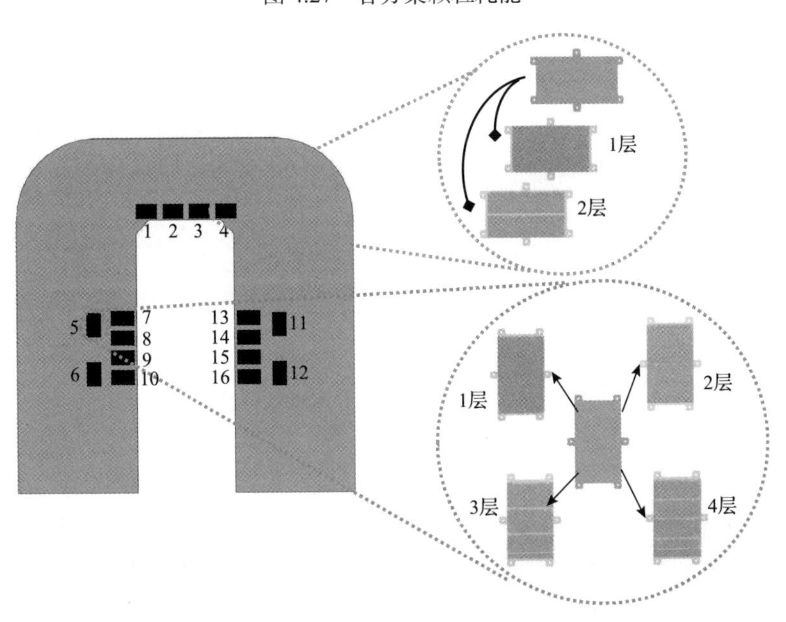

图 4.28　颗粒阻尼器分层设置

时的颗粒运动速度变化。颗粒运动速度(5 号颗粒阻尼器)如图 4.29 所示。颗粒运动过程(2 号颗粒阻尼器)如图 4.30 所示。

不同分层数的颗粒耗能如图 4.31 所示。可以看出，对于竖放颗粒阻尼器，随着分层数的增加，不同位置颗粒阻尼器的耗能呈现出先增加后减少的趋势；对于横放颗粒阻尼器，分层后耗能大幅度增加。增加分层数能明显增加颗粒与颗粒阻尼器之间的碰撞次数，同时分层后颗粒之间接触力增大，两颗粒之间的碰撞耗能和摩擦耗能会增加。颗粒阻尼器不分层时颗粒堆积过高导致颗粒阻尼器底部颗粒固化、流动减少，从而耗能减少；而合适的分层数能协调颗粒间的碰撞以及颗粒与颗粒阻尼器间的碰撞，从而实现耗能最大化。

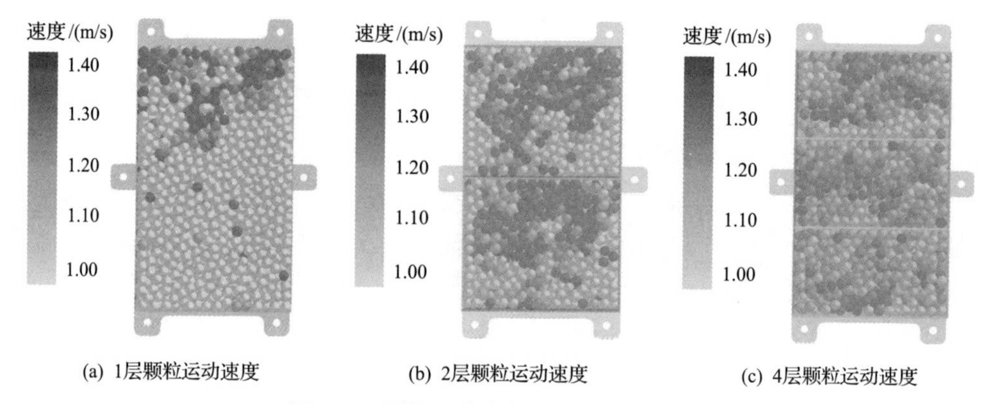

图 4.29　颗粒运动速度(5 号颗粒阻尼器)

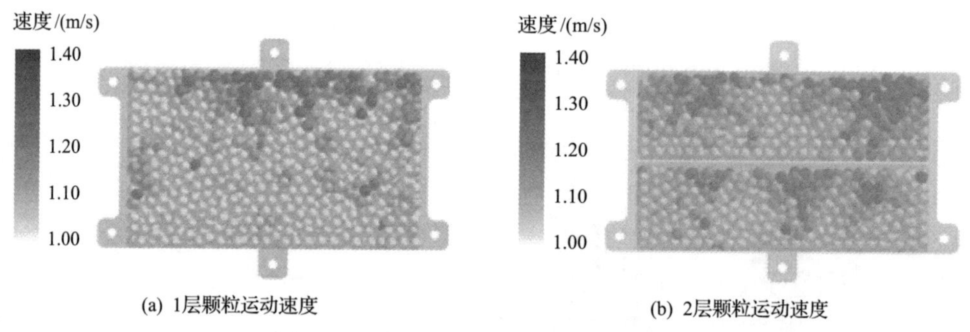

图 4.30　颗粒运动过程(2 号颗粒阻尼器)

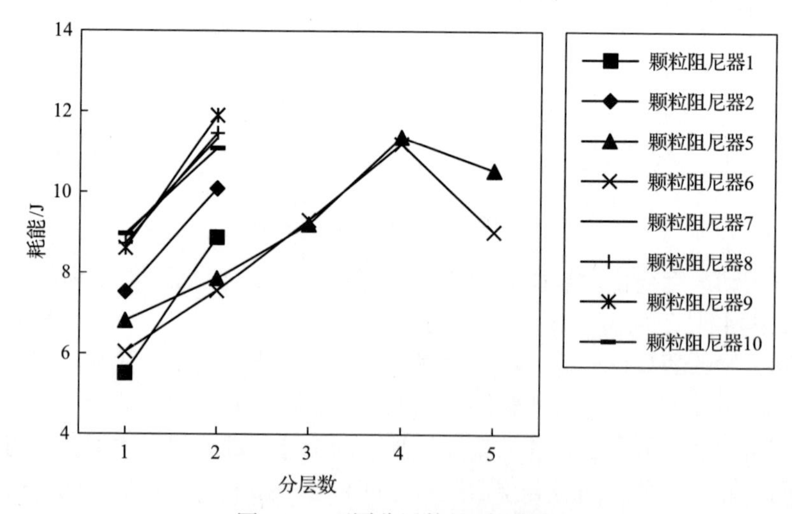

图 4.31　不同分层数的颗粒耗能

在给定的分层数选择范围内，对于竖放颗粒阻尼器 5、6、11、12 分 4 层时系统耗能最大；对于横放颗粒阻尼器 1、2、3、4、7、8、9、10、13、14、15、16 分 2 层时系统耗能最大。

4.2.3　端墙试验验证

1. 端墙试验平台搭建

为对颗粒阻尼器布局方案和颗粒阻尼器分层数仿真值进行验证，设计试验方案对端墙结构上颗粒阻尼器的减振效果进行测试。激振器用于激励端墙结构，在端墙上布置加速度传感器用于采集数据。依次安装不同方案的颗粒阻尼器进行试验，在振动信号采集端，按照图中所示坐标系，分别对 x、y、z 方向采集振动信号，信号经过信号采集仪处理传输到电脑端，在对应 DASP 系统软件中显示波形并记录信号数据。试验装置与测试原理如图 4.32 所示。

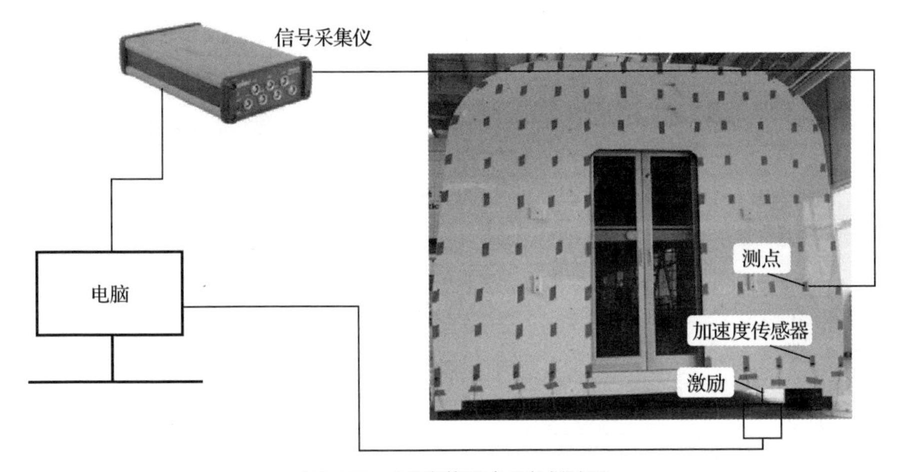

图 4.32　试验装置与测试原理

2. 颗粒阻尼器方案试验

对颗粒阻尼器 3 种方案分别进行扫频试验，激振器提供 0～160Hz 扫频激励，最终得到端墙加速度，加速度的大小能够直接反映振动的强弱。颗粒阻尼器各方案减振效果如图 4.33 所示。

对图 4.33 计算可以得出，应用方案 1 后 2 阶和 3 阶加速度峰值有明显降低，但 1 阶加速度峰值提升了约 19.63%；应用方案 2 后 1 阶加速度峰值不增加，2 阶加速度减振效果为 38.84%，3 阶加速度减振效果为 48.91%；应用方案 3 后 1 阶加速度峰值不变，2 阶加速度减振效果为 44.59%，3 阶加速度减振效果为 64.21%，并且对于 40Hz 以上的振动频率也起到减振效果。

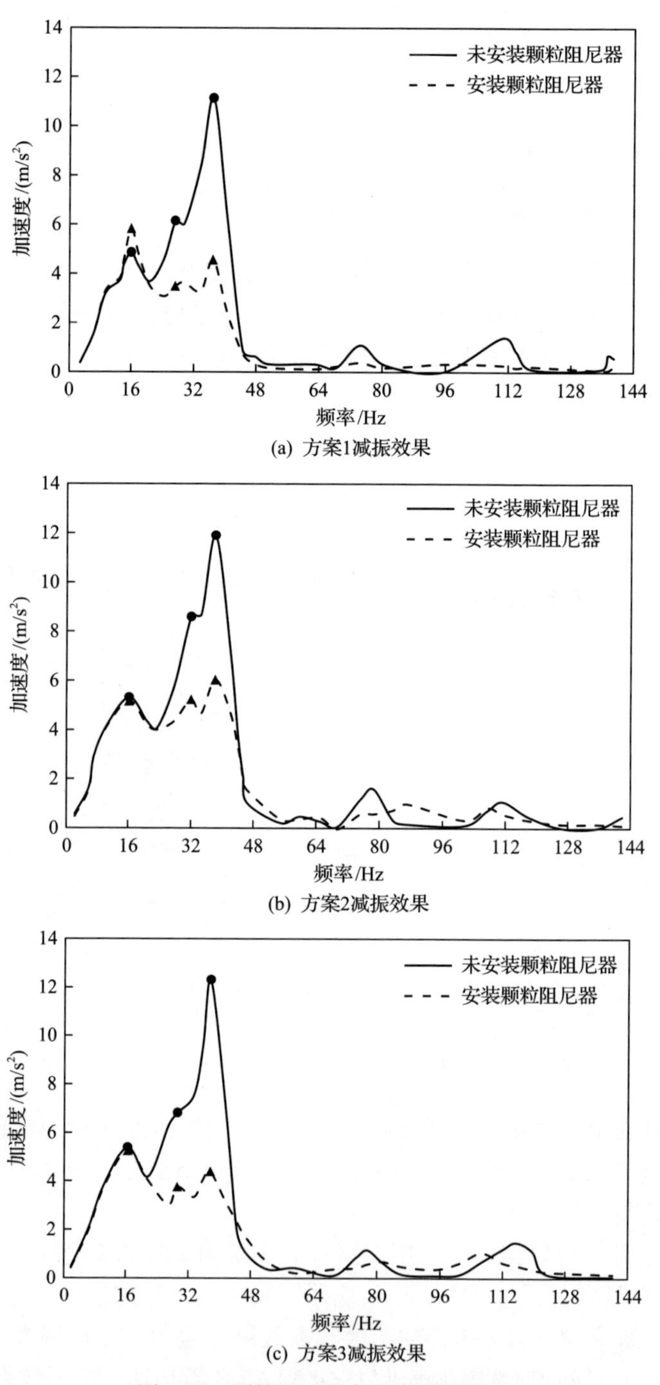

(a) 方案1减振效果

(b) 方案2减振效果

(c) 方案3减振效果

图 4.33　颗粒阻尼器各方案减振效果

对比各方案下端墙的加速度以及离散元方法计算出的颗粒耗能，发现两者趋势一致，即对比方案 1 和方案 2，方案 3 的颗粒阻尼器可以实现较高的耗能，最符合研究目标的减振要求，这说明合理布局颗粒阻尼器可以对端墙达到显著的减振效果。

3. 颗粒阻尼器分层数试验

研究不同分层数下颗粒阻尼器的减振效果，激振器提供 40Hz 定频正弦激励。基于方案 3，依次增加各颗粒阻尼器分层数进行试验，在测点处采集端墙的 z 方向加速度，然后对比无颗粒阻尼器时端墙的加速度，计算出各颗粒阻尼器分层数下的减振系数。不同分层数时颗粒阻尼器仿真耗能和试验减振系数如图 4.34 所示。

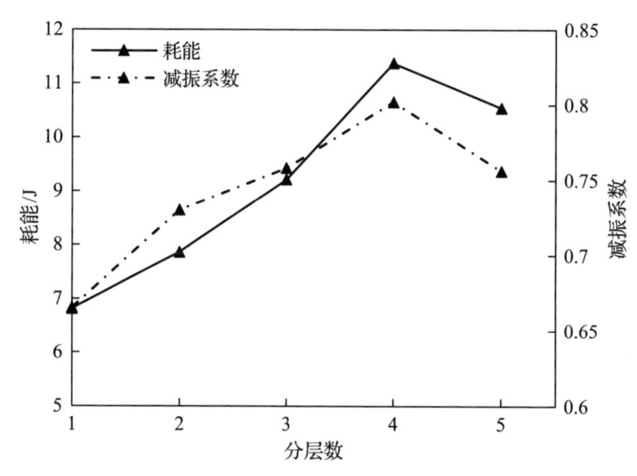

图 4.34　不同分层数时颗粒阻尼器仿真耗能和试验减振系数

由图 4.34 可以看出，随着颗粒阻尼器分层数的变化，仿真耗能和试验减振系数的变化趋势一致，安装颗粒阻尼器后可以起到减振作用；竖放颗粒阻尼器分层后的减振系数随着分层数的增加先增大后减小，分 4 层时耗能最大，减振系数超过 0.8。该结果验证了颗粒阻尼器分层数耗能仿真的正确性，也证明了端墙结构与颗粒阻尼器离散元模型的合理性。

对端墙试验结果进行分析可以得到：

(1) 基于动车组车体端墙，建立动力学模型，并通过模态分析得端墙在 40Hz 频率处振动最剧烈，在端墙上侧以及端墙左右两侧处出现较大位移响应。

(2) 改变颗粒阻尼器布局方案进行耗能仿真以及振动试验，结果表明采用方案 3 时，端墙在 40Hz 处减振效果达到 64.21%，较大程度优化端墙的振动特性。

(3) 基于方案 3，对横放颗粒阻尼器设置 1 层和 2 层分层，竖放颗粒阻尼器设置 1～5 层分层，耗能仿真和振动试验都表明横放颗粒阻尼器分层数为 2、竖放颗粒阻尼器分层数为 4 时减振效果较好，在 40Hz 处主振方向的减振效果可达 80%以上。

(4) 基于端墙动力学分析和离散元方法，引入颗粒阻尼器对高铁列车端墙进行减振，通过试验验证了理论和仿真模型的正确性，为端墙减振开辟了有效途径。

参考文献

[1] 周晓舟, 李丽云. 时速 350 公里复兴号动车组刷新极寒运行纪录. 科技日报, 2023-01-17 (001).

[2] 朴明伟, 梁树林, 方照根, 等. 高速转向架非线性与高铁车辆安全稳定性裕度. 中国铁道科学, 2011, 32(3): 86-92.

[3] 李建锋, 张隶新, 李春来, 等. 一种动车组动力转向架研制. 铁道机车与动车, 2014, (5): 4-7.

[4] 马冬莉, 高峰, 张娜, 等. 内燃动车组动力总成构架优化设计. 铁道机车与动车, 2013, (11): 16-18, 3.

[5] 张相宁, 李明高. 动车组车下吊挂设备吊装装置的橡胶减振器研究. 大连交通大学学报, 2012, 33(5): 19-22.

[6] 宫岛, 马梦林, 邓海, 等. 动车组车辆地板振动问题及其优化. 同济大学学报(自然科学版), 2017, 45(8): 1174-1182.

[7] 肖望强, 叶淑祯, 王兴民, 等. 动车组车体端墙颗粒阻尼器减振的数值分析与实验研究. 中国机械工程, 2021, 32(4): 481-489.

[8] 徐超, 田伟. 卫星飞轮安装支架的黏弹性阻尼减振设计. 噪声与振动控制, 2010, 30(3): 1-4, 54.

[9] 夏齐强, 陈志坚, 王珺. 舱段的声振特性分析和舱壁的振动控制. 噪声与振动控制, 2014, 34(1): 32-35.

[10] 滕晓艳, 江旭东, 史冬岩. 薄板结构低噪声仿生拓扑优化方法. 中国机械工程, 2016, 27(10): 1358-1364.

[11] 曹亮, 杨鹏飞, 王怡星, 等. 柔性薄板翼流固耦合振动噪声风洞试验研究. 中国科学: 技术科学, 2019, 49(7): 815-824.

[12] 苏仕见, 徐元利, 弓剑, 等. 车身壁板自由阻尼层稳健性优化设计. 汽车工程, 2020, 42(4): 537-544.

[13] 肖望强, 陈辉, 许展豪, 等. 基于颗粒阻尼的内燃动车组动力包构架多工况减振研究. 机械工程学报, 2022, 58(4): 250-257.

[14] 杜妍辰, 秦婧. 弹性约束下颗粒碰撞阻尼器的理论与实验研究. 中国机械工程, 2016, 27(21): 2934-2938.

[15] 郭伟强, 吴健, 李新一. 高速动车组阻尼浆减振特性研究. 铁道机车与动车, 2018, (1):

21-22, 29.

[16] Kapur P C, Gutsche O, Fuerstenau D W. Comminution of single particles in a rigidly-mounted roll mill part 3: Particle interaction and energy dissipation. Powder Technology, 1993, 76(3): 271-276.

[17] Dragomir S C, Sinnott M, Semercigil E, et al. Energy dissipation characteristics of particle sloshing in a rotating cylinder. Journal of Sound and Vibration, 2012, 331(5): 963-973.

[18] Lei X F, Wu C J. Investigating the optimal damping performance of a composite dynamic vibration absorber with particle damping. Journal of Vibration Engineering and Technologies, 2018, 6(6): 503-511.

[19] 周宏伟，陈前．电磁颗粒阻尼器减振机理及试验研究．振动工程学报，2008，21(2): 162-166.

[20] 林凤涛，柯露露，李志和，等．车体振动模态对疲劳强度的影响分析．机床与液压，2021, 49(1): 108-113.

第 5 章　基于颗粒阻尼的动力基座耗能研究

动力基座作为动力装置和船体的重要连接部分，其减振特性对于船舶整体声学指标影响较大，结构声学优化设计、阻尼材料、阻振质量等手段可以起到明显的减振效果[1-3]，但是效果有限，无法满足日益增长的低噪声指标要求。以动力基座为研究对象，采用颗粒阻尼技术在传递路径上减振[4-7]，开展颗粒阻尼减振的理论研究，采用颗粒阻尼的优化设计、仿真和试验验证等相结合的手段，形成了颗粒阻尼优化设计方法，解决动力装置的中高频振动问题。

结合主动消振或动力吸振器等技术可大幅抑制设备机脚到动力基座前几阶低频振动的传递，因此，采用主动消振或动力吸振和颗粒阻尼等综合控制技术可以有效解决船舶推进装置的低-中-高宽频带振动控制问题[8]。

5.1　基于颗粒阻尼的动力基座建模

1. 动力基座离散元模型

在离散元分析中，颗粒与颗粒之间、颗粒与颗粒阻尼器壁之间的接触力，一般分为法向接触力和切向接触力，采用不同的接触力学模型计算。基于颗粒阻尼的动力基座离散元模型如图 5.1 所示。

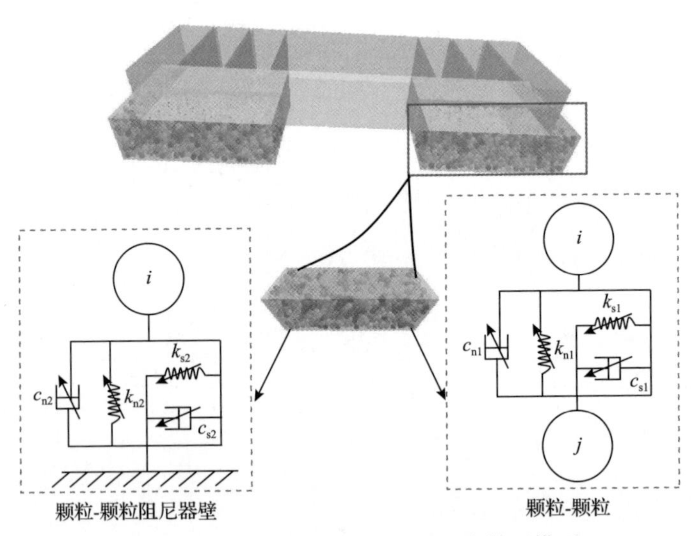

图 5.1　基于颗粒阻尼的动力基座离散元模型

为能从动力基座离散元模型得到一般的规律，对模型进行简化，模型的尺寸参数为 730mm×210mm×170mm，模型壁厚为 3～5mm，材料为碳钢。动力基座几何模型如图 5.2 所示。

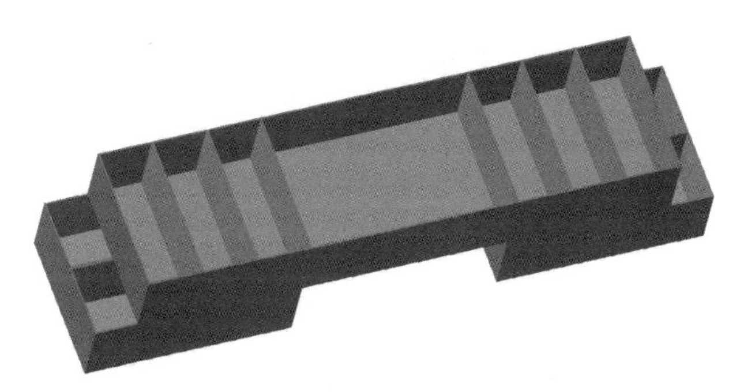

图 5.2　动力基座几何模型

为探究颗粒阻尼器的最佳安装位置，将动力基座划分为三个区域。动力基座分区如图 5.3 所示。其中 3 号区域为动力基座较为薄弱的位置；2 号区域为激励传递到平台的主要振动传递路径；1 号区域为动力基座底部与平台直接接触的位置。

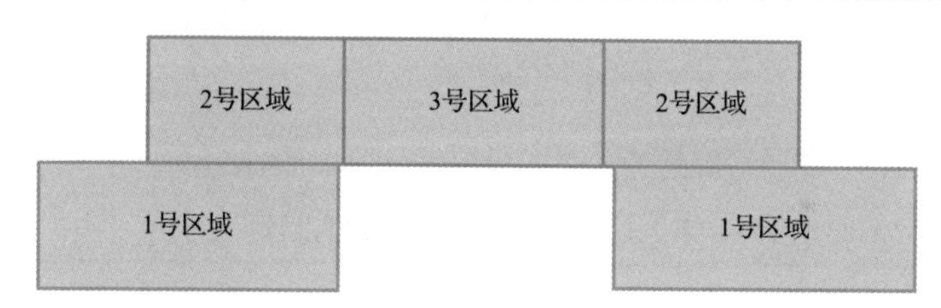

图 5.3　动力基座分区

除了颗粒阻尼器的安装位置、颗粒阻尼器空腔形状会影响颗粒阻尼器的减振效果外，颗粒阻尼器内部填充颗粒参数以及激励也会影响其减振效果。颗粒阻尼优化设计流程如图 5.4 所示。

2. 动力基座模态分析

将动力基座模型下方固定约束，进行模态分析。动力基座前 6 阶固有频率如表 5.1 所示。动力基座前 6 阶模态振型如图 5.5 所示。

由图 5.5 可以看出，动力基座前 4 阶模态振型表现为动力基座上层中部的弯曲和扭转，5、6 阶模态振型表现为动力基座整个上层的弯曲和扭转。动力基座上层中部区域的振动较大，5、6 阶模态上层左右两边振动较大。考虑到中部为设备安装区域，空间较小，达不到发挥颗粒阻尼性能的质量阈值，因此动力基座上层左右两边为颗粒阻尼器的最佳安装位置，其次是作为振动传递路径的动力基座下层区域。

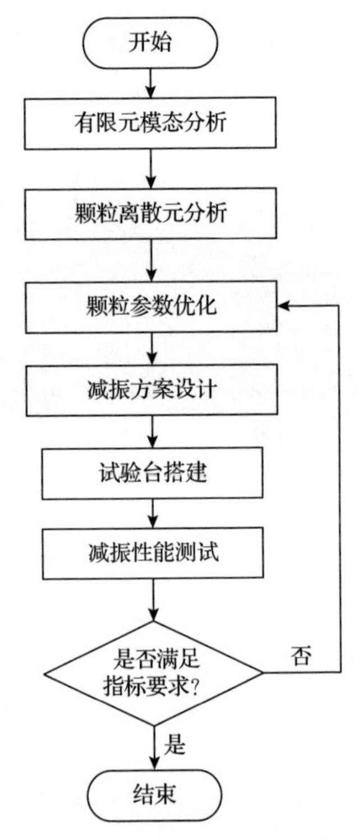

图 5.4　颗粒阻尼优化设计流程

表 5.1　动力基座前 6 阶固有频率

阶数	固有频率/Hz
1	692
2	844
3	1104
4	1223
5	1314
6	1808

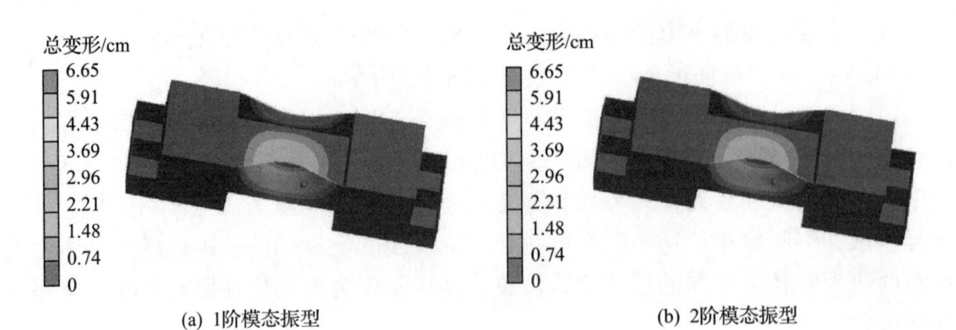

(a) 1阶模态振型　(b) 2阶模态振型

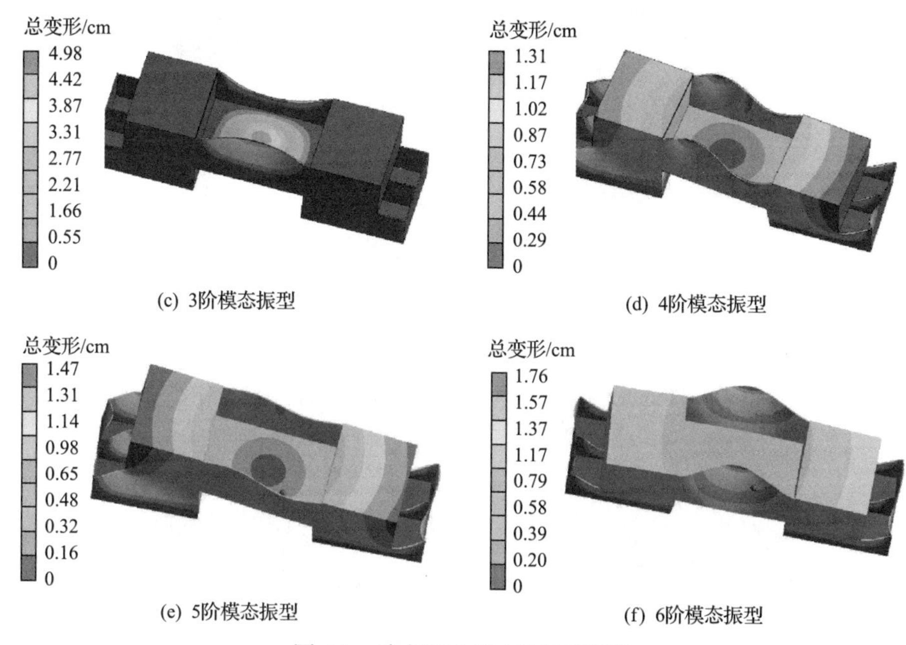

(c) 3阶模态振型　(d) 4阶模态振型

(e) 5阶模态振型　(f) 6阶模态振型

图 5.5　动力基座前 6 阶模态振型

在颗粒阻尼器的设计过程中，颗粒阻尼器的安装位置主要参考动力基座的模态振型，其次是分析系统的振动传递路径。2 号区域为振源直接连接的位置，振动较大，有密闭的封闭空间，因此考虑直接将颗粒装入动力基座上层封闭空腔内，使其耗散动力基座的振动传递能量，也可将颗粒阻尼器贴在箱体壁上。2 号区域颗粒阻尼效果如图 5.6 所示。

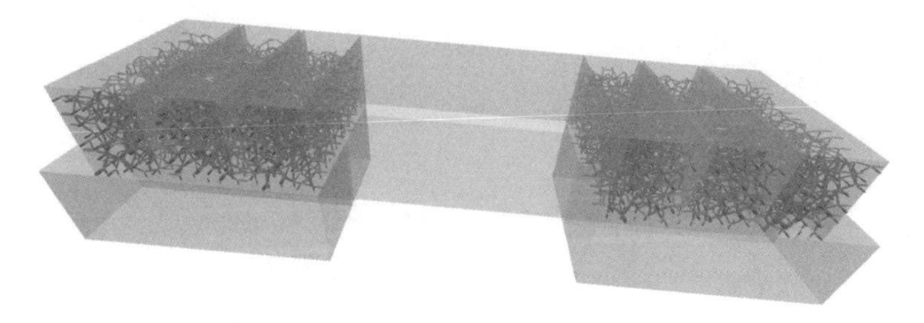

图 5.6　2 号区域颗粒阻尼效果

颗粒阻尼器外形为边长 100mm×200mm 的方形结构，高度为 20mm，在颗粒阻尼器正面有几个安装孔，用于与实际结构连接。方形颗粒阻尼器如图 5.7 所示。

3 号区域无肋板，整体刚度系数小，从模态振型可知此处振动较大，满足颗粒阻尼器安装需求，考虑到中间空腔处装有其他设备，空间较小，采用在动力基座壁上安装颗粒阻尼器进行减振。3 号区域颗粒阻尼器安装情况如图 5.8 所示。

图 5.7　方形颗粒阻尼器

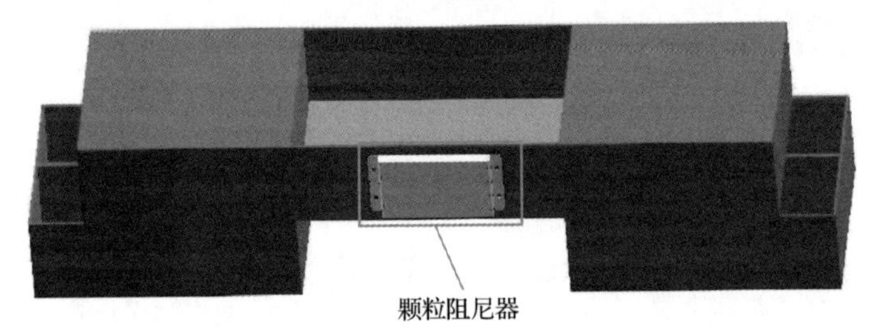

图 5.8　3 号区域颗粒阻尼器安装情况

1 号区域位于动力基座底部，处于非模态振型位置，振动较小，作为与平台直接接触的位置，空间较大，因此可以在底部的空腔中填充颗粒。1 号区域颗粒阻尼器安装情况如图 5.9 所示。

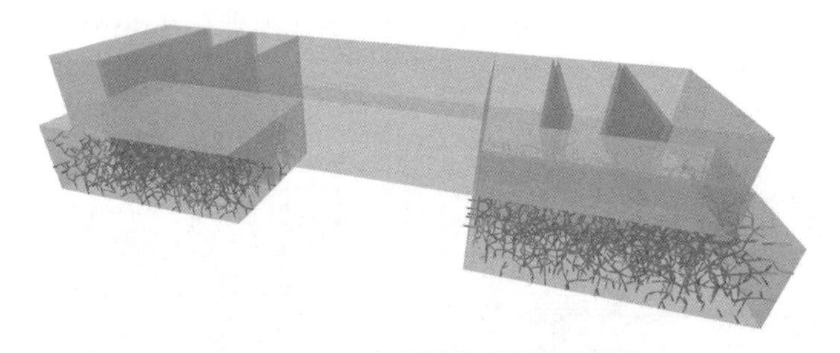

图 5.9　1 号区域颗粒阻尼器安装情况

根据前面对动力基座的模态分析，动力基座的 1、2 号区域为振源激励传递到平台的主要振动传递路径，而 3 号区域为动力基座较为薄弱的位置，分别在 1、2 号区域和 3 号区域安装颗粒阻尼器，可以有效的抑制动力基座的振动，以达到减小振动传递的目的。颗粒阻尼器安装在不同区域时对应不同的颗粒阻尼器方案，采用离散元方法计算安装不同颗粒阻尼器方案后的颗粒耗能，采用颗粒阻尼器方案 2 的颗粒耗能最大，减振效果最好。不同颗粒阻尼器方案的颗粒耗能如图 5.10 所示。

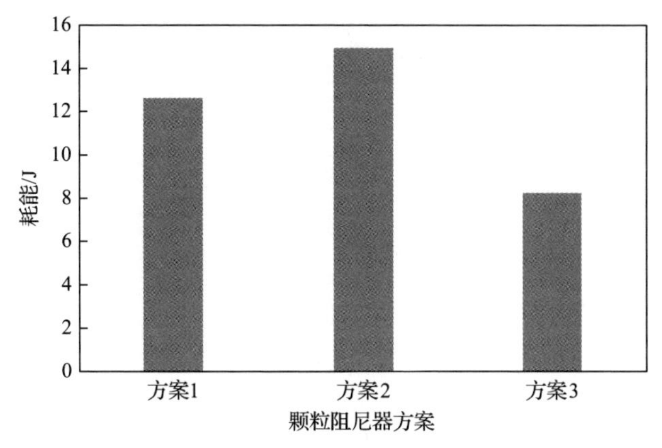

图 5.10　不同颗粒阻尼器方案的颗粒耗能

5.2　颗粒参数对动力基座耗能影响

1. 颗粒材料

对于颗粒材料，其影响因素主要有密度、弹性模量、泊松比和颗粒表面恢复系数，不同的参数对应的减振效果不同。在选择颗粒材料时，应根据颗粒阻尼器在不同工况下的耗能确定。

耗能计算选择的材料有钨基合金、铁基合金、铝基合金三种，颗粒材料相关物理参数如表 5.2 所示。

表 5.2　颗粒材料相关物理参数

颗粒材料	ρ/(kg/m^3)	E/GPa	μ	e_1
铁基合金	7850	210	0.28	0.63
钨基合金	18200	400	0.28	0.37
铝基合金	2700	72	0.3	0.1

为保证计算结果的准确性，设定颗粒粒径为 2mm，颗粒填充率为 80%，激振为正弦定频激励，颗粒的填充位置为动力基座的 2 号区域。其他相关参数保持一致，只通过改变颗粒的材料计算颗粒耗能。不同材料的颗粒耗能如图 5.11 所示。

2. 颗粒粒径

选用填充率为 80%的铁基合金颗粒，分别设定颗粒粒径为 1.5mm、1.8mm、1.9mm、2mm、2.1mm、2.2mm、2.5mm、3mm、3.5mm、4mm，分析计算动力基座的填充颗粒耗能。不同粒径的颗粒耗能如图 5.12 所示。

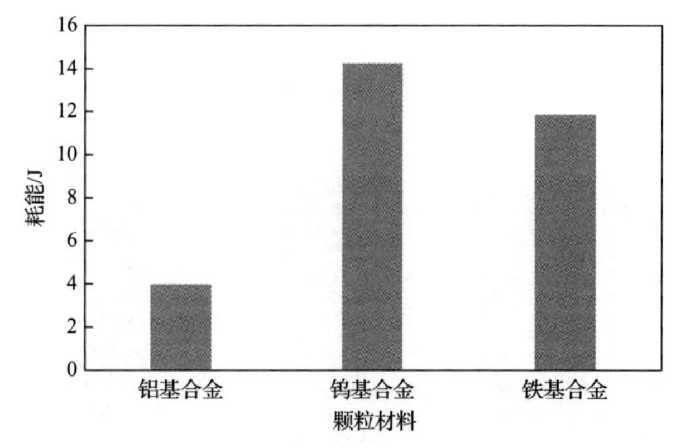

图 5.11　不同材料的颗粒耗能

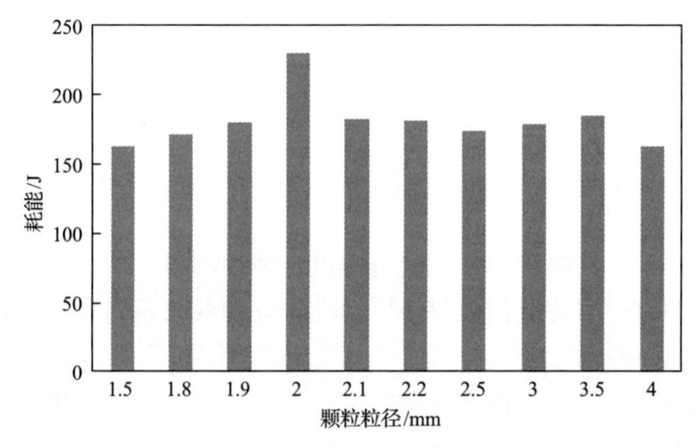

图 5.12　不同粒径的颗粒耗能

当颗粒粒径小于 2mm 时，随着颗粒粒径的增大，颗粒的耗能越来越大，动力基座颗粒阻尼器的减振效果越来越好；当颗粒粒径为 2mm 时，颗粒的耗能最大，动力基座颗粒阻尼器的减振效果最好；当颗粒粒径大于 2mm 时，随着颗粒粒径的增大，颗粒的耗能越来越小，动力基座颗粒阻尼器的减振效果越来越差。

3. 颗粒填充率

选用粒径为 2mm 的铁基合金颗粒，分别设定颗粒填充率为 70%、75%、80%、90%、95%、100%，分析计算动力基座的填充颗粒耗能。不同填充率的颗粒耗能如图 5.13 所示。

当颗粒填充率小于 90%时，随着颗粒填充率的增大，颗粒的耗能越来越大，动力基座颗粒阻尼器的减振效果越来越好；当颗粒表面恢复系数为 90%时，颗粒的耗能最大，动力基座颗粒阻尼器的减振效果最好；当颗粒填充率大于 90%时，随着颗粒填充率的增大，颗粒的耗能越来越小，动力基座颗粒阻尼器的减振效果越来越差。

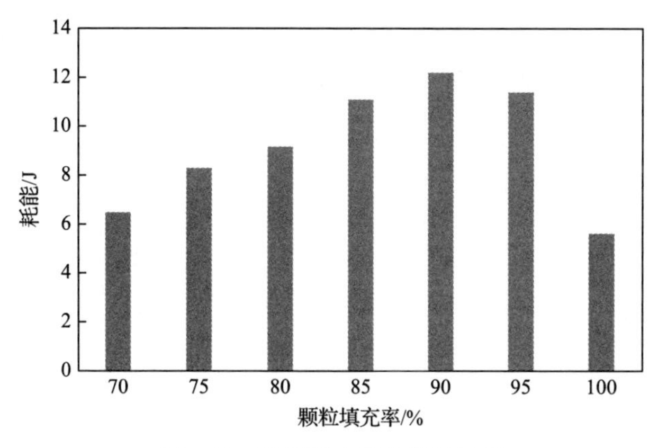

图 5.13　不同填充率的颗粒耗能

4. 颗粒表面恢复系数

选用粒径为 2mm 的铁基合金颗粒，颗粒填充率 90%，分别设定颗粒表面恢复系数为 0.1、0.2、0.4、0.6 和 0.7，分析计算动力基座的填充颗粒耗能。不同表面恢复系数的颗粒耗能如图 5.14 所示。

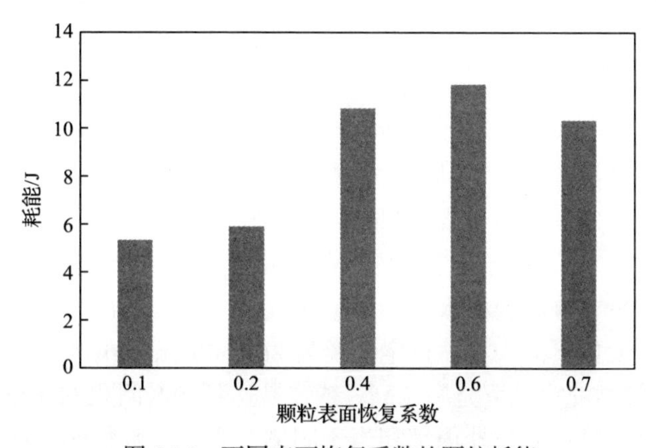

图 5.14　不同表面恢复系数的颗粒耗能

当颗粒表面恢复系数小于 0.6 时，随着颗粒表面恢复系数的增大，颗粒的耗能越来越大，动力基座颗粒阻尼器的减振效果越来越好；当颗粒表面恢复系数为 0.6 时，颗粒的耗能最大，动力基座颗粒阻尼器的减振效果最好。颗粒表面恢复系数主要影响颗粒的碰撞耗能，恢复系数小，颗粒回弹速度小，单位时间内的碰撞次数减少。

5. 颗粒表面摩擦系数

选用粒径为 2mm 的铁基合金颗粒，颗粒填充率 90%，分别设定颗粒表面摩擦系数为 0.1、0.2、0.3、0.4、0.5、0.6、0.7，分析计算动力基座的填充颗粒耗能。不同表面摩擦系数的颗粒耗能如图 5.15 所示。

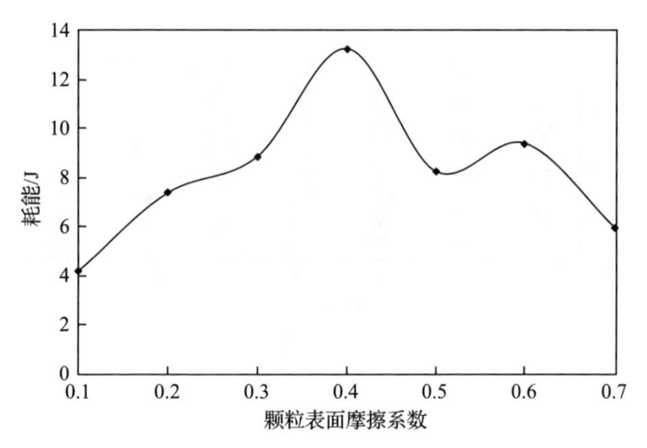

图 5.15　不同表面摩擦系数的颗粒耗能

当颗粒表面摩擦系数小于 0.4 时，随着颗粒表面摩擦系数的增大，颗粒的耗能越来越大，动力基座颗粒阻尼器的减振效果越来越好；当颗粒表面摩擦系数为 0.4 时，颗粒的耗能最大，动力基座颗粒阻尼器的减振效果最好。

6. *参数分析结论*

通过动力基座参数分析可以得到：

(1) 对于颗粒材料，密度较大时，在有限空间内更容易达到颗粒阻尼器质量的阈值，阻尼效果更好，考虑到成本问题，最终选定铁基合金颗粒进行试验验证。

(2) 对于颗粒粒径，在有限空间内，颗粒粒径太大，单次碰撞耗能增加，但是总的碰撞次数减少，颗粒粒径太小，碰撞次数增加但是单次碰撞耗能减少，因此颗粒粒径不能太大也不能太小，选定粒径为 2mm 和 3mm 的颗粒进行试验。

(3) 对于颗粒填充率，填充率越高，越容易达到颗粒阻尼的质量阈值，但是颗粒填充率过高时，颗粒阻尼器内部相当于固体，丧失了颗粒的流动性，不利于发挥其阻尼特性，选定颗粒填充率为 85%、90%、95%进行试验。

(4) 从多参数优化分析结果看，颗粒材料和颗粒阻尼器方案对减振效果的影响最为显著，其次是颗粒粒径和颗粒填充率。

5.3　动力基座试验验证

5.3.1　颗粒参数试验验证

调整激振器的激励参数，在动力基座未安装颗粒阻尼器时，对动力基座安装平面进行测试，保证测试加速度能满足信噪比要求。通过 4 号传感器监控激振器安装平面的振动加速度,保证试验输入的一致性。动力基座振动试验测点如图 5.16 所示。

图 5.16　动力基座振动试验测点

在动力基座上安装颗粒阻尼器，通过调整颗粒阻尼器填充的颗粒参数及颗粒阻尼器安装位置，进行振动测试，得到安装颗粒阻尼器前后的动力基座加速度，总结颗粒材料、颗粒粒径、颗粒填充率、颗粒阻尼器方案对颗粒阻尼器减振效果的影响。

1. 颗粒材料

进行不同颗粒材料减振效果的研究，选择颗粒粒径为 2mm，激励扫频为 0～1000Hz，颗粒填充率为 90%。测点布置在激振器安装面上，保证振动输入的一致性，测点位置布置在平台的上表面，方向为动力基座的 z 方向。动力基座振动试验台如图 5.17 所示。

图 5.17　动力基座振动试验台

填充不同材料的颗粒时动力基座加速度如图 5.18 所示。在激振器激励为 0～1000Hz 时，安装颗粒阻尼器前后的动力基座加速度有所降低，动力基座颗粒阻尼器填充铁基合金颗粒时减振效果最好。

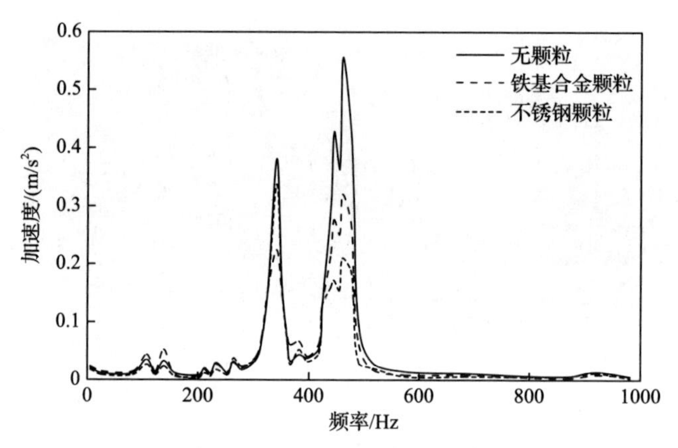

图 5.18　填充不同材料的颗粒时动力基座加速度

2. 颗粒粒径

填充不同粒径的颗粒时动力基座加速度如图 5.19 所示。在激振器激励为 0～1000Hz 时，安装颗粒阻尼器前后的动力基座加速度有所降低，动力基座颗粒阻尼器填充 2mm 颗粒时减振效果最好。

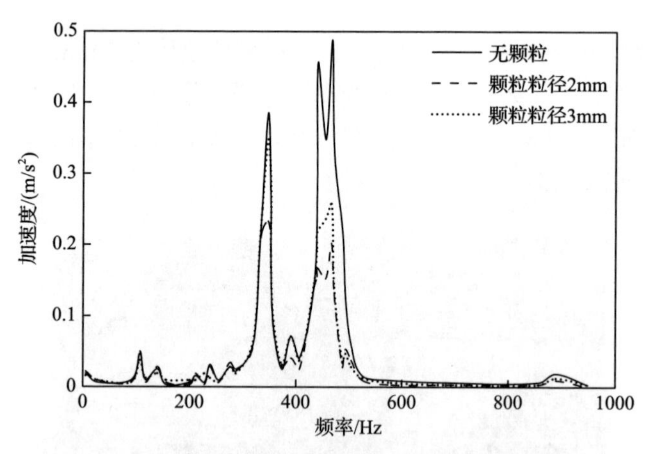

图 5.19　填充不同粒径的颗粒时动力基座加速度

3. 颗粒填充率

填充不同填充率的颗粒时动力基座加速度如图 5.20 所示。在激振器激励为

0～1000Hz 时，安装颗粒阻尼器前后的动力基座加速度有所降低，动力基座颗粒阻尼器填充 90%颗粒时减振效果最好。

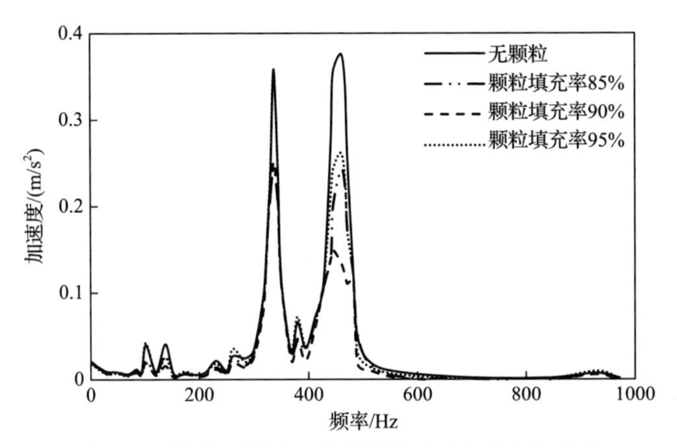

图 5.20　填充不同填充率的颗粒时动力基座加速度

4. 颗粒阻尼器方案

采用不同颗粒阻尼器方案时动力基座加速度如图 5.21 所示。在激振器激励为 0～1000Hz 时，安装颗粒阻尼器前后的动力基座加速度有所降低，采用方案 1 即颗粒阻尼器安装在 1 号区域时减振效果最好。

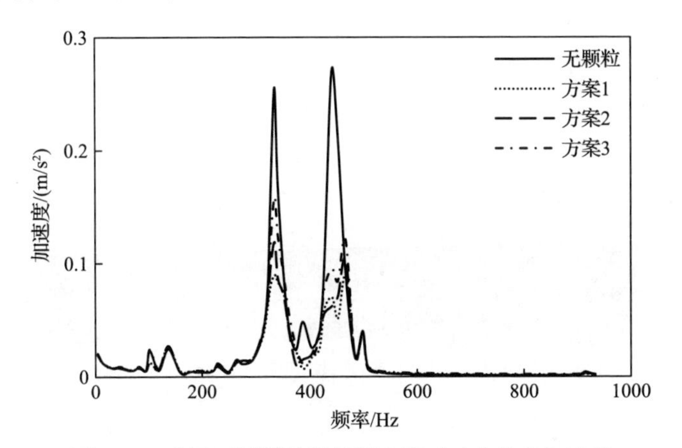

图 5.21　采用不同颗粒阻尼器方案时动力基座加速度

根据以上试验结果，选用 2mm 铁基合金颗粒，颗粒填充率为 90%，将颗粒阻尼器安装在 1 号区域，进行安装颗粒阻尼器前后的动力基座振动试验。安装颗粒阻尼器前后的动力基座加速度如图 5.22 所示。采用激振器激励试验模型，激励方向为 z 方向，动力基座安装颗粒阻尼器后有显著削峰的特点。

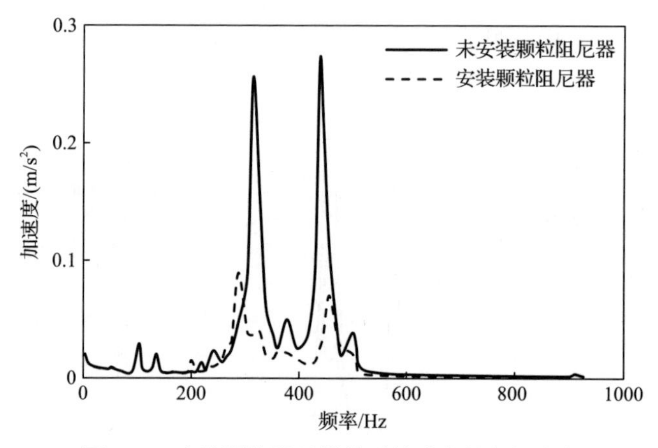

图 5.22　安装颗粒阻尼器前后的动力基座加速度

根据试验效果，安装颗粒阻尼器前后的动力基座加速度峰值如表 5.3 所示。

表 5.3　安装颗粒阻尼器前后的动力基座加速度峰值

工况	动力基座加速度峰值/(m/s^2)
未安装颗粒阻尼器	0.256
安装颗粒阻尼器	0.090

5.3.2　船舶齿轮箱动力基座试验验证

柴油机传动系统的齿轮箱采用单层隔振后，传递到基础的振动仍然超标，采用颗粒阻尼技术对齿轮箱安装动力基座进行减振。船舶齿轮箱动力基座如图 5.23 所示。安装颗粒阻尼器的船舶齿轮箱动力基座如图 5.24 所示。安装颗粒阻尼器前后的动力基座加速度如图 5.25 所示。

图 5.23　船舶齿轮箱动力基座

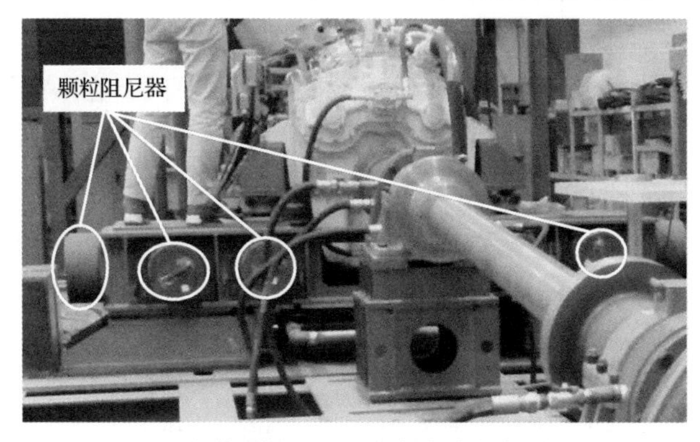

图 5.24　安装颗粒阻尼器的船舶齿轮箱动力基座

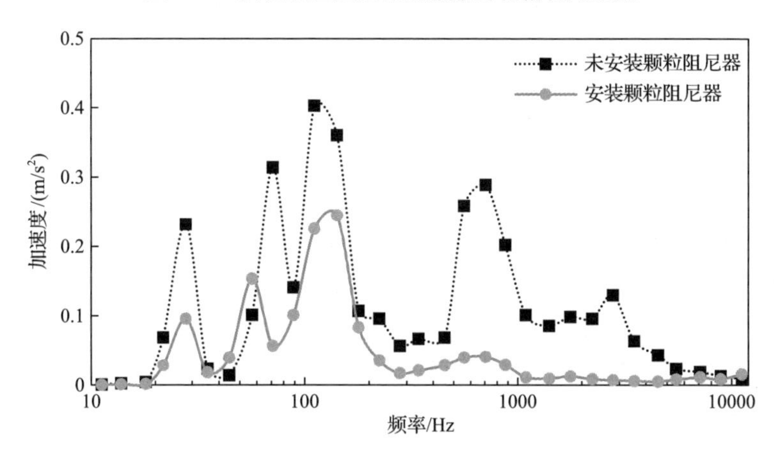

图 5.25　安装颗粒阻尼器前后的动力基座加速度

由图 5.25 可以看出，安装颗粒阻尼器后在 10～10000Hz 频带内减振效果达到 70%，其中在转频 28Hz 处加速度下降 58.3%。

研究动力基座颗粒阻尼减振优化设计技术，通过离散元方法建立基于颗粒阻尼离散元模型，通过有限元方法建立动力基座有限元模型，通过试验模型进行颗粒阻尼器性能试验。采用仿真分析与试验验证相结合的方法，研究在不同工况下，颗粒材料、颗粒粒径、颗粒填充率、颗粒阻尼器安装区域对动力基座减振效果的影响规律。

(1) 颗粒粒径的效果与颗粒阻尼器和系统激励存在一定的对应关系，与结构刚度系数和质量关系不大。对于安装在动力基座中的颗粒阻尼器，颗粒阻尼器外形为边长 100mm×200mm 的方形结构，高度为 20mm。填充粒径为 2mm 的铁基合金颗粒，颗粒填充率为 90%，颗粒阻尼器安装在 1 号区域时减振效果最好。

(2) 对于动力基座，采用颗粒阻尼器的形式能对内部采用的颗粒材料、颗粒粒径、颗粒填充率进行设计，与动力基座刚性连接，相比直接在动力基座空腔内部填充颗粒有更好的减振效果，能更大程度发挥颗粒阻尼特性。

(3) 颗粒阻尼动力基座在不同激励下减振效果也不同，在激振器扫频激励下，易于激发动力基座模态，在转频 28Hz 处加速度下降 58.3%，颗粒阻尼技术尤其适用于激励频率与系统固有频率接近的系统。

参 考 文 献

[1] 钱德进, 姚熊亮, 计方, 等. 多级阻振质量阻隔振动波的传递特性研究. 应用声学, 2009, 28(5): 321-329.

[2] 黄修长, 华宏星. 舱筏隔振系统声学设计及优化、控制. 机械工程学报, 2014, 50(5): 9,16.

[3] 李磊鑫, 刘朝骏, 陈炉云. 船舶基座阻尼材料敷设优化及实验研究. 中国舰船研究, 2017, 12(6): 86-91.

[4] Zhang K, Xi Y H, Chen T N, et al. Experimental studies of tuned particle damper: Design and characterization. Mechanical Systems and Signal Processing, 2018, 99: 219-228.

[5] Wang C M, Xiao W Q, Wu D H, et al. Exploring bandgap generation mechanism of phonon crystal. New Journal of Physics, 2020, 22(1): 013008.

[6] 刘艳, 梁要, 陈亚楠, 等. 颗粒阻尼减振特性研究.噪声与振动控制, 2021, 41(4): 13-18.

[7] 黄绪宏, 李小军, 周龙云, 等. 基于能量的非堆积型多颗粒阻尼器减振机理分析. 土木工程学报, 2022, 55(4): 42-54.

[8] 叶林昌, 肖望强, 沈建平, 等. 基于粒子阻尼的动力装置基座减振优化设计研究. 振动与冲击, 2021, 40(3): 40-47.

第 6 章　基于颗粒阻尼的座椅基座耗能研究

在全球矿用自卸车领域市场竞争主导下，除产品质量、价格外，驾驶舒适性与对驾驶人健康的影响也越来越受到重视。矿用自卸车工作环境恶劣，极易产生较大的振动，会严重影响其操纵稳定性和舒适性。一直以来，对工程机械驾驶舒适性的研究远不如商用汽车深入，工程机械在工程应用过程中经常出现发动机剧烈振动、零部件疲劳破损、驾驶室振颤与噪声大等问题，因此，驾驶室的减振研究对提高工程机械的舒适性尤为必要[1-9]。

颗粒阻尼技术除减振效果好外，还有对原结构改动小、对温度与工作环境不敏感等优点[10-13]，十分适合在空间紧凑的驾驶室内应用。此外，附加质量较小、无冲击异响、性能一致性好、耐久性与可靠性好等优点，使得颗粒阻尼技术对于矿用自卸车驾驶室减振领域有着很好的适用性和产业化的可能性。

本章将颗粒阻尼技术应用于座椅基座减振，分析了矿用自卸车在发动机最高转速工况下的驾驶室振动传递路径，验证了颗粒阻尼器安装位置的合理性；通过建立基于颗粒阻尼的座椅基座离散元模型仿真驾驶室座椅基座的整车最高转速环境，分析不同颗粒参数对耗能的影响；最后进行了实验室试验和样车试验，验证了离散元模型的可靠性，实现了较好的减振效果，为大型工程车辆的减振降噪提供了新的设计方法。

6.1　矿用自卸车振动传递路径

针对某型矿用自卸车，以发动机振动为振源开展研究。驾驶室振动来源主要是发动机周期振动和路面不平引起的随机振动。整车振动传递路径如图 6.1 所示。

发动机处于驾驶室正下方，对驾驶室振动有着较大影响。原有的驾驶室减振措施是在驾驶室与车架连接处安装橡胶隔振器，由于座椅基座处在振源传递至座椅的最后一环，且基座结构中空，可以在不改变驾驶室结构且不占用驾驶室紧凑空间的情况下，通过在其中安装颗粒阻尼器，在原有的隔振措施上进一步抑制振动。

在发动机最高转速(2200r/min)时，取发动机至驾驶室底板共 5 处测点，y 方向、x 方向和 z 方向分别代表驾驶室的前后方向、左右方向和上下方向。通过实测各测点的振动加速度，对振动传递路径进行分析识别。测点 1～5 位置如图 6.2 所示。各测点加速度均方根值如表 6.1 所示。

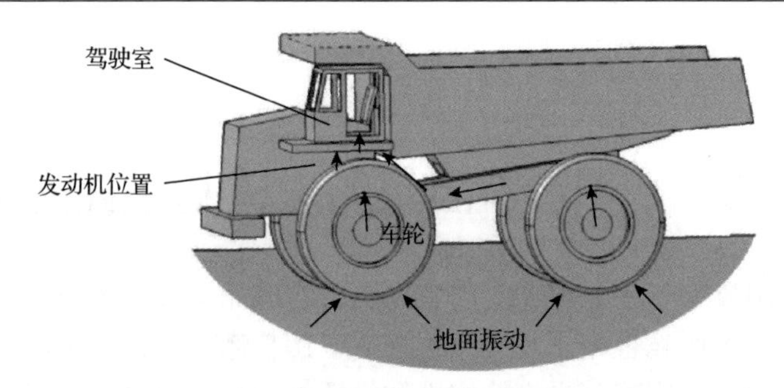

图 6.1　整车振动传递路径

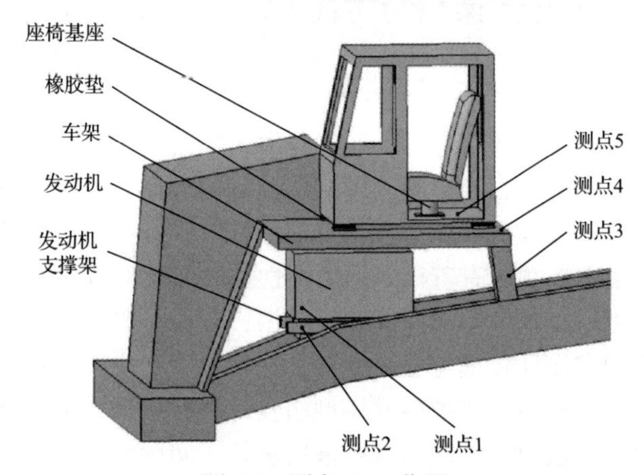

图 6.2　测点 1～5 位置

表 6.1　各测点加速度均方根值

测点号	测点位置描述	加速度均方根值/(m/s^2)		
		y 方向	x 方向	z 方向
1	发动机下方	42.6	147.2	232.4
2	发动机支撑架前方	38.5	66.5	29.3
3	车架后支梁	11.2	12.9	11.3
4	车架后方驾驶室旁	10.3	11.6	9.0
5	驾驶室底板	4.2	4.5	2.3

由表 6.1 可以看出，振动从发动机位置传至驾驶室底板处，虽然经过橡胶隔振器隔振，但各方向加速度均方根值仍然较大，有待进一步减振；振动由测点 4 处经过橡胶隔振传至测点 5 处后，y 方向、x 方向和 z 方向的加速度均方根值减幅分别为 59.2%、61.2%和 74.4%，同时 y 方向和 x 方向加速度均方根值大于 z 方向加速度均方根值，因此，采用橡胶隔振器的隔振方案在 z 方向的减振效果要优于另外 2 个方向。测点 5 处各向加速度如图 6.3 所示。

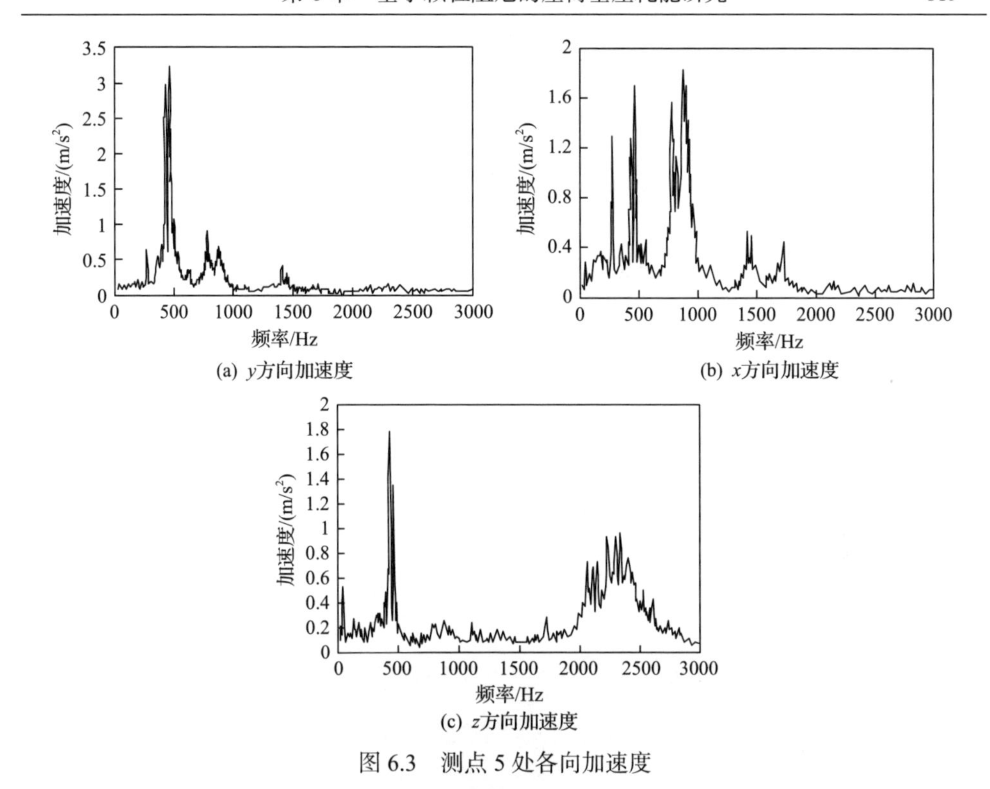

(a) y方向加速度

(b) x方向加速度

(c) z方向加速度

图 6.3　测点 5 处各向加速度

振动从发动机位置传至驾驶室底板处，虽然经过橡胶隔振器隔振，但各方向加速度峰值仍然较大，有待进一步减振。测点 5 y 方向加速度在 500Hz 左右具有一阶加速度峰值；测点 5 x 方向加速度峰值较多，振动响应最大；测点 5 z 方向加速度在 500Hz 左右具有一阶加速度峰值，且在 2000～2500Hz 高频部分加速度较大。

6.2　基于颗粒阻尼的座椅基座建模

根据 Hertz 接触理论建立基于颗粒阻尼的座椅基座离散元模型如图 6.4 所示。建立驾驶室座椅基座几何模型，模型底面为约束面。座椅基座几何模型如图 6.5 所示。

为分析安装颗粒阻尼器后对座椅基座的减振效果，计算颗粒耗能进行分析比较。建立颗粒离散元模型，当座椅基座开始振动时，颗粒在座椅基座内壁摩擦与碰撞的作用下开始激烈地随座椅基座振动方向运动，顶部的颗粒速度急剧增大，并迅速与颗粒阻尼器壁碰撞，速度急剧变小，并开始反弹，反弹回来的颗粒与中部颗粒相互碰撞与摩擦，随后颗粒开始沿结构运行的反方向运动，并与座椅基座底部碰撞，速度降低，等待下一个冲击时刻的来临。颗粒阻尼器单层离散元模型如图 6.6 所示。

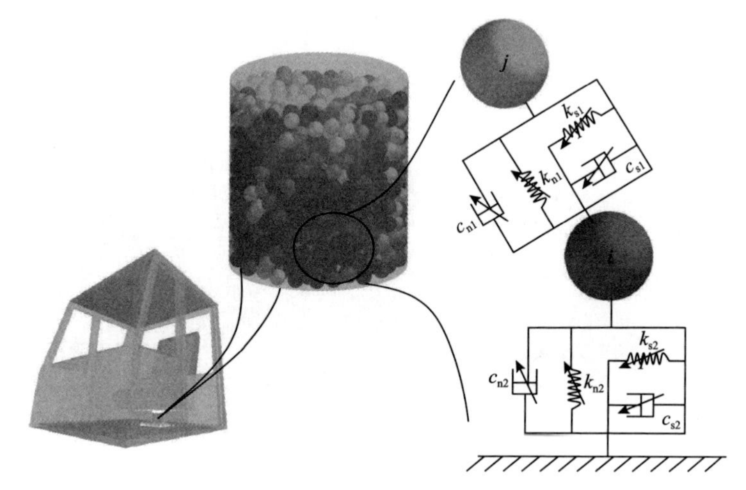

图 6.4　基于颗粒阻尼的座椅基座离散元模型

图 6.5　座椅基座几何模型

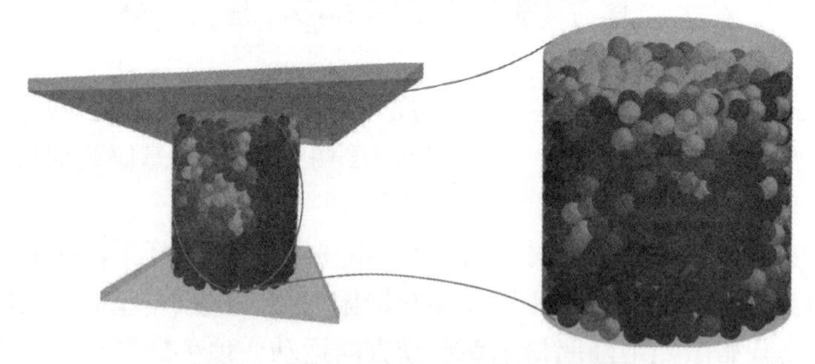

图 6.6　颗粒阻尼器单层离散元模型

由图 6.6 可以看出，颗粒阻尼器单层离散元方案颗粒填充率较高，大量颗粒堆叠导致底层颗粒运动较慢，故应考虑分层避免颗粒大量堆叠，使颗粒能充分碰撞摩擦耗能。

6.3　颗粒参数对座椅基座耗能影响

1. 颗粒材料

为研究颗粒不同材料的耗能差异，同时考虑实际应用环境和成本，试验选择耐锈蚀性强且成本较低的不锈钢。选用 3 种不同的不锈钢颗粒：不锈钢 1(铁素体不锈钢，Y12Cr17)、不锈钢 2(奥氏体不锈钢，17Cr18Ni9)、不锈钢 3(奥氏体-铁素体双相不锈钢，03Cr25Ni7Mo4WCuN)。颗粒材料参数如表 6.2 所示。

表 6.2　颗粒材料参数

颗粒材料	ρ/(kg/m^3)	E/GPa	μ	e_1
不锈钢 1	7780	200	0.28	0.65
不锈钢 2	7800	206	0.30	0.74
不锈钢 3	7800	228	0.30	0.79

对系统设定相同的正弦激励，振幅为 3mm，频率为 36.7Hz，颗粒阻尼器分层数为 1，颗粒粒径为 2.5mm，颗粒填充率为 70%，统计座椅基座颗粒阻尼器连续 10 个周期的耗能。连续周期内颗粒耗能如图 6.7 所示。

对座椅基座颗粒阻尼器连续 10 个周期的耗能求平均值，得到不同材料的颗粒耗能如图 6.8 所示。

由图 6.8 可以看出，在同一激励条件下，不同材料的颗粒耗能由大到小依次为不锈钢 3 颗粒、不锈钢 2 颗粒、不锈钢 1 颗粒。由于 3 种不锈钢材料参数中密度和泊松比数值相近，难以判断其对耗能的影响，而对于弹性模量和恢复系数，就不锈钢颗粒而言，弹性模量和恢复系数越大，颗粒耗能越大，减振效果越好。

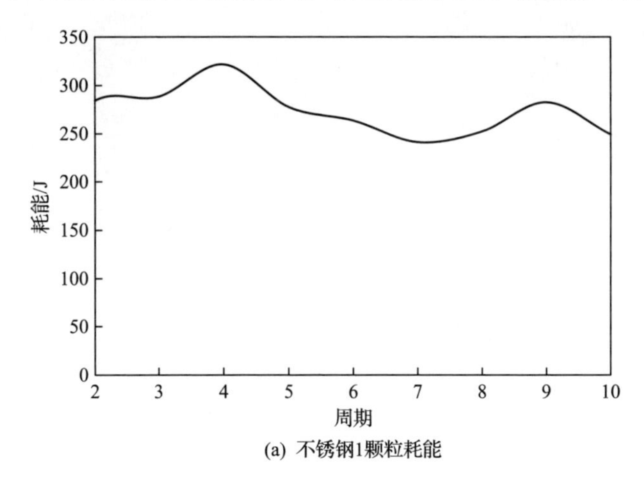

(a) 不锈钢1颗粒耗能

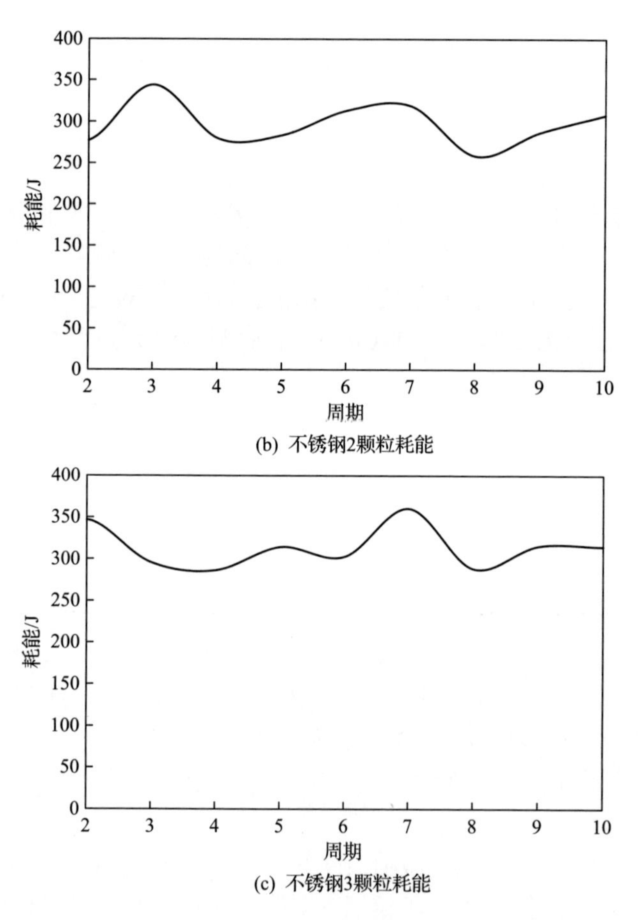

(b) 不锈钢2颗粒耗能

(c) 不锈钢3颗粒耗能

图 6.7　连续周期内颗粒耗能

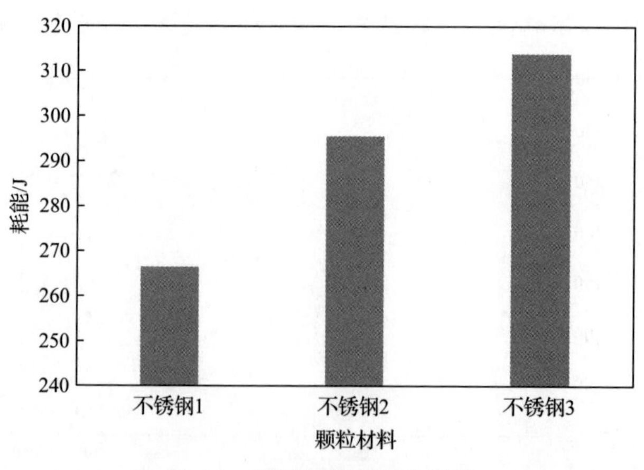

图 6.8　不同材料的颗粒耗能

2. 颗粒粒径

颗粒粒径的选择与颗粒阻尼器的几何结构以及激励条件等有关，在一定的形状与填充空间、激励条件下，并不是颗粒粒径越大越好，也不是颗粒粒径越小越好。颗粒为介于固体与液体之间的第四态物质，在一定的结构下，既具有刚体的几何特征(能够满足刚体的力学方程)，也具有流体的流态。而要在不影响原始结构的前提下达到耗能减振的目的，必须保证颗粒能同时具有两种状态。其中颗粒粒径为主要影响因素，但并无明确的规律，需要针对具体结构和激励条件进行计算分析。

颗粒间的相互作用通过力链进行传递，颗粒间的碰撞强度可用力链结构表征，进而可以反映颗粒的碰撞耗能大小。通过颗粒阻尼器直径与颗粒粒径的比值(A)，进行不同方案的颗粒力链结构特性分析，得到最佳颗粒粒径。不同 A 值方案如图 6.9 所示。不同 A 值方案力链如图 6.10 所示。

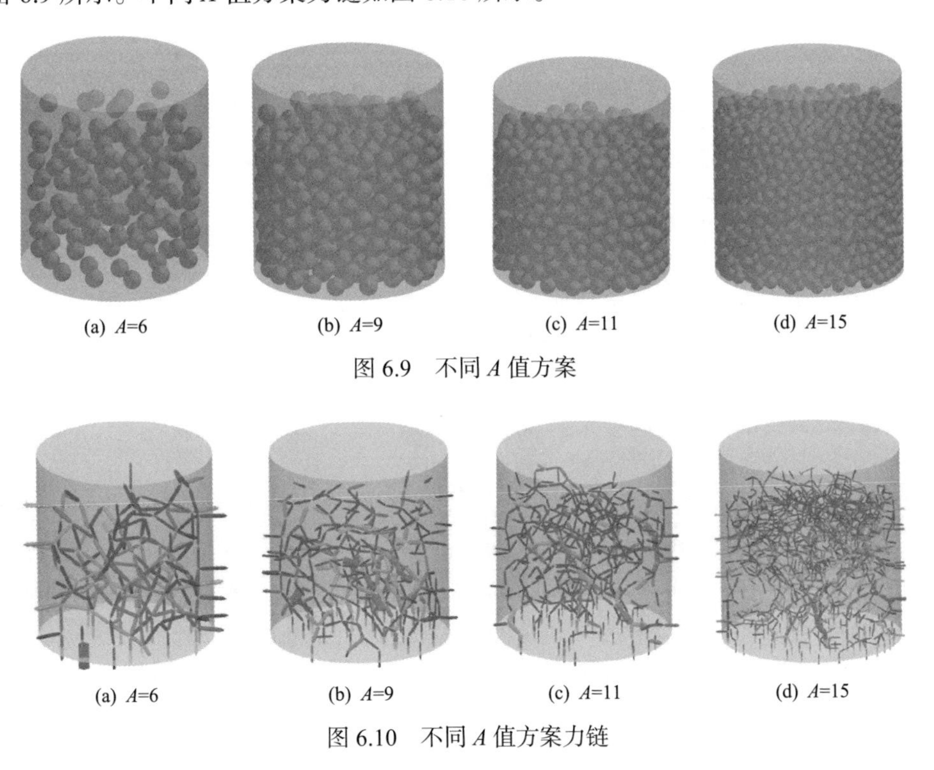

(a) A=6　(b) A=9　(c) A=11　(d) A=15

图 6.9　不同 A 值方案

(a) A=6　(b) A=9　(c) A=11　(d) A=15

图 6.10　不同 A 值方案力链

A 越小，颗粒阻尼器中颗粒数量越少，同一振动时刻力链分布越疏，但是力值较大；A 越大，颗粒阻尼器中颗粒数量越多，同一时刻力链分布越密，但是力值较小。颗粒主要通过碰撞和摩擦实现耗能，由于选用的不锈钢颗粒表面摩擦系数较小，碰撞耗能占比 90%以上。取颗粒平均接触力与颗粒接触数的乘积 B 表征颗粒碰撞激烈程度，故可近似用 B 值对比不同 A 值方案间的耗能大小。不同 A 值方案的 B 值如表 6.3 所示。不同 A 值方案的 B 值趋势如图 6.11 所示。

表 6.3　不同 A 值方案的 B 值

A	颗粒平均接触力/N	颗粒接触数/个	B/N
6	0.7703	30	23.1090
8	0.2336	61	14.2496
9	0.1428	52	7.4256
10	0.1166	91	10.6106
10.5	0.1027	162	16.6374
11	0.1741	236	41.0876
11.5	0.0880	254	22.3520
12	0.0848	286	24.2528
14	0.0478	384	18.3552
15	0.0265	541	14.3365

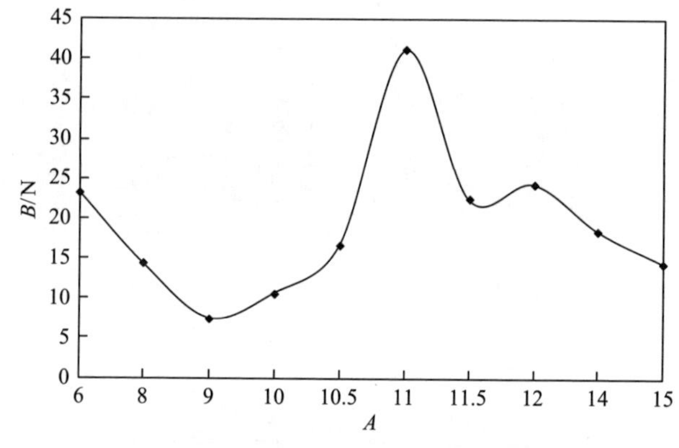

图 6.11　不同 A 值方案的 B 值趋势

由图 6.11 可以看出，A 由 6 增大至 9 时，B 逐渐减小；A 由 9 增大至 11 时，B 急剧升高，并在 A=11 处取得最大值；A 由 11 增大至 15 时，B 出现振荡后逐渐下降。结合颗粒阻尼器直径，可确定最佳颗粒粒径为 3mm。

为得到最佳颗粒粒径，设定颗粒粒径分别为 2.8mm、2.9mm、3.0mm、3.1mm、3.2mm，进行仿真耗能分析。不同粒径的颗粒耗能如图 6.12 所示。可以看出颗粒粒径从 2.8mm 增至 3.2mm 的过程中，颗粒耗能先增加后减少，当颗粒粒径为 2.9mm 时颗粒耗能最大。

3. 颗粒填充率

为得到最佳颗粒填充率，设定颗粒填充率分别为 70%、75%、80%、85%、90%、

95%、100%，进行仿真耗能分析。不同填充率的颗粒耗能如图 6.13 所示。

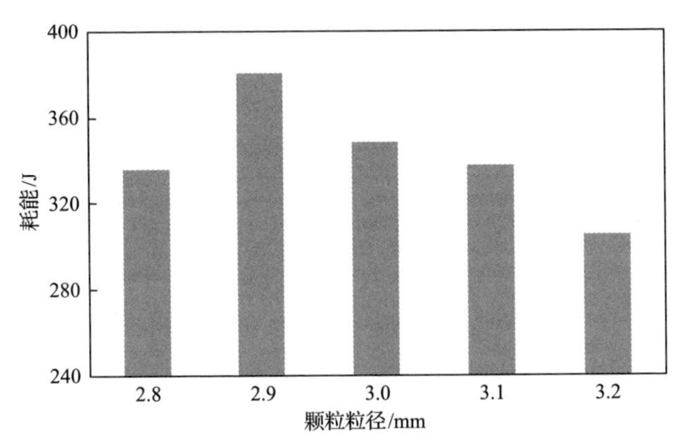

图 6.12　不同粒径的颗粒耗能

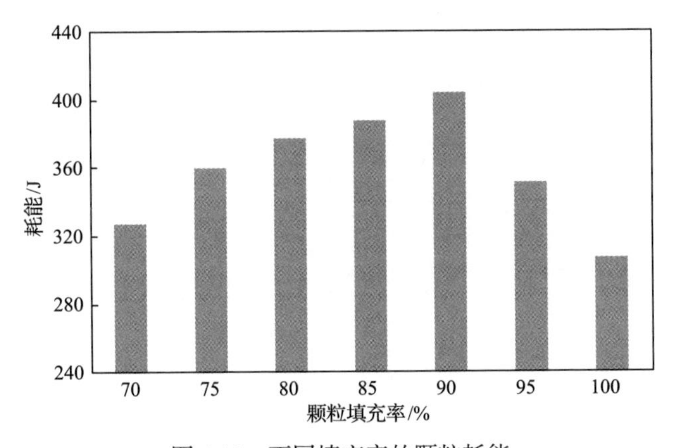

图 6.13　不同填充率的颗粒耗能

可以看出，颗粒填充率从 70%增大到 90%时，颗粒耗能逐渐增加达到最大值；颗粒填充率继续升高至 100%时，颗粒耗能减少，此时颗粒堆积过多，颗粒的运动空间阻碍颗粒间的相对运动，减少颗粒的碰撞耗能。

4. 颗粒阻尼器分层

为得到最佳颗粒阻尼器分层数，设定颗粒分层数分别为 1 层、2 层、3 层、4 层、5 层，进行仿真耗能分析。颗粒阻尼器不同分层方案如图 6.14 所示。不同颗粒阻尼器分层数的颗粒耗能如图 6.15 所示。

当颗粒阻尼器分层数增加时，相应的颗粒数量不变而颗粒填充率略有增加。当每层隔板厚度为 1mm，分层数为 5 层时，同一颗粒数量下颗粒填充率比 1 层的方案增加约 2%。随着颗粒阻尼器分层数的增加，底层速度小的颗粒数量明显减少，分层的效果显著；但是，颗粒阻尼器分层数过多会大大降低颗粒间碰撞次数，反而降低了颗粒耗能，同时分层增多也会增加加工难度、提高制造成本。

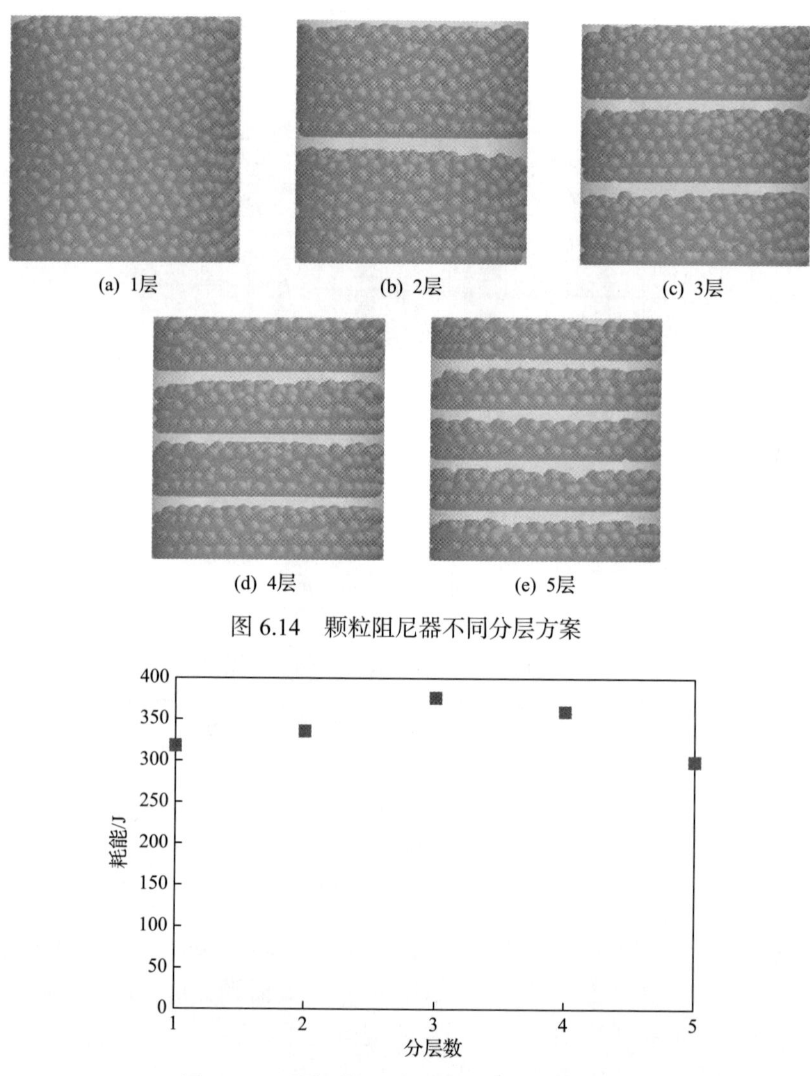

图 6.14　颗粒阻尼器不同分层方案

图 6.15　不同颗粒阻尼器分层数的颗粒耗能

随着颗粒阻尼器分层数的增加，颗粒耗能先增加后减少，颗粒阻尼器分层数为 3 时，颗粒耗能最大；通过对同一激励周期颗粒间以及颗粒与颗粒阻尼器壁间碰撞次数的统计分析，发现颗粒阻尼器分层能明显增加颗粒与颗粒阻尼器壁间的碰撞次数，但是降低了颗粒间的碰撞次数；适当的颗粒阻尼器分层数能通过将颗粒等分的方式，避免大量颗粒堆积造成底部颗粒运动较慢、碰撞不激烈的问题。

综合考虑不同颗粒材料、颗粒粒径、颗粒填充率和颗粒阻尼器分层数等方案的耗能得到颗粒阻尼器最佳方案：颗粒材料为不锈钢 3、颗粒粒径为 2.9mm、颗粒填充率为 90%、颗粒阻尼器分层数为 3。

6.4　座椅基座试验验证

6.4.1　实验室试验验证

设计实验室座椅基座试验对仿真进行验证，加工座椅基座模型，分层处采用螺纹连接。针对座椅基座仿真整车在最高转速工况下的振动环境，设定振动频率为 36.7Hz。根据颗粒系统耗能仿真分析结果，对颗粒材料与颗粒阻尼器分层数进行试验以验证颗粒阻尼器方案的可行性。试验装置与测试原理如图 6.16 所示。试验振动台及测点位置如图 6.17 所示。

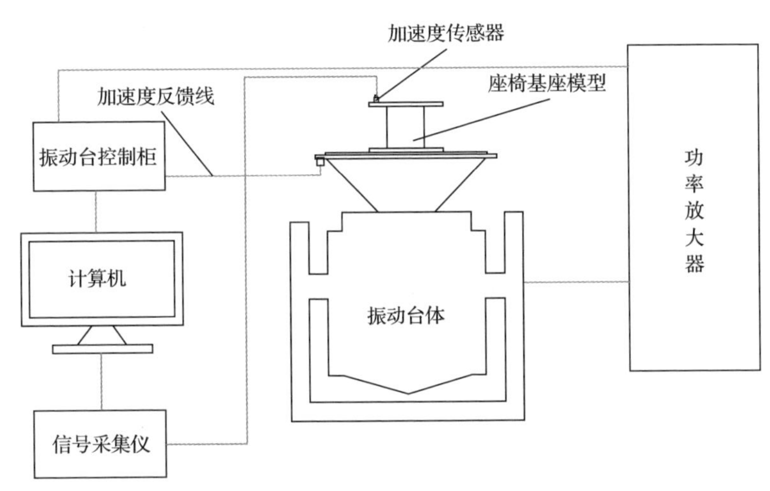

图 6.16　试验装置与测试原理

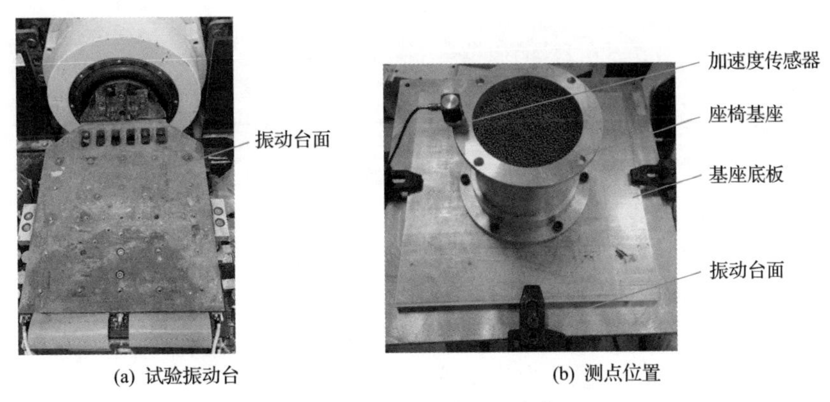

(a) 试验振动台　(b) 测点位置

图 6.17　试验振动台及测点位置

进行不同材料的颗粒的减振试验，填充不同材料的颗粒时座椅基座加速度如

表 6.4 所示。由表 6.4 可以看出，填充不同材料的颗粒时座椅基座各个方向的加速度都有所下降，其中 y 方向加速度最大，为主振方向。颗粒材料为不锈钢 3 时座椅基座各个方向的加速度下降最多，故不锈钢 3 为最佳颗粒材料。

表 6.4　填充不同材料的颗粒时座椅基座加速度

颗粒材料	加速度/(m/s^2)		
	y 方向	x 方向	z 方向
无颗粒	7.889	2.596	5.911
不锈钢 1	5.148	1.794	5.047
不锈钢 2	4.726	1.597	4.635
不锈钢 3	4.427	1.474	4.257

进行不同颗粒阻尼器分层数的减振试验，设置不同颗粒阻尼器分层数时座椅基座加速度如表 6.5 所示。可以看出，设置不同颗粒阻尼器分层数后座椅基座各个方向的加速度都有所下降，其中 y 方向加速度最大，为主振方向。颗粒阻尼器分层数为 3 时座椅基座各个方向的加速度下降最多，故最佳颗粒阻尼器分层数为 3。

表 6.5　设置不同颗粒阻尼器分层数时座椅基座加速度

分层数	加速度/(m/s^2)		
	y 方向	x 方向	z 方向
无颗粒	7.889	2.596	5.911
1	5.148	1.794	5.047
2	4.548	1.584	4.574
3	4.046	1.476	3.957
4	4.125	1.504	4.087
5	5.274	1.814	5.157

不同材料的颗粒仿真耗能与试验减振系数对比如图 6.18 所示，不同颗粒阻尼器分层数时颗粒仿真耗能与试验减振系数对比如图 6.19 所示。由图 6.18 和图 6.19 可以看出，采用不同材料的颗粒和不同颗粒阻尼器分层数时，实验室模型试验的减振系数同离散元模型仿真耗能的计算结果趋势一致。

颗粒材料为不锈钢 3 时减振效果最好，同时颗粒材料为不锈钢 3 时试验减振系数最大；颗粒阻尼器分层数为 3 时减振效果最好，同时颗粒阻尼器分层数为 3 时试验减振系数最大，因此实验室模型试验很好地验证了基于颗粒阻尼的座椅基座离散元模型的可行性。

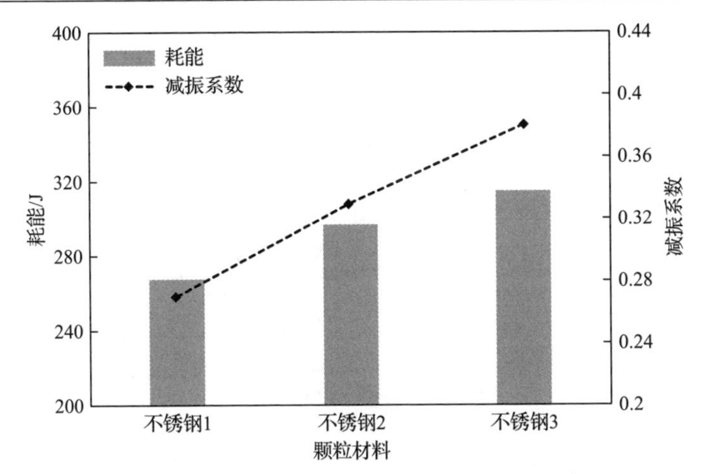

图 6.18　不同材料的颗粒仿真耗能与试验减振系数对比

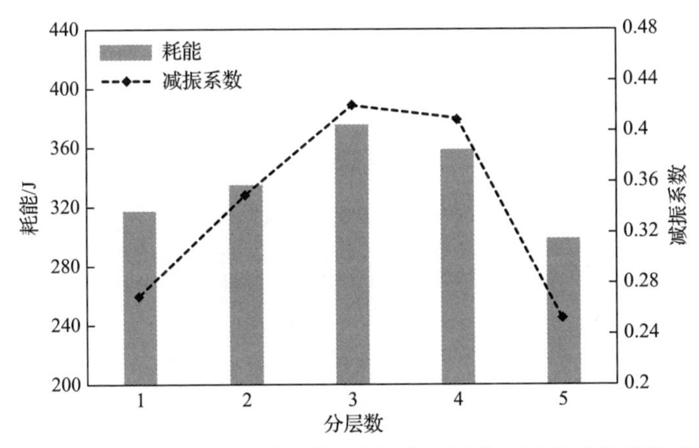

图 6.19　不同颗粒阻尼器分层数时颗粒仿真耗能与试验减振系数对比

6.4.2　实际座椅基座试验验证

为验证座椅基座颗粒阻尼器的工程应用性能，实际座椅基座试验验证采用试验样车。试验样车如图 6.20 所示。

在试验样车发动机转速为 750r/min、1110r/min、1470r/min、1830r/min、2200r/min 时，分别测试原始状态和安装颗粒阻尼器状态的座椅基座振动数据，测点选取座椅基座下面板。座椅基座测点位置如图 6.21 所示。

颗粒阻尼器安装于座椅基座和驾驶室底板之间。样车试验中采用颗粒粒径 2.9mm 的不锈钢 3 颗粒，颗粒阻尼器分层数为 3，颗粒填充率为 90%，颗粒阻尼器总质量为 20.6kg。试验样车总重为 67t，驾驶室质量约为 1.2t。安装颗粒阻尼器前后座椅基座 y 方向、x 方向、z 方向加速度分别如表 6.6～表 6.8 所示。

图 6.20　试验样车

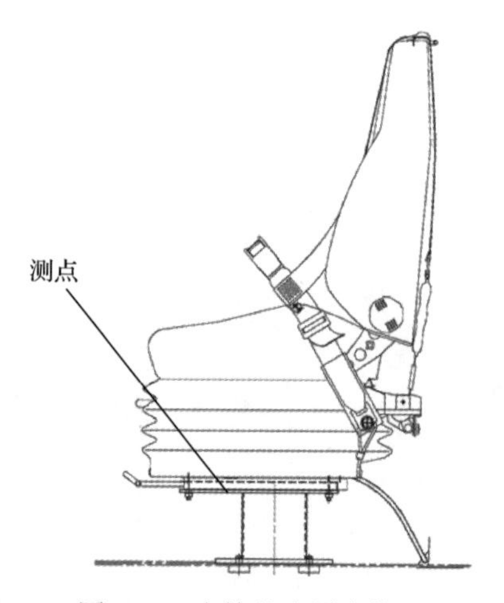

图 6.21　座椅基座测点位置

表 6.6　安装颗粒阻尼器前后座椅基座 y 方向加速度

工况	加速度/(m/s^2)				
	n=750r/min	n=1110r/min	n=1470r/min	n=1830r/min	n=2200r/min
未安装颗粒阻尼器	0.170	0.548	0.589	0.716	0.885
安装颗粒阻尼器	0.139	0.375	0.408	0.504	0.636

表 6.7　安装颗粒阻尼器前后座椅基座 x 方向加速度

工况	加速度/(m/s^2)				
	n=750r/min	n=1110r/min	n=1470r/min	n=1830r/min	n=2200r/min
未安装颗粒阻尼器	0.691	1.157	1.556	2.049	2.834
安装颗粒阻尼器	0.523	0.801	0.988	1.202	1.422

表 6.8　安装颗粒阻尼器前后座椅基座 z 方向加速度

工况	加速度/(m/s²)				
	n=750r/min	n=1110r/min	n=1470r/min	n=1830r/min	n=2200r/min
未安装颗粒阻尼器	0.228	0.414	0.527	0.616	0.844
安装颗粒阻尼器	0.168	0.338	0.395	0.425	0.589

当发动机转速为 750r/min、1110r/min、1470r/min、1830r/min、2200r/min 时，安装颗粒阻尼器后座椅基座加速度综合减幅分别达到 23.0%、26.9%、30.7%、34.0%、36.1%。采集样车试验中安装颗粒阻尼器前后试验样车从怠速至最高转速 2200r/min 时的时域信号，同时对最高转速时域信号进行自谱分析得到对应频谱图。试验样车安装颗粒阻尼器前后座椅基座加速度如图 6.22 所示。

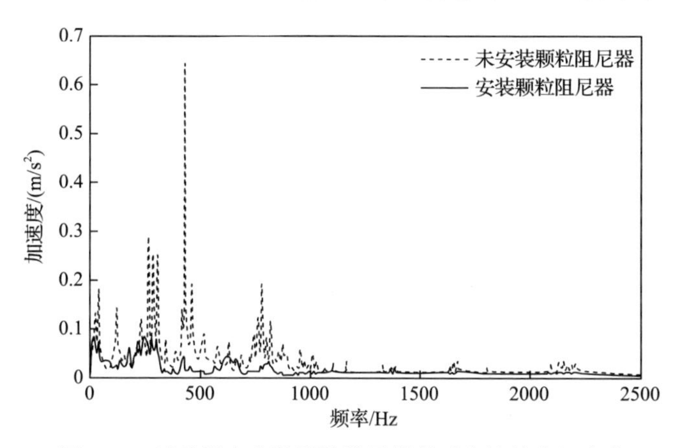

图 6.22　试验样车安装颗粒阻尼器前后座椅基座加速度

由表 6.6～表 6.8 可以看出，在较低转速时，安装颗粒阻尼器后座椅基座减振效果不明显；在中高转速时，安装颗粒阻尼器后座椅基座减振效果显著提高。由图 6.22 可以看出，安装颗粒阻尼器前，座椅基座在 425Hz 处加速度最大，为 0.639m/s²；安装颗粒阻尼器后，座椅基座最大加速度出现在 18Hz 处，为 0.084m/s²；在其他频段，均有明显下降。

在低转速时，发动机引起的座椅基座振动较小，座椅基座中颗粒的碰撞耗能和摩擦耗能小，当转速提高后，座椅基座振动变大，座椅基座中颗粒的碰撞摩擦剧烈，耗能大，故减振效果有所提高。

参 考 文 献

[1] Lee S H, Heo S M, Cho H M, et al. Energy dissipation by particle sloshing in a rolling cylindrical vessel. Journal of the Korean Society of Manufacturing Process Engineers, 2010, 9(3): 62-68.

[2] 赵强, 冯海生, 李昌. 车辆磁流变座椅悬架模糊控制的研究. 森林工程, 2011, 27(1): 51-55.

[3] 史正文, 孙小娟. 工程机械驾驶室液阻橡胶隔振器动力学仿真与试验研究. 工程机械, 2014, 45(11): 24-31,7.

[4] 王勇, 李舜酩, 程春. 基于准零刚度隔振器的车-座椅-人耦合模型动态特性研究. 振动与冲击, 2016, 35(15): 190-196.

[5] 寇发荣. 车辆磁流变半主动座椅悬架的研制. 振动与冲击, 2016, 35(8): 239-244.

[6] 张沙, 谷正气, 徐亚, 等. 行驶于矿山软土路面的自卸车的减振系统协同优化. 汽车工程, 2017, 39(6): 702-709.

[7] 刘杉, 孙琪, 侯力文, 等. 基于加速粒子群算法的车辆座椅悬架最优控制研究. 噪声与振动控制, 2018, 38(3): 49-54,59.

[8] Wang Y, Li S M, Cheng C, et al. Adaptive control of a vehicle-seat-human coupled model using quasi-zero-stiffness vibration isolator as seat suspension. Journal of Mechanical Science and Technology, 2018, 32(7): 2973-2985.

[9] 肖望强, 卢大军, 宋黎明, 等. 基于颗粒阻尼的矿用自卸车振动舒适性. 交通运输工程学报, 2019, 19(6): 111-124.

[10] Shah B M, Nudell J J, Kao K R, et al. Semi-active particle based damping systems controlled by magnetic fields. Journal of Sound and Vibration, 2011, 330(2):182-193.

[11] Yao B, Chen Q, Xiang H Y, et al. Experimental and theoretical investigation on dynamic properties of tuned particle damper. International Journal of Mechanical Sciences, 2014, 80: 122-130.

[12] Xiao W Q, Lu D J, Song L M, et al. Influence of particle damping on ride comfort of mining dump truck. Mechanical Systems and Signal Processing, 2020, 136(3): 106509.

[13] Ning D H, Sun S S, Du H P, et al. Integrated active and semi-active control for seat suspension of a heavy duty vehicle. Journal of Intelligent Material Systems and Structures, 2018, 29(1): 91-100.

第7章　基于颗粒阻尼的PCB耗能研究

传统的印刷电路板(printed-circuit board, PCB)减振措施有很多，应用较广的减振元件是橡胶隔振器[1,2]。但橡胶隔振器存在以下问题：工作温度范围较窄；隔断热传导路径，带来热设计困难；橡胶材料容易老化，需要定期更换等[3-5]。为解决橡胶隔振器的弊端，适应未来产品发展需求，亟须开发设计一种不隔断传热路径、适用温度范围广、适用频带宽、不引入直线位移和角位移的新型减振技术。

将颗粒阻尼应用在PCB上，通过颗粒在PCB腔壁中的摩擦与碰撞将动能耗散为热能，能有效地减少其在运输与使用过程中受到的振动与冲击影响[6-8]。

传统的PCB设计一般只考虑电路板图形的布线密度、导线精度等问题，没有过多考虑电路板的振动问题。因此，提出一种新型PCB动力学分析与电路联合设计方法，这种联合设计的核心是在电路设计之前先进行动力学分析，确定电路板的振动敏感区域，通过敏感点进行颗粒阻尼器设计和颗粒参数优化，最终完成PCB电路体系的设计。

本章基于PCB动力学特性进行分析，确定颗粒阻尼器的安装区域并在非敏感区域设计电路，在敏感区域安装颗粒阻尼器。通过离散元方法计算颗粒耗能，优化颗粒材料、颗粒粒径、颗粒填充率等参数，提出有效的PCB减振方案。通过与PCB试验相结合的方法，研究颗粒阻尼方案对PCB运动特性的影响规律。

7.1　基于颗粒阻尼的PCB建模

PCB组件主要由电路板和电子元器件经由机械与电气连接成为一个整体，结构较为复杂。PCB的主要振源来自外界激励，振动传递路径为外界激励→PCB支撑结构→PCB。PCB振动传递路径如图7.1所示。

由于PCB制作材料的强度较小，而PCB支撑结构的强度较大，所以PCB的振动较PCB支撑结构剧烈，在PCB处较容易产生破坏。根据振动的传递路径，可以选取在传递路径或目标区域(PCB)安装颗粒阻尼器，以实现减振目的。

1. PCB支撑结构模态分析及离散元模型

根据振动传递路径分析结果，对安装颗粒阻尼器的结构进行有限元分析，获取其动力学特性，模态参数可为结构动力学特性的优化设计提供依据[9,10]。PCB支撑结构的前3阶模态如图7.2所示。

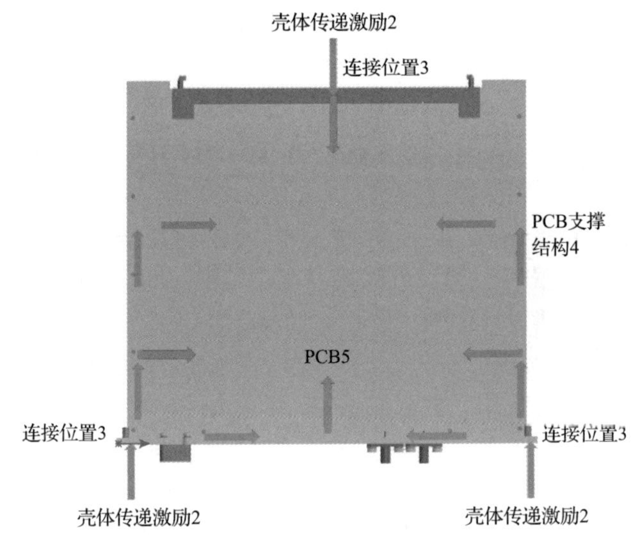

图 7.1　PCB 振动传递路径

(a) PCB支撑结构1阶模态振型

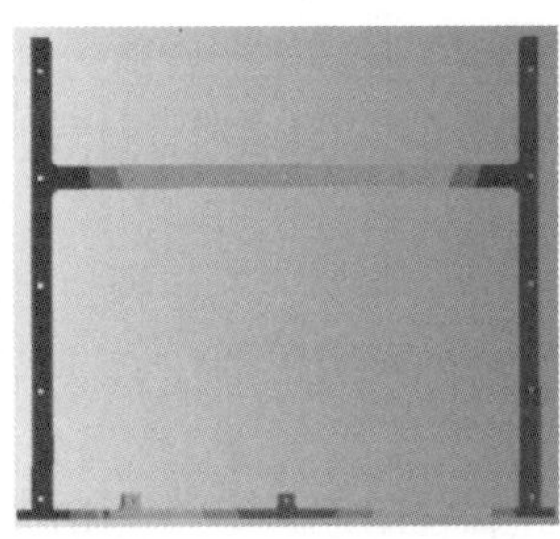

(b) PCB支撑结构2阶模态振型

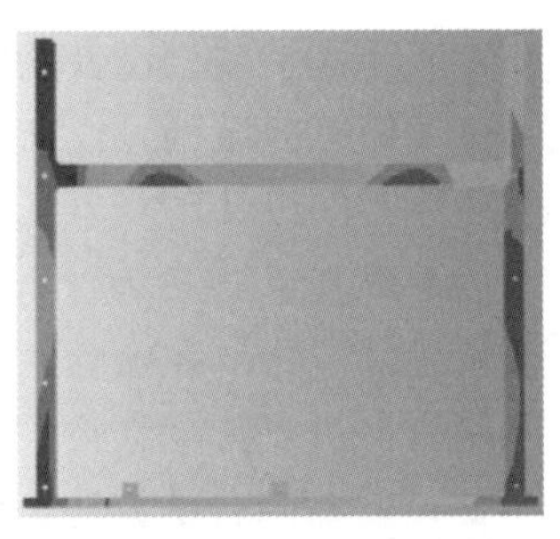

(c) PCB支撑结构3阶模态振型

图 7.2　PCB 支撑结构前 3 阶模态振型

由图 7.2 可以看出，PCB 支撑结构分布有 3 处模态敏感点，第 1 处位于结构左右两侧，第 2 处位于结构下侧的中部，第 3 处位于结构中间的横梁上。这 3 处结构可类似于简支梁结构，所以其中间位置振动位移较大。

根据颗粒阻尼减振机理，振动位移最大处(模态敏感区)为安装颗粒阻尼器的最佳位置。实际设计颗粒阻尼器时，需综合考虑 PCB 支撑结构的模态敏感区、振动传递路径和 PCB 的实际安装情况。在 PCB 支撑结构横梁上安装颗粒阻尼器 1，在 PCB 支撑结构靠近螺栓连接的一侧安装颗粒阻尼器 2，颗粒阻尼器 1 和颗粒阻尼器 2 与 PCB 支撑结构之间均采用螺栓连接。基于 PCB 支撑结构的颗粒阻尼器安装方案如图 7.3 所示。

由于颗粒阻尼器 1 较长，为保证颗粒之间和颗粒与颗粒阻尼器壁之间的碰撞和摩擦次数，在颗粒阻尼器 1 内部设置 2 个隔板。颗粒阻尼器 2 尺寸较小，颗粒之间和颗粒与颗粒阻尼器壁之间的碰撞和摩擦可以满足使用要求，所以内部无须设置隔板。颗粒阻尼器 1 几何模型如图 7.4 所示。颗粒阻尼器 2 几何模型如图 7.5 所示。

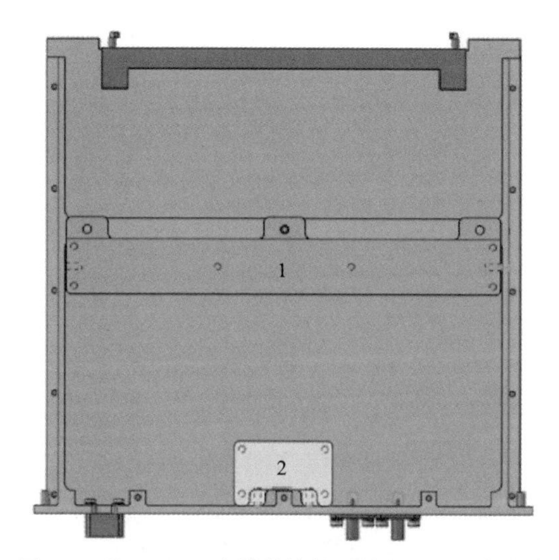

图 7.3　基于 PCB 支撑结构的颗粒阻尼器安装方案

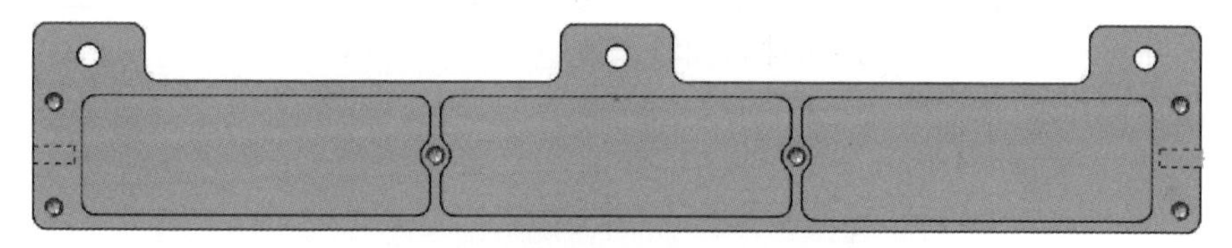

图 7.4　颗粒阻尼器 1 几何模型

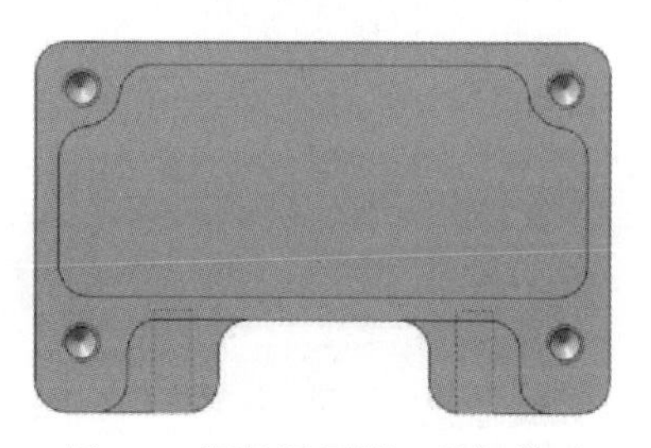

图 7.5　颗粒阻尼器 2 几何模型

为综合分析 PCB 在 x、y、z 方向激励下的振动特性，需要获得其各方向激励下加速度峰值作为减振效果的评价标准，因此在仿真之前对 PCB 进行了未安装颗粒阻尼器的试验。未安装颗粒阻尼器时 PCB 各方向加速度如图 7.6 所示。

z 方向的 PCB 在 210Hz 的加速度峰值最大，为 963.829m/s^2；第 2 个加速度峰值在 430Hz 处，为 164.437m/s^2。而 x 方向和 y 方向的 PCB 加速度峰值较小。x 方向的 PCB 在 890Hz 的加速度峰值最大，为 343.558m/s^2；第 2 个加速度峰值在 1720Hz 处，为 152.757m/s^2。y 方向的 PCB 加速度峰值在 1220Hz 处，为 40.551m/s^2。

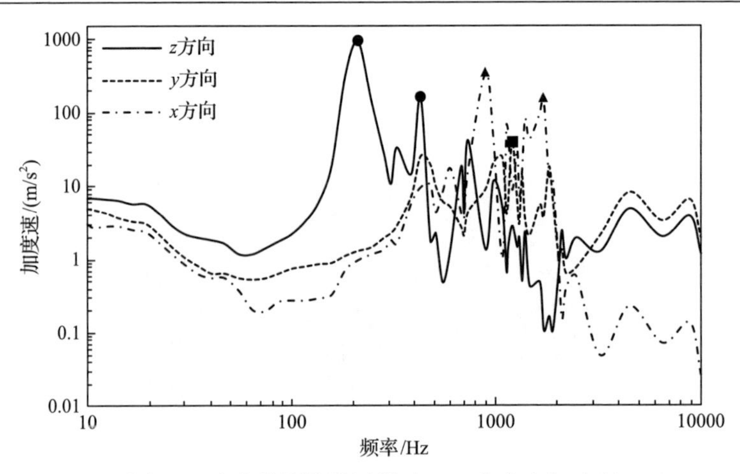

图 7.6　未安装颗粒阻尼器时 PCB 各方向加速度

颗粒阻尼器设计时，从可靠性角度考虑，针对 x、y、z 方向中 PCB 加速度峰值最大的 z 方向为主要设计目标，z 方向的 PCB 在 210Hz 的加速度峰值最大，该加速度峰值处于低频段，对 PCB 疲劳影响也较大，易产生破坏。根据有限元模态分析结果，使用离散元软件建立基于颗粒阻尼的 PCB 支撑结构离散元模型。通过仿真不同材料、粒径、填充率时的颗粒耗能，研究不同颗粒参数对基于 PCB 支撑结构的颗粒耗能的影响。基于颗粒阻尼的 PCB 支撑结构离散元模型如图 7.7 所示。

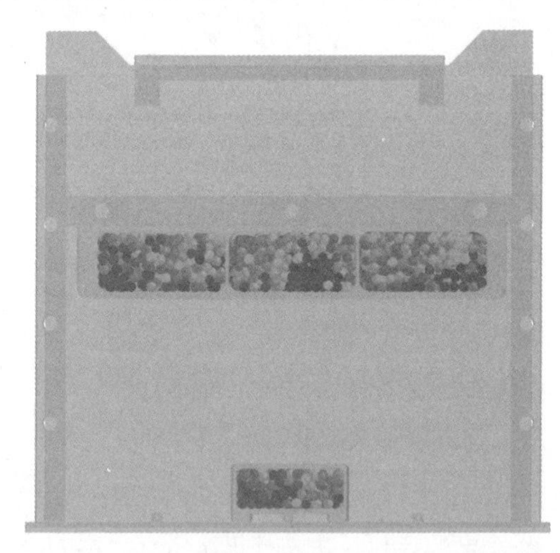

图 7.7　基于颗粒阻尼的 PCB 支撑结构离散元模型

通过离散元仿真可以得到 PCB 支撑结构中的颗粒耗能，通过分析各颗粒参数的耗能结果确定颗粒参数的选择范围。在振动初始阶段，由于颗粒处于静止状态，振动能量大部分转换为颗粒的动能。为了得到准确的颗粒参数，在振动开始阶段的耗能统计不可用，需等到振动平稳阶段的耗能，才能作为不同颗粒参数耗能的

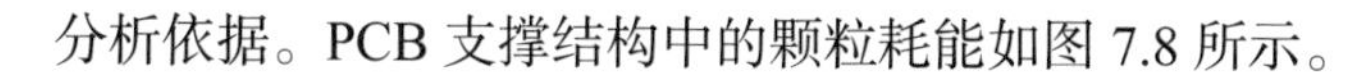
分析依据。PCB 支撑结构中的颗粒耗能如图 7.8 所示。

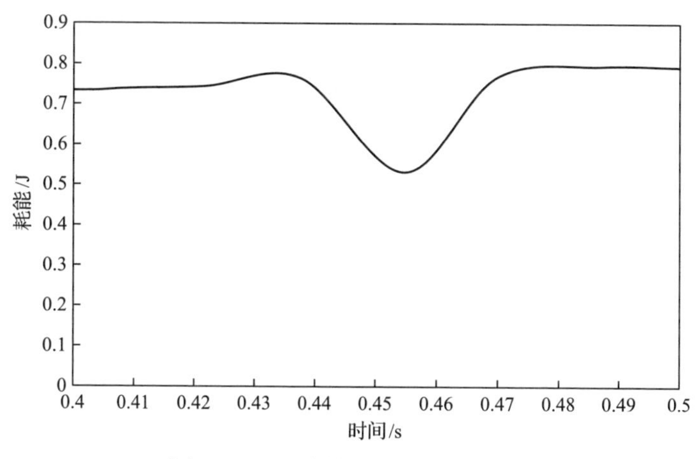

图 7.8　PCB 支撑结构中的颗粒耗能

2. PCB 模态分析及离散元模型

基于夹具模型，设置 PCB 约束为四周固定方式，在有限元软件中进行模态分析。PCB 前 3 阶模态振型如图 7.9 所示。夹具模型如图 7.10 所示。

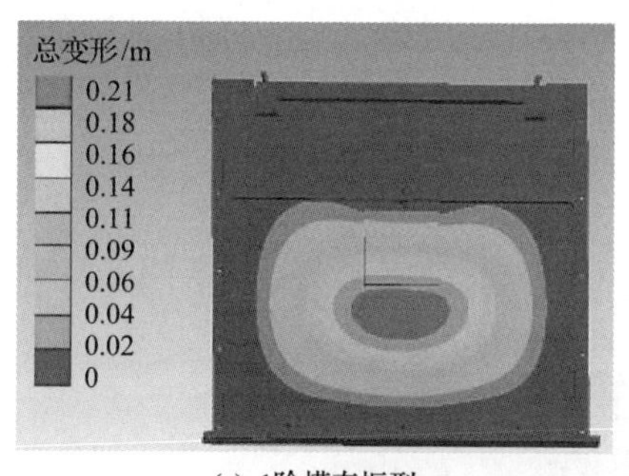

(a) 1阶模态振型

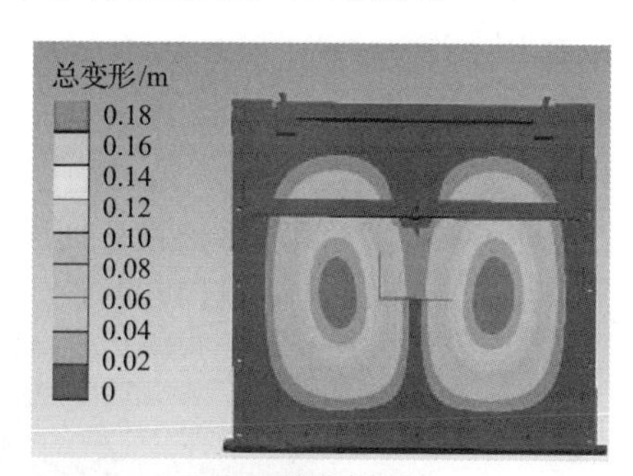

(b) 2阶模态振型

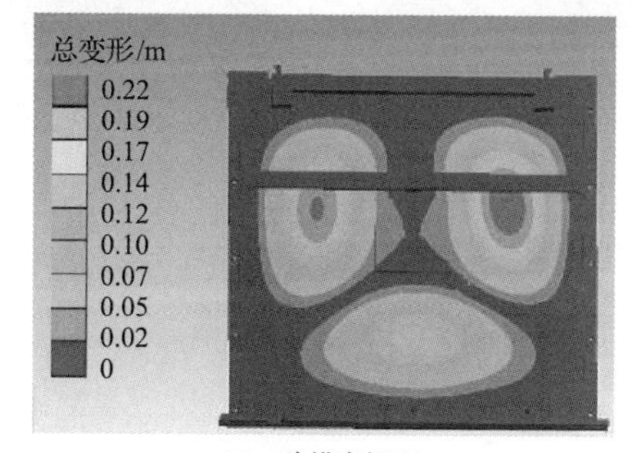

(c) 3阶模态振型

图 7.9　PCB 前 3 阶模态振型

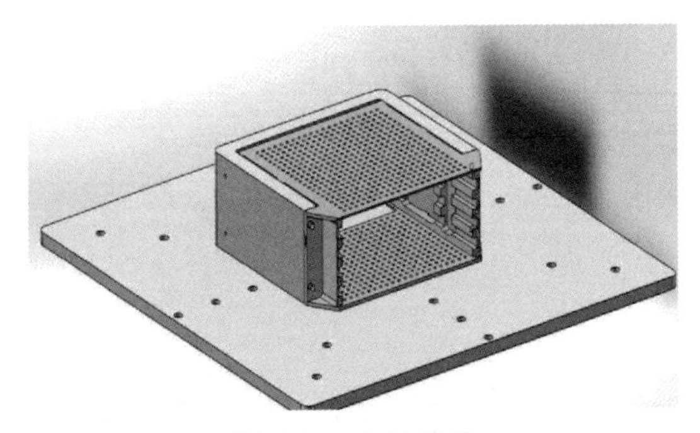

图 7.10　夹具模型

通过模态分析得到PCB前3阶固有频率，确立了颗粒阻尼器安装的敏感区域，为更进一步确定颗粒阻尼器的安装位置，进行有限元谐响应分析。PCB 前 3 阶固有频率如表 7.1 所示。

表 7.1　PCB 前 3 阶固有频率

阶数	固有频率/Hz
1	117.82
2	180.62
3	279.91

在模态分析的基础上，对 PCB 采用模态叠加法进行谐响应分析并求解，确定颗粒阻尼器的安装位置并得到 PCB 的加速度峰值频率。求解频段为模态分析所得PCB 固有频率的最小值与最大值，响应的输出为加速度频率曲线。谐响应求解条件如图 7.11 所示。PCB 节点位置的加速度如图 7.12 所示。

根据谐响应分析结果，由 PCB 节点位置的加速度可知，PCB 上的加速度在频

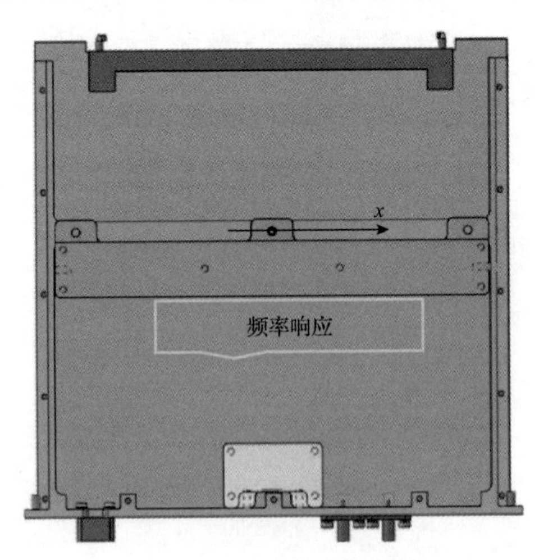

图 7.11　谐响应求解条件

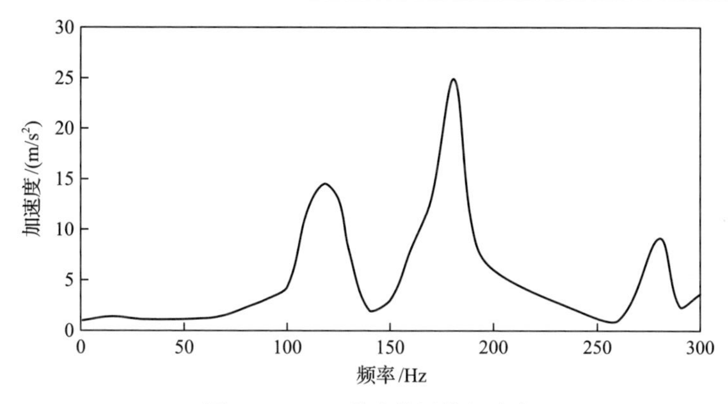

图 7.12　PCB 节点位置的加速度

率为 118Hz、181Hz、280Hz 时加速度出现峰值，分别为 14.52m/s²、24.86m/s²、9.13m/s²。且在频率为 181Hz 时，PCB 加速度峰值为最大值。因此，针对 PCB 的谐响应结果，将重点关注 2 阶固有频率，确定颗粒阻尼器的安装区域为 2 阶模态振型处。

颗粒阻尼器是高度非线性型阻尼器，这种阻尼机制随着材料、粒径、填充率等颗粒参数的变化而呈现非线性变化，因此颗粒阻尼器的参数设计尤为重要。颗粒阻尼器的尺寸越大，能够填充的颗粒越多，PCB 的阻尼效应会有大幅度的提高，但其剩余使用面积会减少。因此，在颗粒阻尼器形状的选择上，要考虑有效空间的最大利用率，通过在振动的模态位置合理地设计颗粒阻尼器，并进行颗粒阻尼器的优化，力争做到用最小的质量获得最佳的质量比从而得到最佳的使用面积。

颗粒间通过接触碰撞产生法向接触力与切向接触力，为保证计算的精度及速度，不考虑颗粒间接触力的叠加，引入弹簧力与阻尼力，并将法向简化为线性接触模型，切向简化为库仑摩擦力模型。基于颗粒阻尼的 PCB 离散元模型如图 7.13 所示。

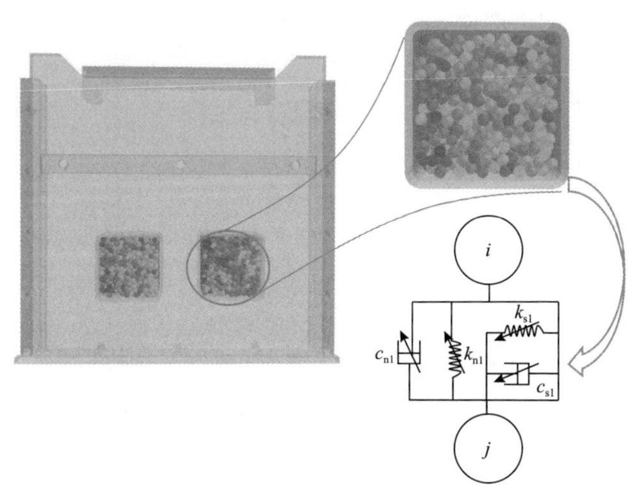

图 7.13　基于颗粒阻尼的 PCB 离散元模型

7.2　颗粒参数对 PCB 耗能影响

分别对 PCB 支撑结构用颗粒阻尼器与 PCB 用颗粒阻尼器进行颗粒耗能分析，优化两种颗粒阻尼器的颗粒参数。

7.2.1　颗粒参数对 PCB 支撑结构耗能影响

1. 颗粒材料

颗粒材料是影响颗粒阻尼效果最重要的影响因素之一，对于颗粒材料，其影响因素主要包括密度、弹性模量、泊松比以及颗粒表面恢复系数。不同的弹性模量、恢复系数、泊松比所对应的阻尼效应不同，考虑到实际工程应用，采用应用较多的颗粒材料进行离散元仿真。

仿真计算选择的颗粒材料有钨基合金、铁基合金、铝基合金。不同颗粒材料相关参数如表 7.2 所示。

表 7.2　不同颗粒材料相关参数

颗粒材料	ρ/(kg/m^3)	E/GPa	μ	e_1
铁基合金	7850	210	0.28	0.63
钨基合金	18200	400	0.28	0.37
铝基合金	2700	72	0.30	0.10

仿真中设定颗粒阻尼器 1 的颗粒粒径为 2mm，颗粒填充率为 80%，其他相关参数保持一致，通过改变颗粒材料仿真颗粒耗能。填充不同材料的颗粒时 PCB 支撑结构用颗粒阻尼器 1 的颗粒耗能如图 7.14 所示。

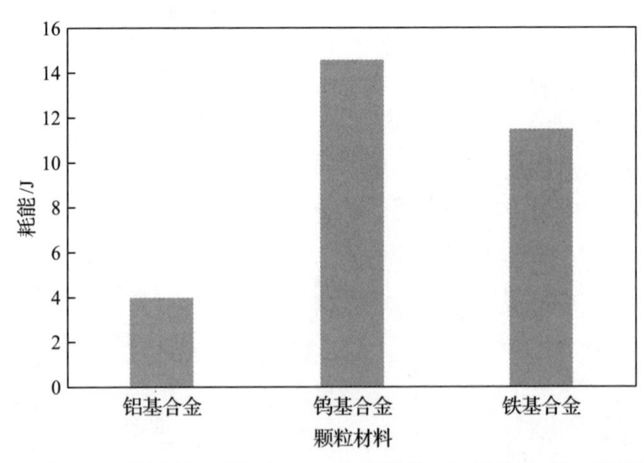

图 7.14　填充不同材料的颗粒时 PCB 支撑结构用颗粒阻尼器 1 的颗粒耗能

由图 7.14 可以看出，钨基合金颗粒耗能最大为 14.8J，铁基合金颗粒耗能次之为 11.9J，铝基合金颗粒耗能最小为 4.3J，因此颗粒阻尼器 1 中应选用钨基合金颗粒。

仿真中设定颗粒阻尼器 2 的颗粒粒径为 2mm，颗粒填充率为 80%，其他相关参数保持一致，通过改变颗粒材料仿真颗粒阻尼器的颗粒耗能效果。填充不同材料的颗粒时 PCB 支撑结构用颗粒阻尼器 2 的颗粒耗能如图 7.15 所示。

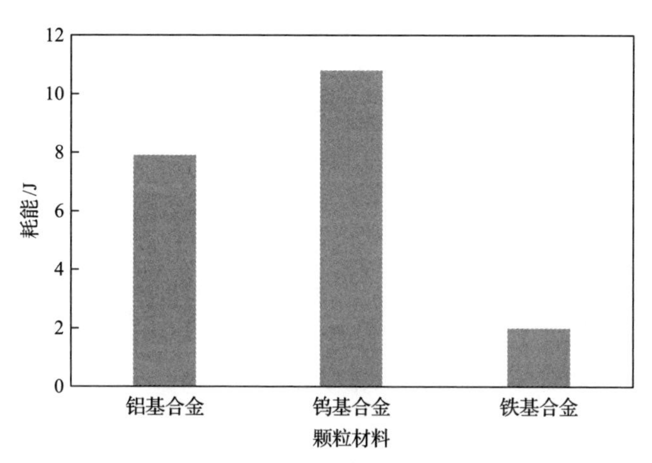

图 7.15　填充不同材料的颗粒时 PCB 支撑结构用颗粒阻尼器 2 的颗粒耗能

由图 7.15 可以看出，钨基合金颗粒耗能最大为 10.8J，铁基合金颗粒耗能次之为 7.9J，铝基合金颗粒耗能最小为 2J，因此颗粒阻尼器 2 中应选用钨基合金颗粒。

2. 颗粒粒径

在一定的形状及填充空间内，颗粒粒径太小或者太大阻尼效果都受到影响。如果颗粒粒径过小，颗粒之间的相互接触更多，但颗粒之间的摩擦耗能受到限制，不利于提升颗粒的阻尼效果；如果颗粒粒径过大，一定空间内颗粒数量受到限制，颗粒间和颗粒与颗粒阻尼器壁间的相互接触更少，同样不利于增强阻尼效果。

因此，为达到最佳耗能效果，颗粒阻尼器所采用的颗粒应综合考虑单次接触耗能和接触次数。根据对颗粒材料的研究，对颗粒阻尼器 1 中不同粒径的钨基合金颗粒进行仿真。填充不同粒径的颗粒时 PCB 支撑结构用颗粒阻尼器 1 示意图如图 7.16 所示。

仿真中设定颗粒阻尼器 1 的颗粒材料为钨基合金，颗粒填充率为 80%，其他相关参数保持一致，通过改变颗粒粒径仿真颗粒阻尼器的颗粒耗能。填充不同粒径的颗粒时 PCB 支撑结构用颗粒阻尼器 1 的颗粒耗能如图 7.17 所示。

可以看出，随着颗粒粒径的增大，颗粒耗能呈先增加后减少的趋势，当颗粒粒径为 1.8～2.2mm 时，该结构的耗能较大。即针对该结构，填充颗粒粒径为 2mm

时减振效果最好。

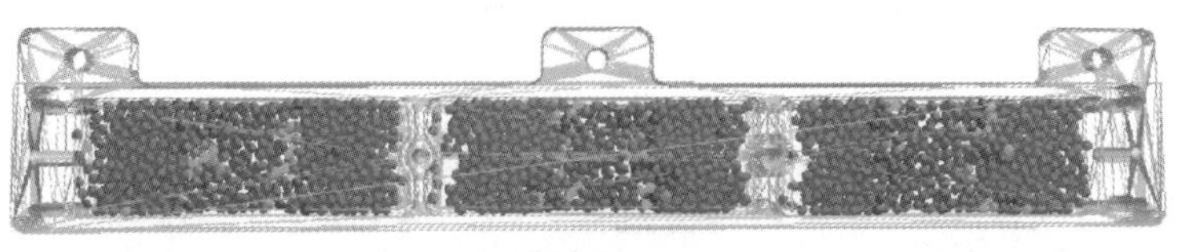

(a) 颗粒粒径1.6mm

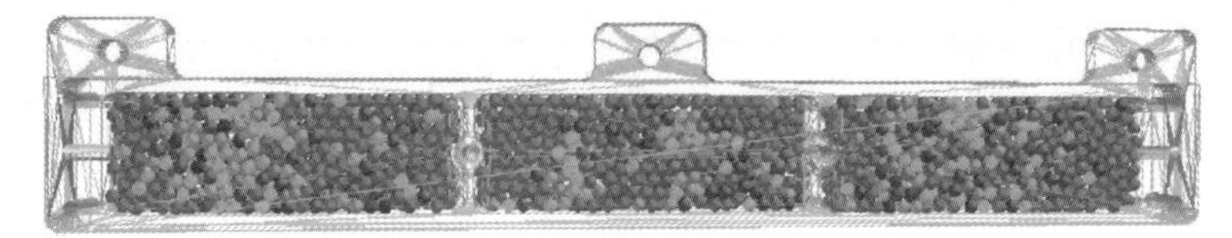

(b) 颗粒粒径2mm

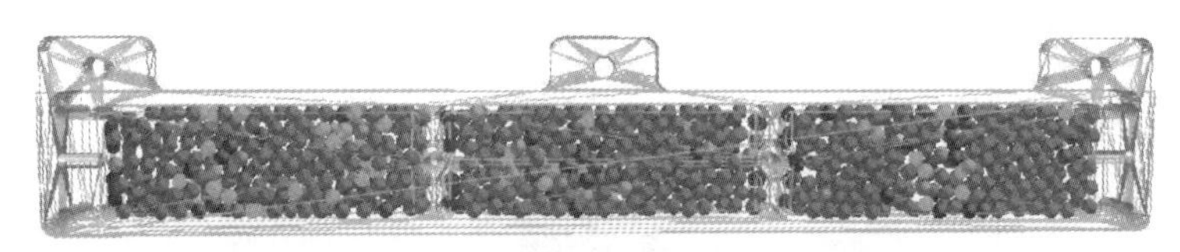

(c) 颗粒粒径2.4mm

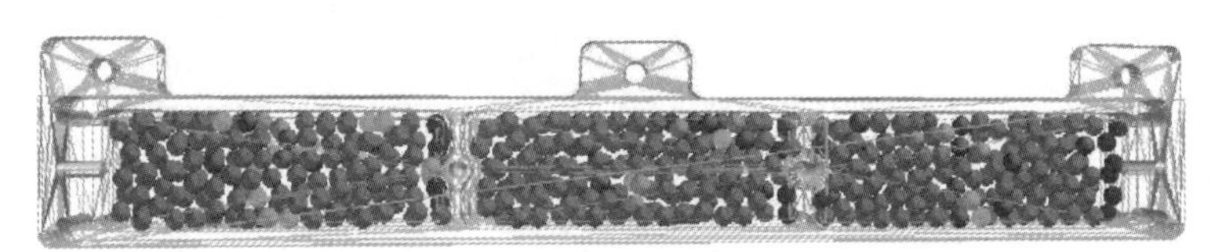

(d) 颗粒粒径3mm

图 7.16　填充不同粒径的颗粒时 PCB 支撑结构用颗粒阻尼器 1 示意图

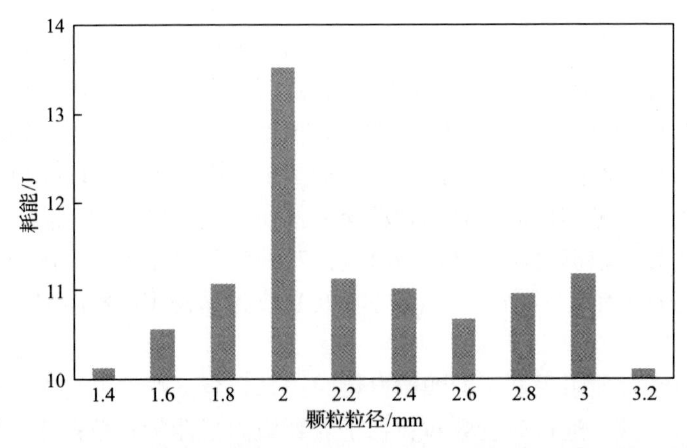

图 7.17　填充不同粒径的颗粒时 PCB 支撑结构用颗粒阻尼器 1 的颗粒耗能

根据对颗粒材料的研究，对颗粒阻尼器 2 中不同粒径的钨基合金颗粒进行仿真。填充不同粒径的颗粒时 PCB 支撑结构用颗粒阻尼器 2 示意图如图 7.18 所示。

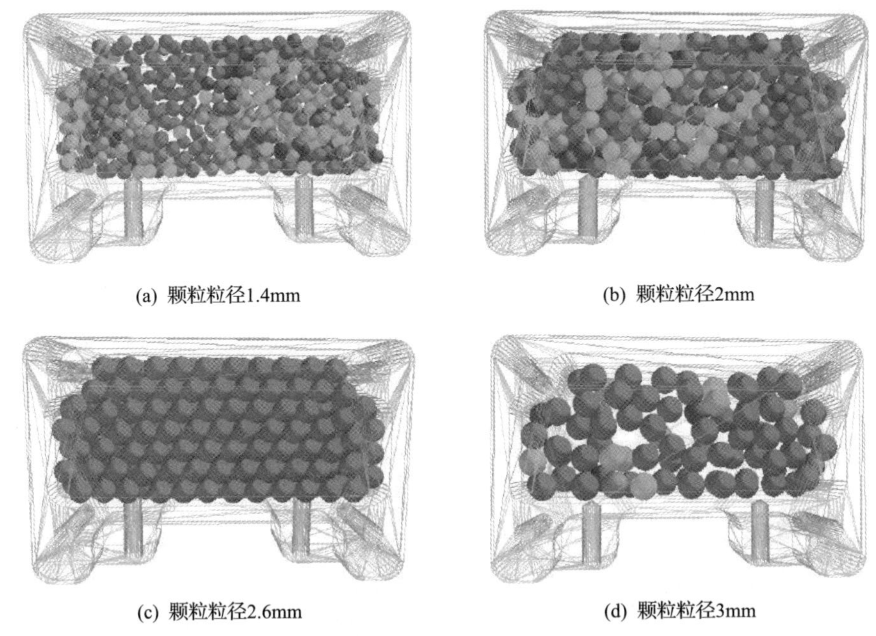

(a) 颗粒粒径1.4mm　(b) 颗粒粒径2mm

(c) 颗粒粒径2.6mm　(d) 颗粒粒径3mm

图 7.18　填充不同粒径的颗粒时 PCB 支撑结构用颗粒阻尼器 2 示意图

仿真中设定颗粒阻尼器 2 的颗粒材料为钨基合金，颗粒填充率为 80%，其他相关参数保持一致，通过改变颗粒粒径仿真颗粒耗能。填充不同粒径的颗粒时 PCB 支撑结构用颗粒阻尼器 2 的颗粒耗能如图 7.19 所示。

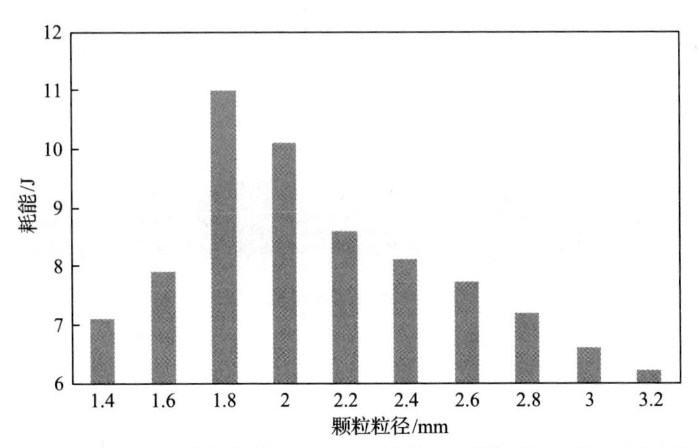

图 7.19　填充不同粒径的颗粒时 PCB 支撑结构用颗粒阻尼器 2 的颗粒耗能

由图 7.19 可以看出，随着颗粒粒径的增大，颗粒耗能呈先增加后减少的趋势，当颗粒粒径为 1.6～2.2mm 时，该结构的耗能较大。即针对该结构，填充颗粒粒径为 1.8mm 时达到最好的减振效果。

3. 颗粒填充率

颗粒阻尼器的力学性能与颗粒阻尼器的外形和内部空间排列有密切的关系，通过对颗粒排布的控制，可以揭示颗粒体系宏观力学特性的机理。根据对颗粒材料和颗粒粒径的研究，对颗粒阻尼器 1 中不同颗粒填充率的 2mm 钨基合金颗粒进行仿真。填充不同填充率的颗粒时 PCB 支撑结构用颗粒阻尼器 1 示意图如图 7.20 所示。

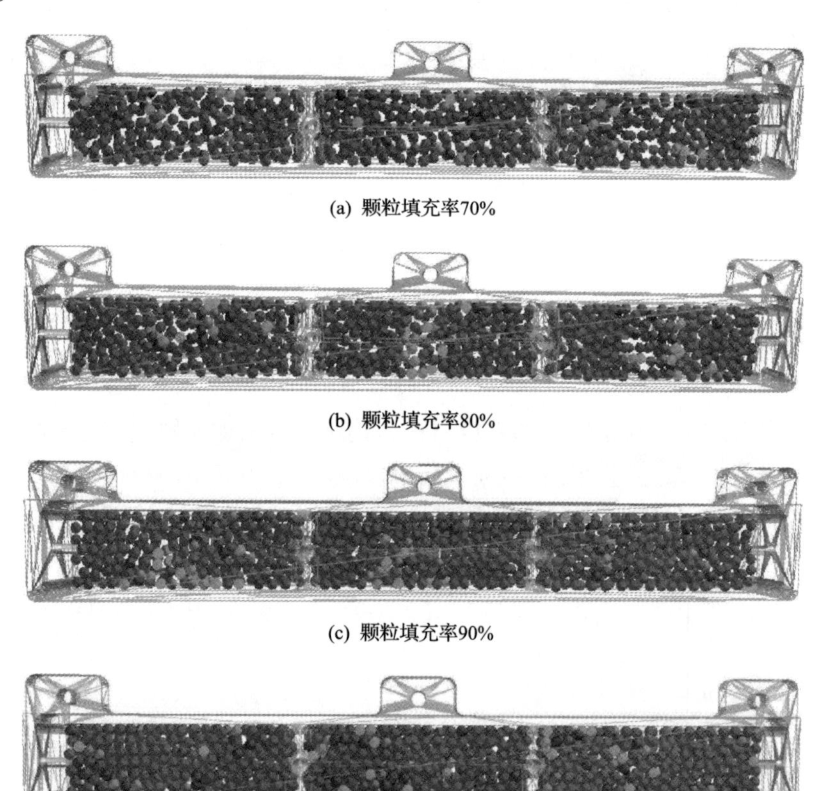

(a) 颗粒填充率70%

(b) 颗粒填充率80%

(c) 颗粒填充率90%

(d) 颗粒填充率100%

图 7.20　填充不同填充率的颗粒时 PCB 支撑结构用颗粒阻尼器 1 示意图

仿真中设定颗粒阻尼器 1 的颗粒材料为钨基合金，颗粒粒径为 2mm，其他相关参数保持一致，通过改变颗粒填充率仿真颗粒耗能。填充不同填充率的颗粒时 PCB 支撑结构用颗粒阻尼器 1 的颗粒耗能如图 7.21 所示。

可以看出，随着颗粒填充率的不断提高，颗粒耗能呈现先增加后减少的趋势，当颗粒填充率为 90%时，颗粒耗能最大。

根据对颗粒材料和颗粒粒径的研究，对颗粒阻尼器 2 中不同颗粒填充率的 1.8mm

钨基合金颗粒进行仿真。填充不同填充率的颗粒时 PCB 支撑结构用颗粒阻尼器 2 示意图如图 7.22 所示。

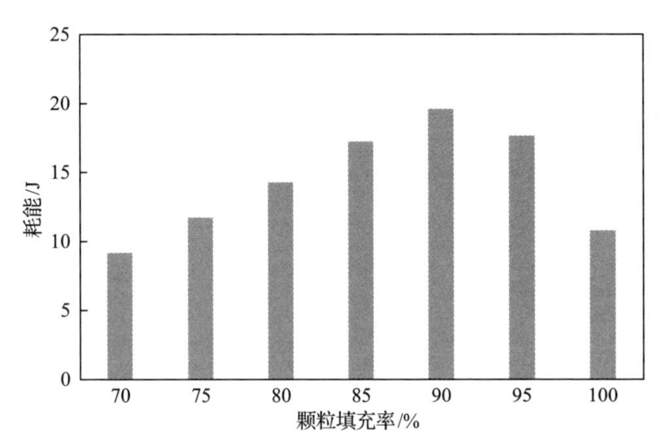

图 7.21　填充不同填充率的颗粒时 PCB 支撑结构用颗粒阻尼器 1 的颗粒耗能

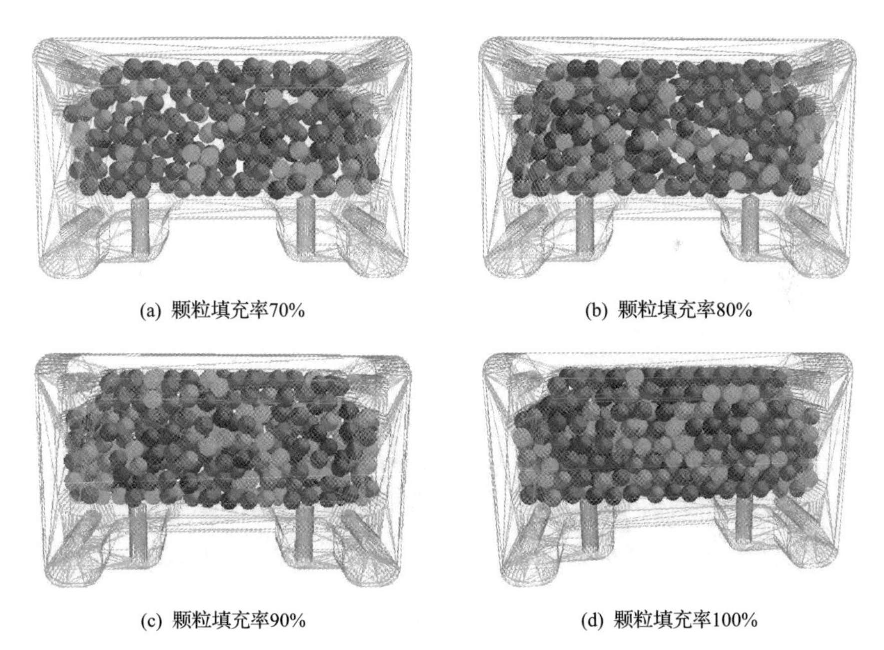

图 7.22　填充不同填充率的颗粒时 PCB 支撑结构用颗粒阻尼器 2 示意图

仿真中设定颗粒阻尼器 2 的颗粒材料为钨基合金，颗粒粒径为 1.8mm，其他相关参数保持一致，通过改变颗粒填充率仿真颗粒耗能。填充不同填充率的颗粒时 PCB 支撑结构用颗粒阻尼器 2 的颗粒耗能如图 7.23 所示。

可以看出，随着颗粒填充率的增大，颗粒耗能呈现先增加后减小的趋势，颗粒填充率为 90%时，颗粒耗能最大。

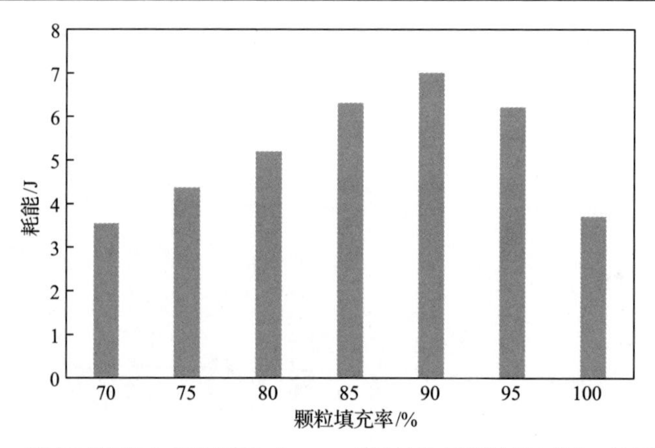

图 7.23　填充不同填充率的颗粒时 PCB 支撑结构用颗粒阻尼器 2 的颗粒耗能

7.2.2　颗粒参数对 PCB 耗能影响

1. 颗粒材料

仿真中设定颗粒阻尼器的颗粒粒径为 2mm，颗粒填充率为 80%，其他相关参数保持一致，通过改变颗粒材料仿真颗粒耗能。填充不同材料的颗粒时 PCB 用颗粒阻尼器的颗粒耗能如图 7.24 所示。

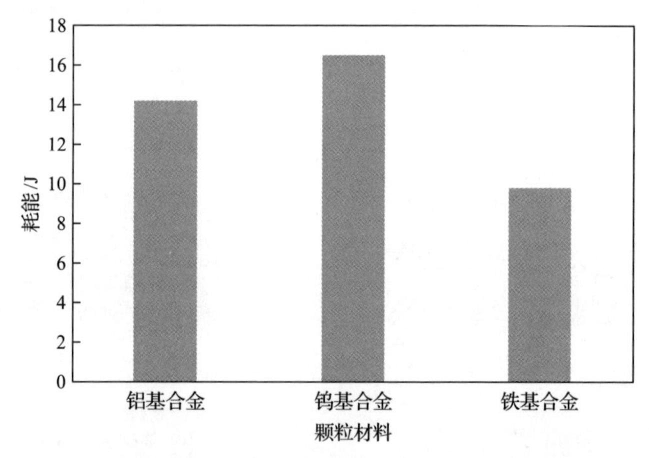

图 7.24　填充不同材料的颗粒时 PCB 用颗粒阻尼器的颗粒耗能

由图 7.24 可以看出，钨基合金颗粒耗能最大为 16.5J，铁基合金颗粒耗能次之为 14.2J，铝基合金颗粒耗能最小为 9.8J，因此颗粒阻尼器中应选用钨基合金颗粒。

2. 颗粒粒径

颗粒阻尼器所采用的颗粒应在单次接触耗能和接触次数的综合考虑下才能达

到最大耗能。根据对颗粒材料的研究，对颗粒阻尼器中不同粒径的钨基合金颗粒进行仿真。填充不同粒径的颗粒时 PCB 用颗粒阻尼器示意图如图 7.25 所示。

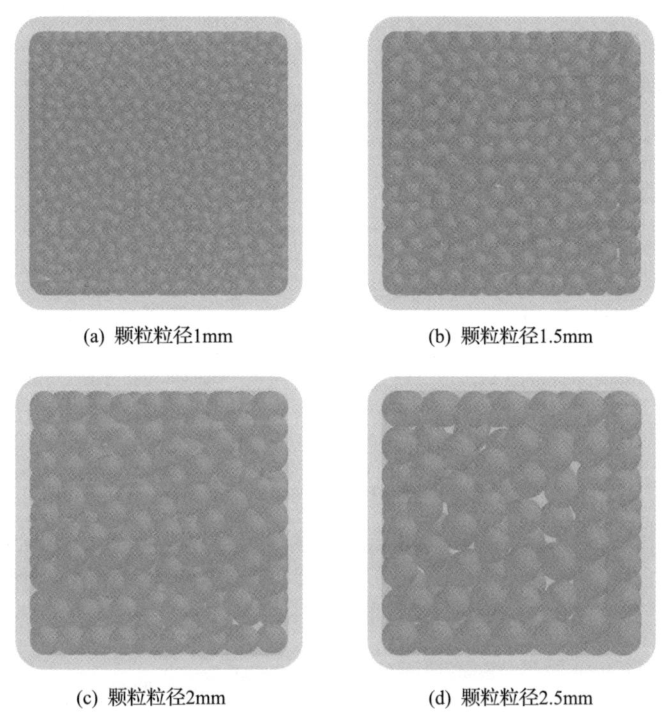

(a) 颗粒粒径1mm　(b) 颗粒粒径1.5mm

(c) 颗粒粒径2mm　(d) 颗粒粒径2.5mm

图 7.25　填充不同粒径的颗粒时 PCB 用颗粒阻尼器示意图

1) 颗粒粒径粗优化

如果颗粒粒径过小，颗粒越接近于流体的形态，失去了固体形态下的特性；如果颗粒粒径过大，颗粒间隙过大，颗粒间碰撞次数较少。粗优化颗粒粒径为 1mm、1.5mm、2mm、2.5mm、3mm，以颗粒填充率 85%为例，PCB 材料为 FR-4。在离散元软件中导入模型，添加颗粒的生成界面，给予模型为 x 方向位移 5mm、频率 181Hz 的正弦运动。为保证仿真效率与速度，仿真时间设置为 1s。

仿真中设定颗粒阻尼器的颗粒材料为钨基合金，颗粒填充率为 80%，其他相关参数保持一致，通过改变颗粒粒径仿真颗粒耗能。填充不同粒径的颗粒时 PCB 用颗粒阻尼器的颗粒耗能(粗优化)如图 7.26 所示。可以看出，随着颗粒粒径的增大，颗粒耗能呈先增加后减少的趋势，当颗粒粒径为 2mm 时，颗粒耗能较大。

2) 颗粒粒径细优化

基于粗优化所选的颗粒粒径耗能分析，2mm 颗粒的耗能最大，因此以 2mm 为界，进一步优化颗粒粒径。细优化颗粒粒径为 1.8mm、1.9mm、2mm、2.1mm、2.2mm，颗粒材料为钨基合金，颗粒填充率为 80%，其他相关参数保持一致，通过改变颗粒粒径仿真颗粒阻尼器的颗粒耗能。填充不同粒径的颗粒时 PCB 用颗粒阻尼器的颗粒耗能(细优化)如图 7.27 所示。可以看出，随着颗粒粒径的增大，颗粒耗能呈先增加后减少的趋势，当颗粒粒径为 1.9mm 时，颗粒耗能较大。

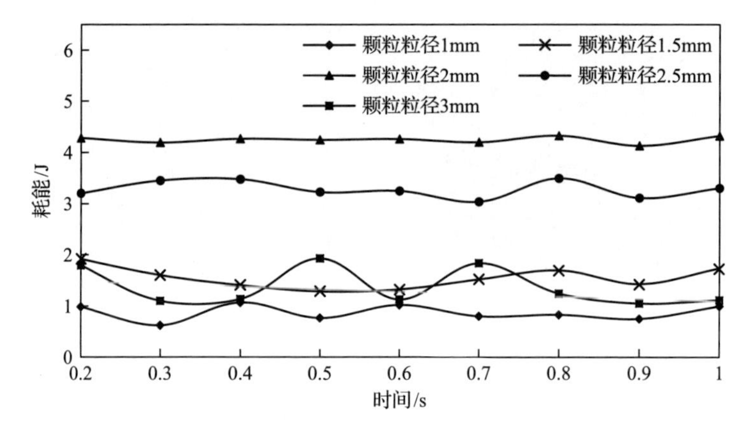

图 7.26　填充不同粒径的颗粒时 PCB 用颗粒阻尼器的颗粒耗能(粗优化)

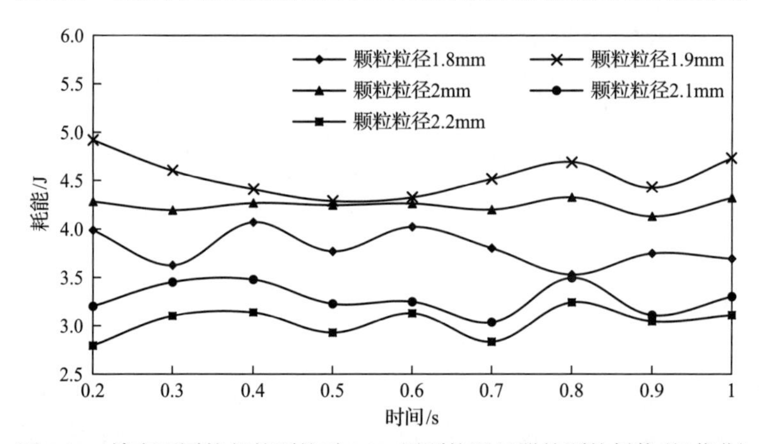

图 7.27　填充不同粒径的颗粒时 PCB 用颗粒阻尼器的颗粒耗能(细优化)

3. 颗粒填充率

根据对颗粒材料和颗粒粒径的研究，对颗粒阻尼器中不同颗粒填充率的 2mm 钨基合金颗粒进行仿真，设置颗粒填充率为 80%、85%、90%、95%。填充不同填充率的颗粒时 PCB 用颗粒阻尼器示意图如图 7.28 所示。

仿真中设定颗粒阻尼器的颗粒材料为钨基合金，颗粒粒径为 2mm，其他相关参数保持一致，通过改变颗粒填充率仿真颗粒耗能。填充不同填充率的颗粒时 PCB 用颗粒阻尼器的颗粒耗能如图 7.29 所示。可以看出，随着颗粒填充率的增大，颗粒耗能呈先增加后减少的趋势，当颗粒填充率为 90%时，颗粒耗能最大。

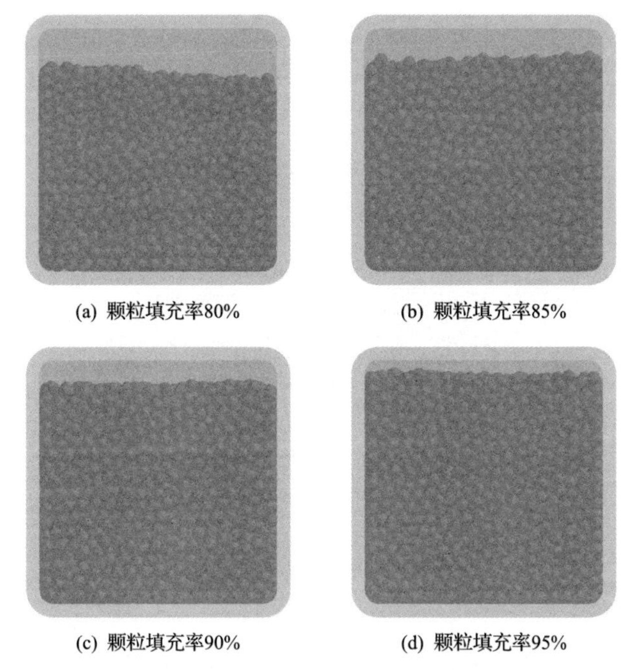

图 7.28　填充不同填充率的颗粒时 PCB 用颗粒阻尼器示意图

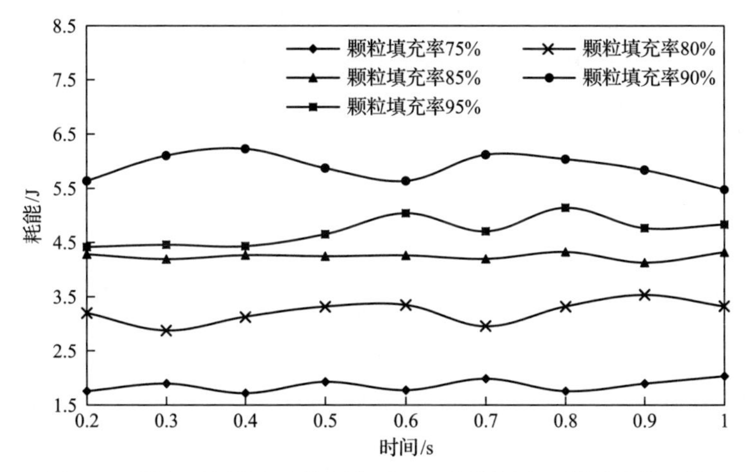

图 7.29　填充不同填充率的颗粒时 PCB 用颗粒阻尼器的颗粒耗能

7.3　基于颗粒阻尼的 PCB 试验验证

7.3.1　PCB 支撑结构试验验证

基于 PCB 支撑结构的颗粒阻尼器的安装方案为：在 PCB 支撑结构上安装颗

粒阻尼器 1 和颗粒阻尼器 2，颗粒阻尼器与 PCB 支撑结构之间采用螺栓连接。基于 PCB 支撑结构的颗粒阻尼器如图 7.30 所示。

图 7.30　基于 PCB 支撑结构的颗粒阻尼器

1. 颗粒材料

试验中振动量级为 10%，振动方向为 z 方向。颗粒阻尼器 1 和颗粒阻尼器 2 中均填充粒径为 2mm 的颗粒，颗粒填充率为 90%。颗粒材料选用铁基合金、钨基合金、铝基合金。PCB 支撑结构填充不同材料的颗粒时 PCB 加速度如表 7.3 所示。PCB 支撑结构填充不同材料的颗粒时 PCB 减振系数如表 7.4 所示。

表 7.3　PCB 支撑结构填充不同材料的颗粒时 PCB 加速度

颗粒材料	加速度/(m/s^2)	
	总有效值	峰值
无颗粒	14.45	10.2
铁基合金	9.92	4.31
钨基合金	9.29	2.08
铝基合金	11.84	6.63

表 7.4　PCB 支撑结构填充不同材料的颗粒时 PCB 减振系数

颗粒材料	减振系数	
	总有效值	峰值
铁基合金	0.313	0.577
钨基合金	0.357	0.796
铝基合金	0.180	0.350

由表 7.3 和表 7.4 可以看出，安装铁基合金颗粒的颗粒阻尼器后，PCB 加速度总有效值为 9.92m/s^2；安装钨基合金颗粒的颗粒阻尼器后，PCB 加速度总有效值为 9.29m/s^2；安装铝基合金颗粒的颗粒阻尼器后，PCB 加速度总有效值为 11.84m/s^2。PCB 支撑结构填充不同材料的颗粒时 PCB 的减振效果为：钨基合金颗粒＞铁基合金颗粒＞铝基合金颗粒。将试验值与仿真值相对比，试验值与仿真值的一致性较好，基于 PCB 支撑结构的颗粒阻尼器填充钨基合金颗粒的减振效果最好。

2. 颗粒粒径

试验中振动量级为 10%，振动方向为 z 方向。颗粒阻尼器 1 和颗粒阻尼器 2 中均填充钨基合金颗粒，颗粒填充率为 90%。颗粒粒径选用 1.8mm、2mm、2.2mm。PCB 支撑结构填充不同粒径的颗粒时 PCB 加速度如表 7.5 所示。PCB 支撑结构填充不同粒径的颗粒时 PCB 减振系数如表 7.6 所示。

表 7.5　PCB 支撑结构填充不同粒径的颗粒时 PCB 加速度

颗粒粒径/mm	加速度/(m/s^2)	
	总有效值	峰值
无	14.45	10.2
1.8	10.13	3.26
2	9.29	2.08
2.2	9.86	2.91

表 7.6　PCB 支撑结构填充不同粒径的颗粒时 PCB 减振系数

颗粒粒径/mm	减振系数	
	总有效值	峰值
1.8	0.299	0.680
2	0.357	0.796
2.2	0.318	0.715

由表 7.5 和表 7.6 可以看出，安装颗粒粒径为 1.8mm 的颗粒阻尼器后，PCB 加速度总有效值为 10.13m/s^2；安装颗粒粒径为 2mm 的颗粒阻尼器后，PCB 加速度总有效值为 9.29m/s^2；安装颗粒粒径为 2.2mm 的颗粒阻尼器后，PCB 加速度总有效值为 9.86m/s^2。PCB 支撑结构填充不同粒径的颗粒时 PCB 的减振效果为：2mm 颗粒＞2.2mm 颗粒＞1.8mm 颗粒。将试验值与仿真值相对比，试验值与仿真值的一致性较好，基于 PCB 支撑结构的颗粒阻尼器填充 2mm 颗粒的减振效果最好。

3. 颗粒填充率

试验中振动量级为 10%，振动方向为 z 方向。颗粒阻尼器 1 和颗粒阻尼器 2

中均填充钨基合金颗粒，颗粒粒径为 2mm。颗粒填充率选用 85%、90%、95%。PCB 支撑结构填充不同填充率的颗粒时 PCB 加速度如表 7.7 所示。PCB 支撑结构填充不同填充率的颗粒时 PCB 减振系数如表 7.8 所示。

表 7.7　PCB 支撑结构填充不同填充率的颗粒时 PCB 加速度

颗粒填充率/%	加速度/(m/s^2)	
	总有效值	峰值
无	14.45	10.2
85	10.67	3.26
90	9.29	2.08
95	9.68	2.97

表 7.8　PCB 支撑结构填充不同填充率的颗粒时 PCB 减振系数

颗粒填充率/%	减振系数	
	总有效值	峰值
85	0.262	0.680
90	0.357	0.796
95	0.330	0.709

由表 7.7 和表 7.8 可以看出，安装颗粒填充率为 85%的颗粒阻尼器后，PCB 加速度总有效值为 10.67m/s^2；安装颗粒填充率为 90%的颗粒阻尼器后，PCB 加速度总有效值为 9.29m/s^2；安装颗粒填充率为 95%的颗粒阻尼器后，PCB 加速度总有效值为 9.68m/s^2。PCB 支撑结构填充不同填充率的颗粒时 PCB 的减振效果为：颗粒填充率 90%＞颗粒填充率 95%＞颗粒填充率 85%。将试验值与仿真值相对比，试验值与仿真值的一致性较好，基于 PCB 支撑结构的颗粒阻尼器采用填充率为 90%的颗粒时减振效果最好。

4. 最佳方案

颗粒阻尼器 1 质量为 183g，颗粒阻尼器 2 质量为 64g，颗粒阻尼器内部均填充粒径为 2mm 的钨基合金颗粒，颗粒填充率为 90%。振动台 x、y 方向如图 7.31 所示。

1) z 方向减振效果

每个传感器在不同方向测试时均布置在同一位置，仅改变传感器方向。z 方向测点布置如图 7.32 所示。

未安装颗粒阻尼器的测点加速度(z 方向)如图 7.33 所示。可以看出，3 个测点的加速度主要峰值均集中在 210Hz；与测点 2 和测点 3 相比，测点 4 的振动加速度峰值最大，因此 PCB 上的振动分布为中间部分振动最大，四边角振动较小。

图 7.31　振动台 x、y 方向

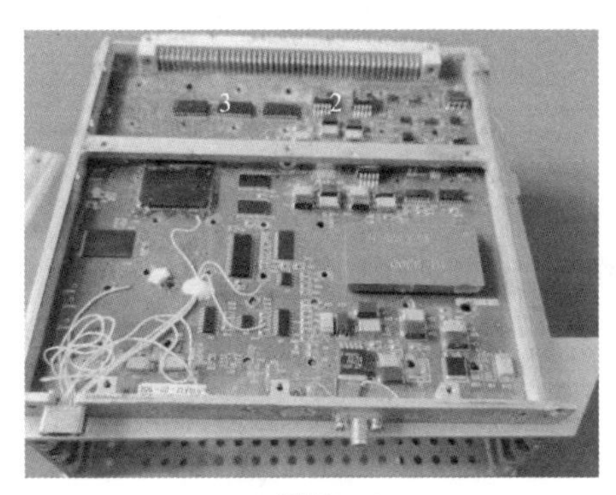

(a) 测点2、3

(b) 测点4

图 7.32　z 方向测点布置

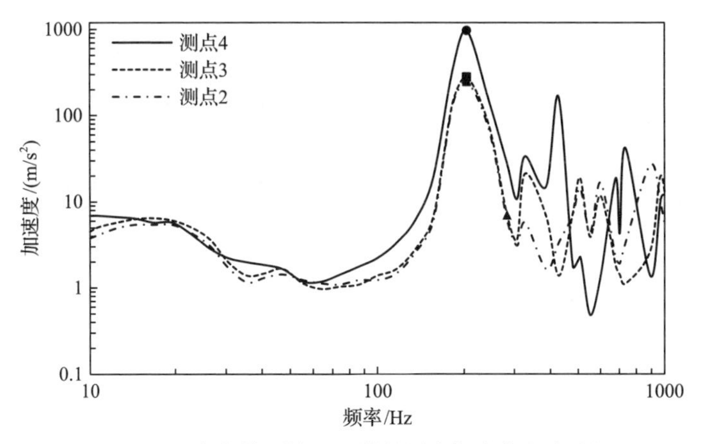

图 7.33　未安装颗粒阻尼器的测点加速度(z 方向)

不同方向下未安装颗粒阻尼器的加速度(测点 4)如图 7.34 所示。可以看出，z

方向振动时 PCB 在 210Hz 的加速度峰值最大，第二个峰值在 430Hz 处，而 x 和 y 方向时 PCB 主要的加速度峰值较小。从可靠性角度考虑，z 方向振动时 PCB 在 210Hz 的加速度峰值对 PCB 的影响最大，该加速度峰值处于低频段，对 PCB 疲劳影响较大，易产生破坏。因此设计时应以 z 方向为中心，重点关注 z 方向的减振效果。

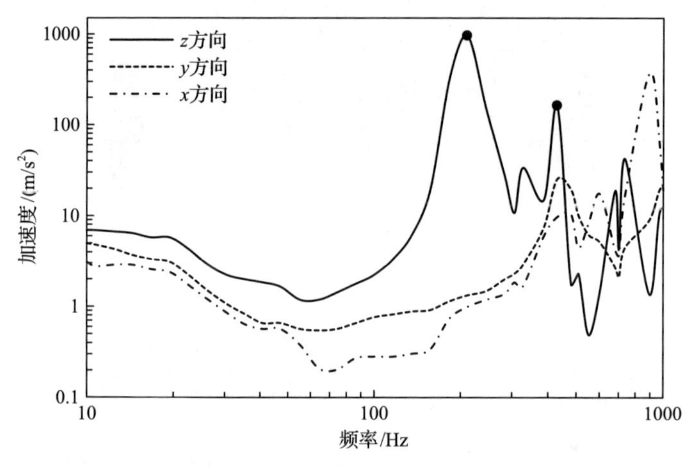

图 7.34　不同方向下未安装颗粒阻尼器的加速度(测点 4)

安装颗粒阻尼器前后测点 4 的加速度(z 方向)如图 7.35 所示。可以看出，未安装颗粒阻尼器时 PCB 主要加速度峰值位于 210Hz 和 430Hz，安装颗粒阻尼器后，210Hz 处 PCB 加速度峰值降低 83.69%，430Hz 处 PCB 加速度峰值基本完全消除。

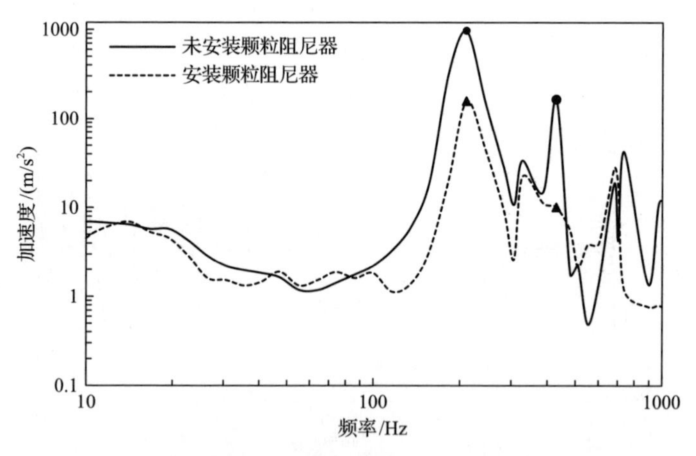

图 7.35　安装颗粒阻尼器前后测点 4 的加速度(z 方向)

安装颗粒阻尼器前后测点 2 的加速度(z 方向)如图 7.36 所示。可以看出，未安装颗粒阻尼器时 PCB 主要加速度峰值位于 210Hz，安装颗粒阻尼器后，210Hz 处 PCB 加速度峰值降低 73.95%。

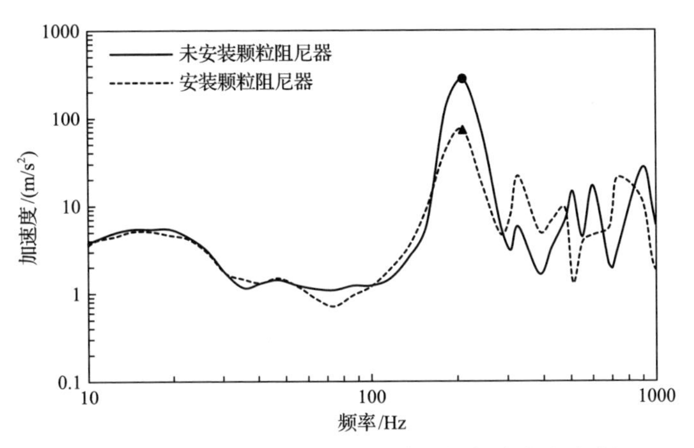

图 7.36　安装颗粒阻尼器前后测点 2 的加速度(z 方向)

安装颗粒阻尼器前后测点 3 的加速度(z 方向)如图 7.37 所示。可以看出，未安装颗粒阻尼器时 PCB 主要加速度峰值位于 210Hz，安装颗粒阻尼器后，210Hz 处 PCB 加速度峰值降低 74.39%。

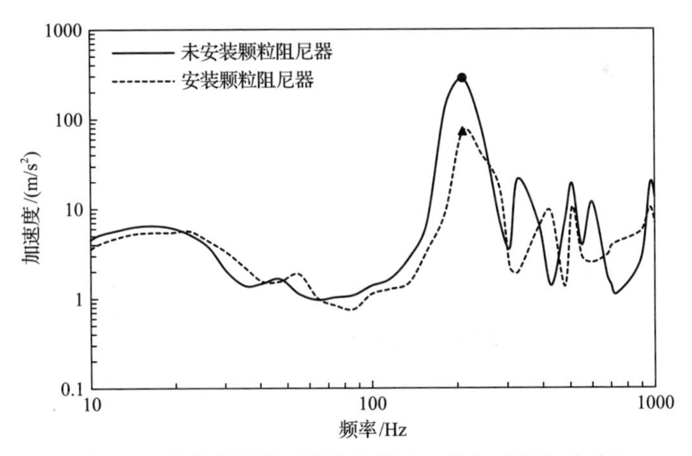

图 7.37　安装颗粒阻尼器前后测点 3 的加速度(z 方向)

从减小破坏能量方面考虑，减小 PCB 加速度峰值比减小 PCB 加速度总有效值具有更大意义。z 方向振动时各测点加速度峰值如表 7.9 所示。z 方向振动时各测点的减振系数如表 7.10 所示。未安装颗粒阻尼器时测点 4 处的加速度峰值高达 963.829m/s^2，较易对 PCB 造成破坏。安装颗粒阻尼器后 PCB 加速度峰值降低 73.95%，减振效果明显，很大程度上降低了加速度峰值对 PCB 造成破坏的可能性。

表 7.9　z 方向振动时各测点加速度峰值

测点号	加速度峰值/(m/s^2)	
	未安装颗粒阻尼器	安装颗粒阻尼器
2	278.809	72.619
3	281.958	72.220
4	963.829	157.104

表 7.10　z 方向振动时各测点的减振系数

测点号	减振系数
2	0.740
3	0.744
4	0.837

2) x 方向减振效果

x 方向测点布置如图 7.38 所示。安装颗粒阻尼器前后测点 2 的加速度(x 方向)如图 7.39 所示。可以看出,未安装颗粒阻尼器时 PCB 主要加速度峰值位于 850Hz，安装颗粒阻尼器后，850Hz 处 PCB 加速度峰值降低 48%。

安装颗粒阻尼器前后测点 4 的加速度(x 方向)如图 7.40 所示。可以看出，未安装颗粒阻尼器时 PCB 主要加速度峰值位于 890Hz，安装颗粒阻尼器后，890Hz 处 PCB 加速度峰值降低 53%。

x 方向振动时各测点加速度峰值如表 7.11 所示。x 方向振动时各测点的减振系数如表 7.12 所示。可以看出,安装颗粒阻尼器后 PCB 测点 2 加速度峰值降低 48%，测点 4 加速度峰值降低 53%，减振效果明显。与 z 方向时相比，x 方向时的测点 2 加速度峰值较大，测点 4 加速度峰值较小。

图 7.38　x 方向测点布置

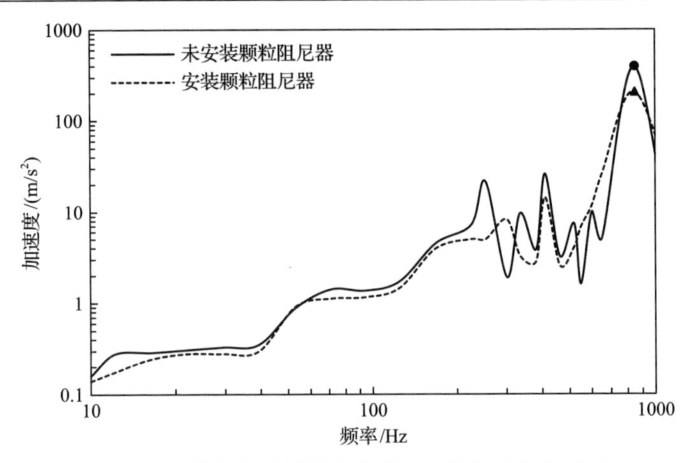

图 7.39　安装颗粒阻尼器前后测点 2 的加速度(x 方向)

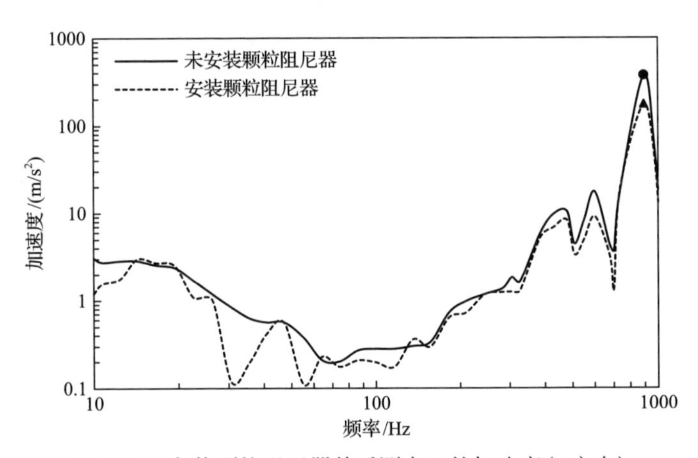

图 7.40　安装颗粒阻尼器前后测点 4 的加速度(x 方向)

表 7.11　x 方向振动时各测点加速度峰值

测点号	加速度峰值/(m/s^2)	
	未安装颗粒阻尼器	安装颗粒阻尼器
2	394.148	204.970
4	373.324	175.384

表 7.12　x 方向振动时各测点的减振系数

测点号	减振系数
2	0.480
4	0.530

3)y 方向减振效果

y 方向测点布置如图 7.41 所示。安装颗粒阻尼器前后测点 2 的加速度(y 方向）如图 7.42 所示。由图 7.42 可以看出，未安装颗粒阻尼器时 PCB 主要加速度峰值位于 1220Hz 处，安装颗粒阻尼器后，在 1220Hz 处 PCB 加速度峰值降低 51.26%。

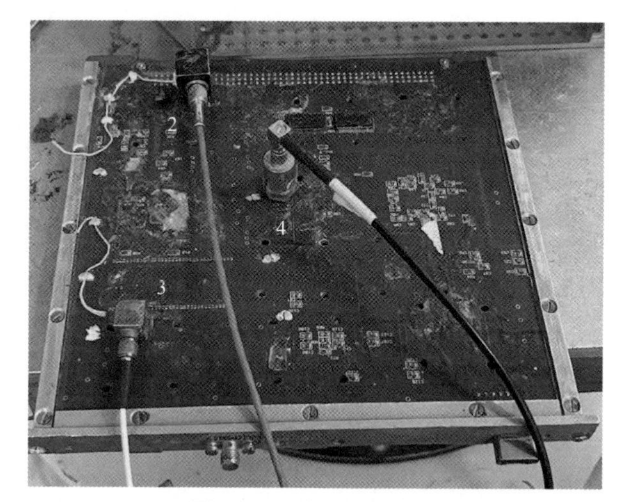

图 7.41　y 方向测点布置

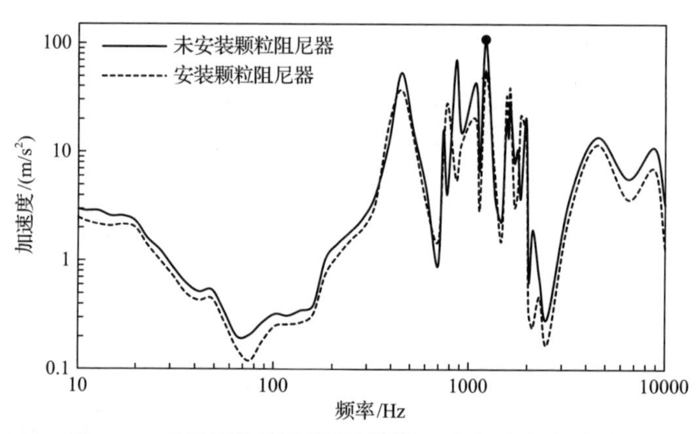

图 7.42　安装颗粒阻尼器前后测点 2 的加速度（y 方向）

安装颗粒阻尼器前后测点 3 的加速度（y 方向）如图 7.43 所示。可以看出，未安装颗粒阻尼器时 PCB 主要加速度峰值位于 900Hz 处，安装颗粒阻尼器后，900Hz 处 PCB 加速度峰值降低 87.1%；1220Hz 处 PCB 加速度峰值降低不明显；1500～2000Hz 处 PCB 加速度峰值放大，但幅值较小，其对 PCB 的影响较小。

安装颗粒阻尼器前后测点 4 的加速度（y 方向）如图 7.44 所示。可以看出，未安装颗粒阻尼器时 PCB 主要加速度峰值位于 1220Hz 处，安装颗粒阻尼器后，1220Hz 处 PCB 加速度峰值降低 74.3%。

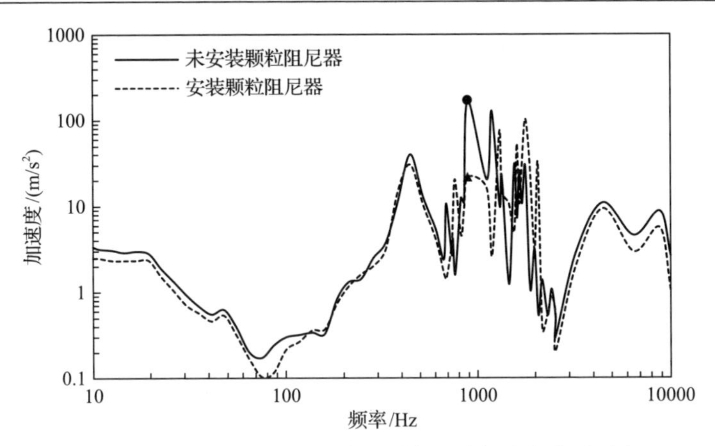

图 7.43　安装颗粒阻尼器前后测点 3 的加速度（y 方向）

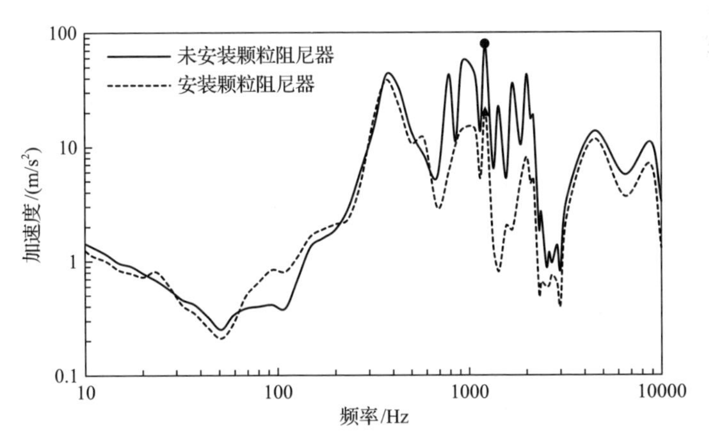

图 7.44　安装颗粒阻尼器前后测点 4 的加速度（y 方向）

y 方向振动时各测点加速度峰值如表 7.13 所示。y 方向振动时各测点的减振系数如表 7.14 所示。可以看出，安装颗粒阻尼器后 PCB 测点 2 加速度峰值降低 51.2%，测点 3 加速度峰值降低 87.1%，测点 4 加速度峰值降低 74.3%，减振效果明显。与 z 方向时相比，y 方向时的 3 个测点的加速度峰值较小。

表 7.13　y 方向振动时各测点加速度峰值

测点号	加速度峰值/(m/s²)	
	未安装颗粒阻尼器	安装颗粒阻尼器
2	108.220	52.750
3	169.184	21.789
4	79.155	20.346

表 7.14　y 方向振动时各测点的减振系数

测点号	减振系数
2	0.512
3	0.871
4	0.743

5. 验证结论

安装颗粒阻尼器时测点 4 各方向加速度如图 7.45 所示。未安装颗粒阻尼器时测点 4 各方向加速度如图 7.46 所示。

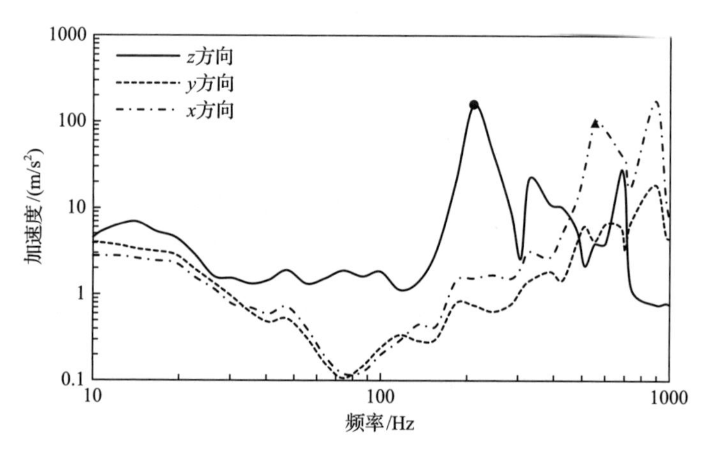

图 7.45　安装颗粒阻尼器时测点 4 各方向加速度

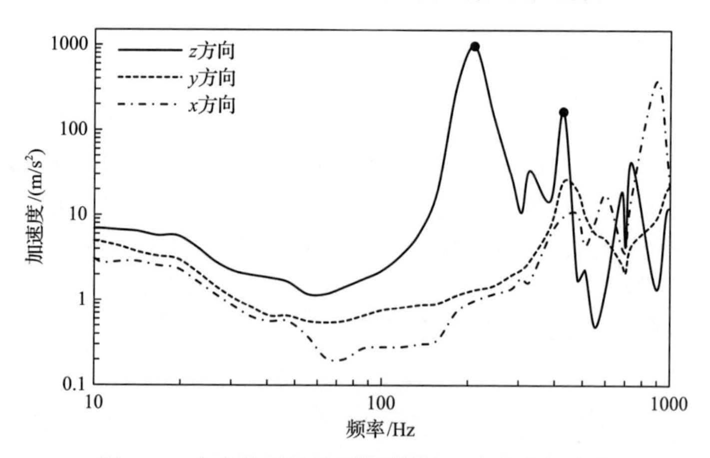

图 7.46　未安装颗粒阻尼器时测点 4 各方向加速度

由图 7.45 和图 7.46 可以看出，未安装颗粒阻尼器时 z 方向的加速度峰值最高，对 PCB 造成破坏的可能性较大；安装颗粒阻尼器，z 方向的加速度峰值减幅很明显，从 963.829m/s^{2}降至 157.104m/s^2，加速度峰值降低 83.7%；x 方向加速度峰值降低 53%；y 方向加速度峰值降低 74.3%。在 PCB 支撑结构上安装颗粒阻尼器可以较好地降低 PCB 振动加速度峰值。

7.3.2　PCB 试验验证

针对 PCB 设计制造样机试验用夹具、试验用颗粒阻尼器，选择测点，进行颗粒粒径、颗粒填充率的试验验证。PCB 结构尺寸为 192mm × 179mm × 2mm，PCB 材料为 FR-4，质量为 0.226kg，用加速度传感器实测 PCB 在正弦振动时的加速度，布置 PCB 的整体方位与测点。PCB 整体方位与测点如图 7.47 所示。

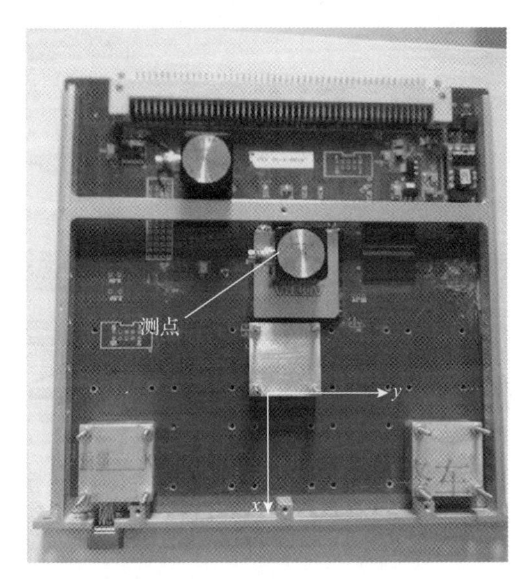

图 7.47　PCB 整体方位与测点

工装图上所示的方位与 PCB 的方位相匹配，从而实现完美的对接。颗粒阻尼器外部尺寸为 30mm×30mm×8mm，采用厚度为 1mm 的铝板进行封闭，质量达到 15g(包括紧固件)。工装图如图 7.48 所示。

由于 PCB 上已经布满电路，安装颗粒阻尼器不能对电路造成破坏，因此安装颗粒阻尼器位置为无电子线路的空白 PCB 部分。基于动力学分析，根据 PCB 的模态振型，将重点关注 PCB 的 2 阶模态固有频率，为达到消除加速度峰值的目的，颗粒阻尼器将安装于 2 阶模态振型处。

1. 颗粒粒径

试验中振动量级为 10%，振动方向为 x 方向。在颗粒阻尼器中填充钨基合金颗粒，颗粒填充率为 85%。颗粒粒径选用 1mm、1.5mm、2mm、2.5mm、3mm，进行不同颗粒粒径减振效果的试验。颗粒阻尼器布置方案如图 7.49 所示。不同粒径的颗粒如图 7.50 所示。

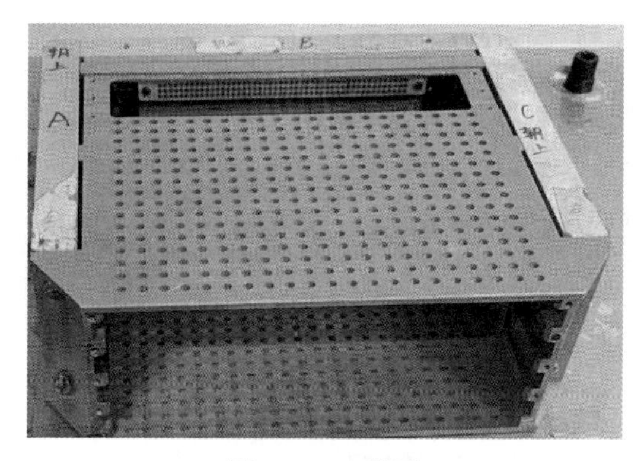

图 7.48　工装图

图 7.49　颗粒阻尼器布置方案

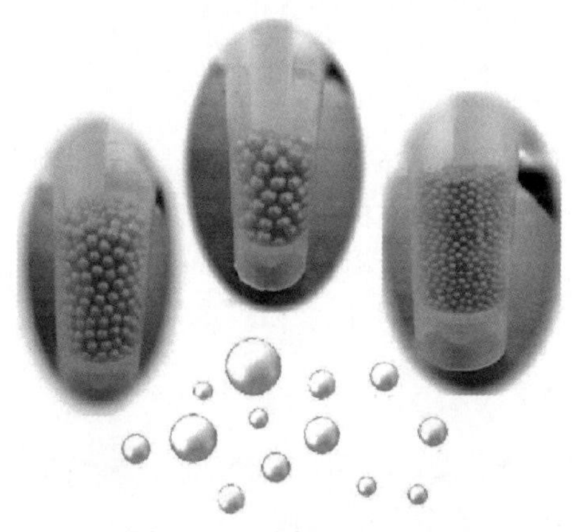

图 7.50　不同粒径的颗粒

PCB 填充不同粒径的颗粒时 PCB 加速度如表 7.15 所示。PCB 填充不同粒径的颗粒时 PCB 减振系数如表 7.16 所示。可以看出，未安装钨基合金颗粒的颗粒阻尼器时，PCB 的 x 方向加速度为 44.72m/s^2，y 方向加速度为 31.82m/s^2，z 方向加速度为 23.74m/s^2。安装颗粒粒径为 2mm 的颗粒阻尼器后，PCB 各方向加速度降幅最大。因此，基于 PCB 的颗粒阻尼器填充粒径为 2mm 的颗粒减振效果最好，PCB 减振系数在 x 方向可以达到 0.5 以上。

表 7.15　PCB 填充不同粒径的颗粒时 PCB 加速度

颗粒粒径/mm	加速度/(m/s^2)		
	x 方向	y 方向	z 方向
无	44.72	31.82	23.74
1	34.68	15.77	17.02
1.5	26.78	13.95	14.56
2	21.54	17.67	15.42
2.5	23.62	11.67	12.8
3	32.12	14.26	15.98

表 7.16　PCB 填充不同粒径的颗粒时 PCB 减振系数

颗粒粒径/mm	减振系数		
	x 方向	y 方向	z 方向
1	0.225	0.504	0.283
1.5	0.401	0.561	0.387
2	0.518	0.444	0.350
2.5	0.471	0.633	0.461
3	0.282	0.552	0.327

将仿真耗能与试验减振系数进行对比，仿真值与试验值具有高度相似性，进一步证明对于 PCB，颗粒粒径为 1.9mm 的钨颗粒具有较好的减振效果。不同粒径的颗粒仿真耗能与试验减振系数对比如图 7.51 所示。

2. 颗粒填充率

为研究不同颗粒填充率对 PCB 减振效果的影响，颗粒填充率选用 75%、80%、85%、90%、95%。PCB 填充不同填充率的颗粒时 PCB 加速度如表 7.17 所示。PCB 填充不同填充率的颗粒时 PCB 减振系数如表 7.18 所示。

可以看出，未安装钨基合金颗粒的颗粒阻尼器时，PCB 的 x 方向加速度为 68.34m/s^2，y 方向加速度为 22.44m/s^2，z 方向加速度为 26.53m/s^2。安装颗粒填充率 90%的颗粒阻尼器后，PCB 各方向加速度降幅最多。基于 PCB 的颗粒阻尼器采用填充率为 90%的颗粒时减振效果最好，PCB 减振系数在主振方向可以达到 0.5 以上。

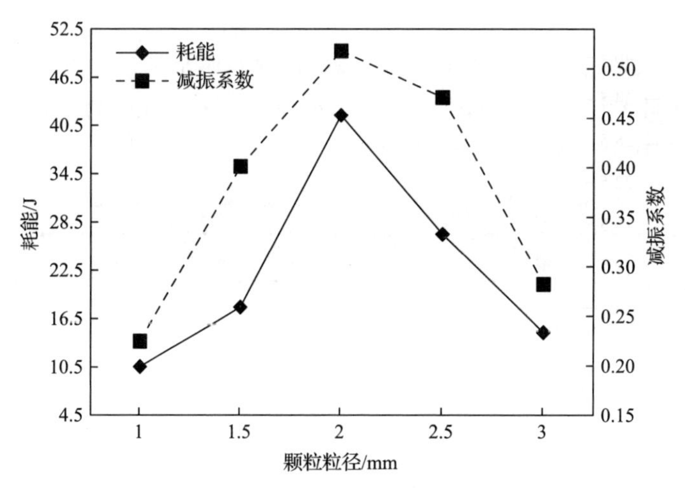

图 7.51　不同粒径的颗粒仿真耗能与试验减振系数对比

表 7.17　PCB 填充不同填充率的颗粒时 PCB 加速度

颗粒填充率/%	加速度/(m/s^2)		
	x 方向	y 方向	z 方向
无	68.34	22.44	26.53
75	53.79	16.85	22.17
80	50.16	15.93	20.74
85	47.81	14.98	18.46
90	30.47	12.84	14.76
95	35.76	13.37	20.26

表 7.18　PCB 填充不同填充率的颗粒时 PCB 减振系数

颗粒填充率/%	减振系数		
	x 方向	y 方向	z 方向
75	0.213	0.250	0.164
80	0.266	0.290	0.218
85	0.300	0.332	0.304
90	0.554	0.427	0.444
95	0.477	0.414	0.236

将试验减振系数与仿真耗能进行对比，试验值与仿真值具有高度相似性，进一步证明对于 PCB，颗粒填充率 90%的钨基合金颗粒具有较好的减振效果。不同填充率的颗粒仿真耗能与试验减振系数对比如图 7.52 所示。

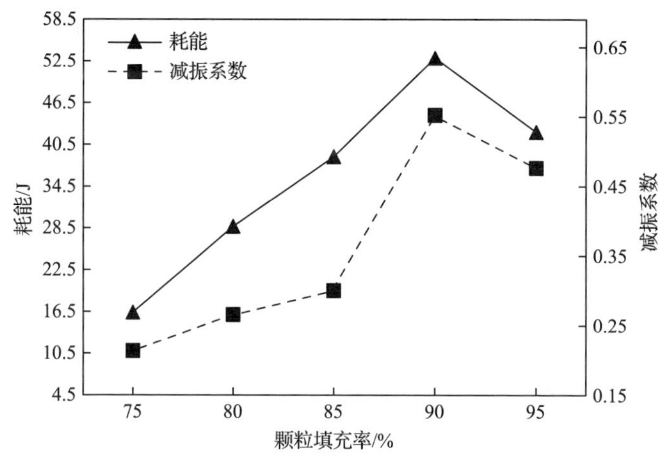

图 7.52　不同填充率的颗粒仿真耗能与试验减振系数对比

3. 颗粒阻尼器安装位置

基于有限元动力学分析，在 2 阶固有频率 181Hz 时，PCB 振动峰值达到最大点。基于 PCB 原有电路设计，在接线与元器件安装位置以外，留下 PCB 非敏感区域。PCB 非敏感区域如图 7.53 所示。

图 7.53　PCB 非敏感区域

针对 PCB 进行扫频分析，扫频范围为 0～330Hz，通过加速度频谱验证 PCB 敏感区域上安装颗粒阻尼器(方案 1)与 PCB 非敏感区域上安装颗粒阻尼器(方案 2)的减振效果。PCB 颗粒阻尼器方案如图 7.54 所示。

安装不同方案的颗粒阻尼器时 PCB 加速度如图 7.55 所示。由图 7.55 可以看出，在非敏感区域安装颗粒阻尼器后，加速度峰值从 26.42m/s^2 降到 24.61m/s^2，没有明显的减振效果；在敏感区域安装颗粒阻尼器后，加速度峰值从 26.42m/s^2 降到 15.11m/s^2，整体减振效果显著。

(a) 方案1　　　　(b) 方案2

图 7.54　PCB 颗粒阻尼器方案

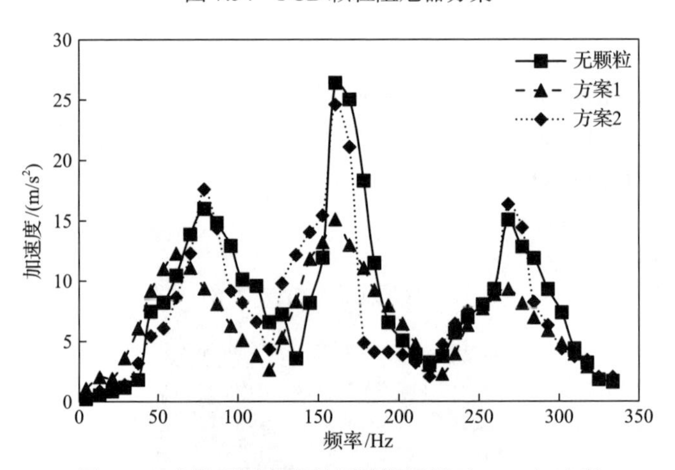

图 7.55　安装不同方案的颗粒阻尼器时 PCB 加速度

通过 PCB 试验结果分析可以得到：

(1) 针对 PCB 结构及振动条件，在颗粒阻尼器形状的选择上，需考虑有效空间的最大利用率，并通过敏感区域的位置合理设计颗粒阻尼器。在颗粒参数的选择上，填充颗粒粒径为 2mm、颗粒填充率为 90%的钨基合金颗粒，PCB 的减振效果最好。

(2) 基于动力学特性分析得到模态敏感区域，通过颗粒阻尼器安装位置的选择，验证在敏感区域安装颗粒阻尼器能使 PCB 在主振方向达到 50%减振效果。

(3) 提出 PCB 动力学分析与电路联合设计方法，提高了 PCB 的抗振特性。在非敏感区域设计电路，在敏感区域安装颗粒阻尼器，完成整个电路体系的设计，大大提升电子设备的稳定性。

参 考 文 献

[1] 杨宇军, 叶松林, 游少雄, 等. 插板式 PCB 的内置式减振设计方法及其 PSD 动力学仿真. 振动与冲击, 2007, (2): 39-42, 174.

[2] Park S, Shah C, Kwak J, et al. Transient dynamic simulation and full-field test validation for a slim-PCB of mobile phone under drop impact//Electronic Components and Technology Conference. Sparks, 2007: 914-923.

[3] 郭宝亭, 朱梓根, 崔荣繁, 等. 金属橡胶材料的理论模型研究. 航空动力学报, 2004, 19(3): 314-319.

[4] Kalpakidis I V, Constantinou M C. Effects of heating on the behavior of lead-rubber bearings. Journal of Structural Engineering, 2009, 135(12): 1450-1461.

[5] 马玉宏, 李艳敏, 赵桂峰, 等. 基于热老化作用的橡胶隔震支座力学性能时变规律研究. 地震工程与工程振动, 2017, 37(5): 38-44.

[6] Bai X M, Shah B, Keer L M, et al. Particle dynamics simulations of a piston-based particle damper. Powder Technology, 2009, 189(1): 115-125.

[7] 肖望强, 余少炜, 林昌明, 等. 基于颗粒阻尼的 PCB 动力学与电路联合设计研究. 振动与冲击, 2019, 38(10): 124-132.

[8] Xiao W Q, Yu S W, Liu L J, et al. Vibration reduction design of extension housing for printed circuit board based on particle damping materials. Applied Acoustics, 2020, 168:107434.

[9] 叶先磊, 王建军, 朱梓根. 大小叶盘结构连续参数模型和振动模态. 航空动力学报, 2005,(1): 66-72.

[10] 陈康, 张雷, 胡晓吉. 基于模态分析的印制电路板抗振优化设计. 计算机与现代化, 2014, (1): 214-218.

第8章　基于颗粒阻尼的数控机床轻量化研究

随着世界制造业的快速发展，高精度化、绿色化、高速化已然是各类机床发展的重要方向[1-3]。在机床高精度化的发展过程中，降低机床的振动是提高机床精度的一个难点[4]。为解决机床振动过大的问题，往往使用增加机床壁厚裕量，增加机床质量等方法减少振动[5,6]。但这样机床质量大，精度低，提高了工厂生产的经济成本，浪费钢铁资源，增加能源消耗。而当机床高速化时，如果机床部件质量比较大，其运动惯量也会提高，从而导致机床的动态性能下降，降低机床的加工精度。因此，在数控机床的进一步发展中，机床减振和机床轻量化是必须解决的问题。

在结构优化方面，主要通过有限元方法[7]、灵敏度分析法[8]、结构仿生[9]、拓扑优化[10]等方法实现轻量化。数控机床的轻量化减少了制造所需的金属材料，降低了制造成本，从而实现了节能减排和绿色化[11]。在数控机床的轻量化设计过程中，一方面要考虑数控机床的静态性能是否满足要求。静态性能主要包括刚度系数和静强度，分别指结构在静载荷下抵抗变形和不被破坏的能力，精密数控机床对刚度系数的要求还要大于一般机床。另一方面需要考虑数控机床动态性能[12]，动态性能指结构在特别的动态激扰下抵抗变形和破坏的能力。

数控机床床身有大量空腔，在保证数控机床静强度和刚度系数基础上，通过动力学分析，在恰当位置安装颗粒阻尼器使得数控机床具有良好的动态特性，从而大幅减少数控机床的壁厚裕量和机床自身质量，成为机床轻量化的一种有效途径。

8.1　数控机床立柱振动特性分析

8.1.1　数控机床立柱静态特性分析

以数控机床立柱为研究对象，使用有限元法分析其静态和动态性能，得出数控机床立柱在静态载荷下的变形以及应力值，评估数控机床立柱轻量化前后的静态性能是否满足机床使用要求。在确保各个部件的静强度满足使用要求后，安装颗粒阻尼器，选择合适的阻尼材料，从而改善其动态性能。

1. 常规数控机床立柱静态特性分析

市场上常规的数控机床的立柱、床身、横梁、顶梁等结构厚度为70～100mm，总质量为 380～420t。数控机床简化模型如图 8.1 所示。

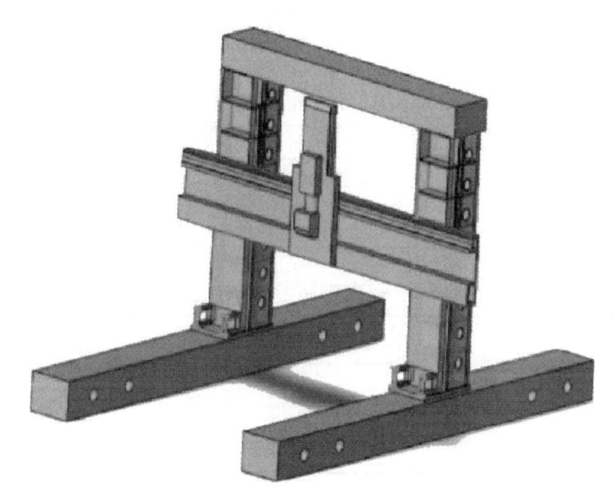

图 8.1　数控机床简化模型

以数控机床立柱为例，对于常规的数控机床的立柱，建立其有限元模型，数控机床立柱外壁厚度为 85mm，肋板厚度为 75mm。数控机床立柱模型如图 8.2 所示。

图 8.2　数控机床立柱模型

数控机床立柱使用的材料是介质均匀的 Q235 号普通碳素钢，且材料具有各向同性，弹性模量 E=200GPa，泊松比 μ=0.3，密度 ρ=7850kg/m^3。进行有限元分析，单元类型为三维十节点 SOLID187 单元。估算数控机床立柱所受顶部压力以及数控机床切削力等因素，在数控机床立柱中部添加 50800N 的静态载荷。数控机床切削参数如表 8.1 所示。数控机床刀具切削参数如表 8.2 所示。数控机床工件切削参数如表 8.3 所示。

表 8.1　数控机床切削参数

型号	n/(r/min)	v_c/(mm/min)
ZN-XK2840	100	120

表 8.2　数控机床刀具切削参数

刀盘直径/mm	齿数/齿	刀片材料
315	10	767#

表 8.3　数控机床工件切削参数

材料	铣削宽度/mm	铣削深度/mm
20MnMo 钢	260	15

数控机床立柱受到的主切削力为

$$F_c = C_F a_p^a L_c^b v_c^m K_c \tag{8.1}$$

式中，a 为切削深度指数；a_p 为切削深度；b 为进给量 L_c 指数；F_c 为切削力；L_c 为进给量；K_c 为各种因素对主切削力的修正系数积；m 为切削速度指数；v_c 为切削速度。

从而求得数控机床立柱受到的主切削力 F_c=26000N，同理可得轴向力 F_p=14300N，径向力 F_f=7800N。在数控机床立柱上 x、y、z 三个方向分别添加 26000N、7800N、14300N 的力，添加数控机床立柱和地面之间的约束以及数控机床立柱和其他部件之间的约束。

随着数控机床横梁的上下移动，数控机床立柱变形也发生改变。当横梁位于数控机床立柱中部时，数控机床立柱变形最大，故将重力添加在数控机床立柱中部。数控机床立柱受力如图 8.3 所示。

通过静力学分析，得到常规数控机床的立柱综合变形图以及立柱 x 方向变形图，如图 8.4 和图 8.5 所示。常规数控机床立柱各方向变形如表 8.4 所示。

常规数控机床立柱 x 方向变形最大，y 方向变形最小。在静态载荷下，数控机床立柱上的最大位移为 5.21μm，出现在数控机床立柱顶部。根据该型号数控机床立柱的加工精度和产品质量的要求，在加工过程中数控机床的最大变形应小于 0.05mm。数控机床变形在其范围以内，且差值较大。由此可见数控机床立柱刚度系数满足使用要求。

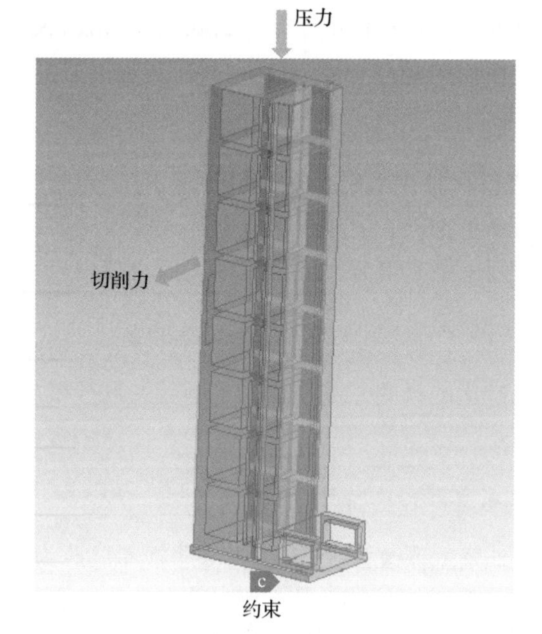

图 8.3　数控机床立柱受力

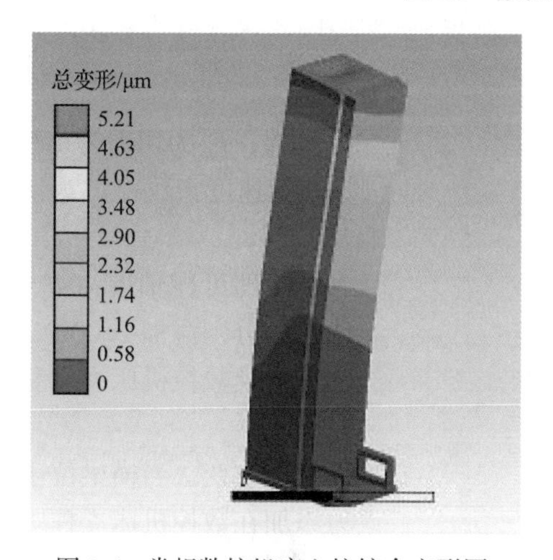

图 8.4　常规数控机床立柱综合变形图

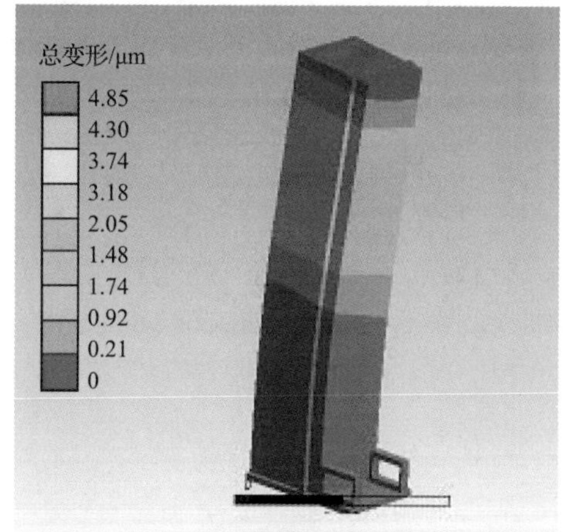

图 8.5　常规数控机床立柱 x 方向变形图

表 8.4　常规数控机床立柱各方向变形

方向	位移/μm
x	5.06
y	1.92
z	2.31

数控机床立柱使用的材料为塑性材料 Q235 号普通碳素钢，安全系数 s=2.5。

Q235 号普通碳素钢在板厚 60～100mm 时，屈服强度为 205MPa。

$$[\sigma]=\frac{\sigma_{\mathrm{s}}}{s} \tag{8.2}$$

根据式(8.2)计算得材料许用应力$[\sigma]$=82MPa，有限元分析可得数控机床立柱应力强度的最大值为 3.47MPa，数控机床立柱范式等效应力最大值为 3.08MPa，许用应力远大于应力强度最大值和等效应力最大值，数控机床立柱强度满足使用要求。

从计算结果可以看出，数控机床立柱壁厚裕量较大，因此可以适当减少数控机床立柱壁厚达到轻量化的目的，并且减少壁厚后的数控机床立柱也应当满足使用要求的强度。

2. 轻量化数控机床立柱静态特性分析

将数控机床立柱外壁壁厚改为 35mm，内部肋板厚度改为 30mm，同时在数控机床立柱内部安装 8 个颗粒阻尼器，孔的半径为 50mm。再次进行有限元静力学分析，模型结点数为 1412129，单元数为 865985。

通过静力学分析，得到轻量化数控机床立柱综合变形图以及轻量化数控机床立柱 x 方向变形图，如图 8.6 和图 8.7 所示。

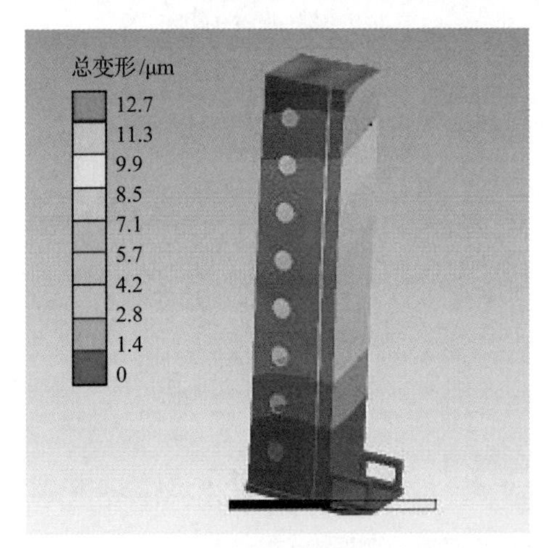

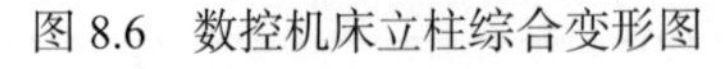
图 8.6　数控机床立柱综合变形图

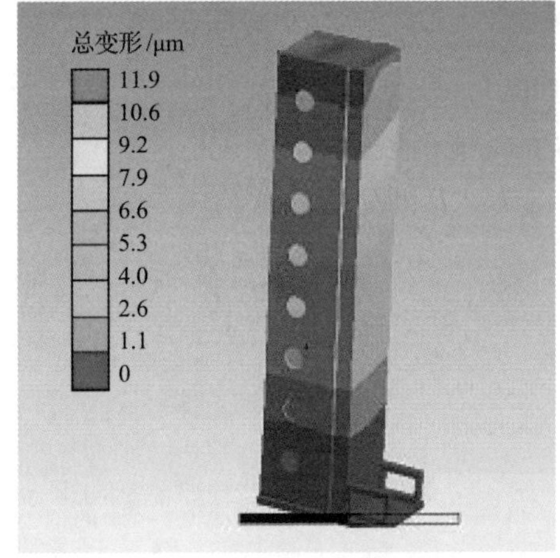

图 8.7　数控机床立柱 x 方向变形图

轻量化数控机床立柱各方向变形如表 8.5 所示。可以看出，轻量化数控机床立柱 x 方向变形最大，y 方向变形最小。在静态载荷下，数控机床立柱上的最大位移量为 12.7μm，出现在数控机床立柱顶部。在减少壁厚以后，数控机床立柱最大位移增加。

表 8.5　轻量化数控机床立柱各方向变形

方向	位移/μm
x	11.90
y	4.18
z	5.50

有限元分析得出数控机床立柱应力强度为 6.77MPa，范式等效应力强度大小为 6.14MPa，Q235 号普通碳素钢在板厚为 16～40mm 时，屈服强度为 225MPa。许用应力$[\sigma]$=90MPa，数控机床立柱许用应力大于应力强度最大值。所以在减少壁厚的基础上数控机床立柱强度依然可以承受它所受的静态载荷。

因此，当数控机床立柱壁厚为 35mm 时已经满足静强度要求。这时动刚度系数成为重要的设计指标。在不增加壁厚的基础上，通过安装颗粒阻尼器的方式满足数控机床立柱动态性能，提高数控机床立柱稳定性。

8.1.2　数控机床立柱动态特性分析

对于复杂的机械系统，可以利用拉格朗日方程得到具有 n 个自由度的运动方程组。拉格朗日方程的一般形式可以表示为

$$\frac{\mathrm{d}}{\mathrm{d}t}\left(\frac{\partial T}{\partial \dot{q}_i}\right)-\frac{\partial T}{\partial q_i}+\frac{\partial D}{\partial \dot{q}_i}+\frac{\partial U}{\partial q_i}=F_i\,,\quad i=1,2,\cdots,n \tag{8.3}$$

式中，D 为系统的耗散函数；F_i 为作用于 q_i 中的广义力；q_i 为质点位置；T 为系统的动能函数；U 为系统的势能函数。

U、T 和 D 的计算公式为

$$U=\frac{1}{2}\boldsymbol{q}^{\mathrm{T}}k\boldsymbol{q} \tag{8.4}$$

$$T=\frac{1}{2}\dot{\boldsymbol{q}}^{\mathrm{T}}m\dot{\boldsymbol{q}} \tag{8.5}$$

$$D=\frac{1}{2}\dot{\boldsymbol{q}}^{\mathrm{T}}c\dot{\boldsymbol{q}} \tag{8.6}$$

式中，c 为等效阻尼系数；k 为等效刚度系数；m 为等效质量。

将上述函数替换成拉格朗日方程，得到具有 n 个自由度的系统运动方程为

$$m\ddot{\boldsymbol{q}}+c\dot{\boldsymbol{q}}+k\boldsymbol{q}=\boldsymbol{F} \tag{8.7}$$

求解特征方程(8.7)，可以得到系统的固有频率。固有频率的大小是衡量系统动态性能好坏的重要指标。在各阶固有频率中，低阶固有频率是评价结构动态性

能的重要方面，是优化结构动态性能的重要目标。

对常规数控机床的立柱模型进行动态分析，添加同样的约束条件后分析得到常规数控机床立柱前 3 阶模态振型。常规数控机床立柱前 3 阶模态振型如图 8.8 所示。

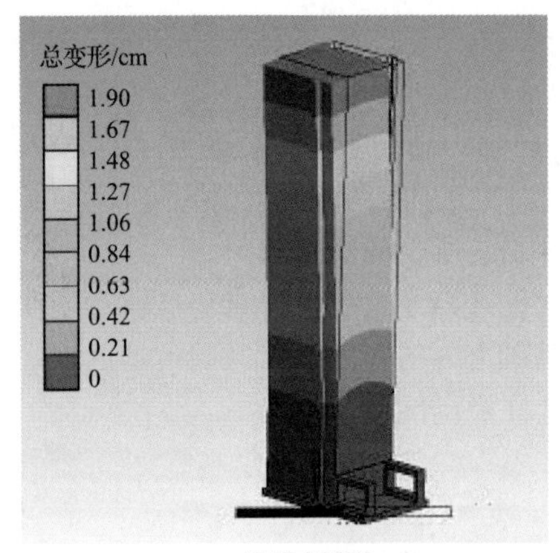

(a) 1阶模态振型

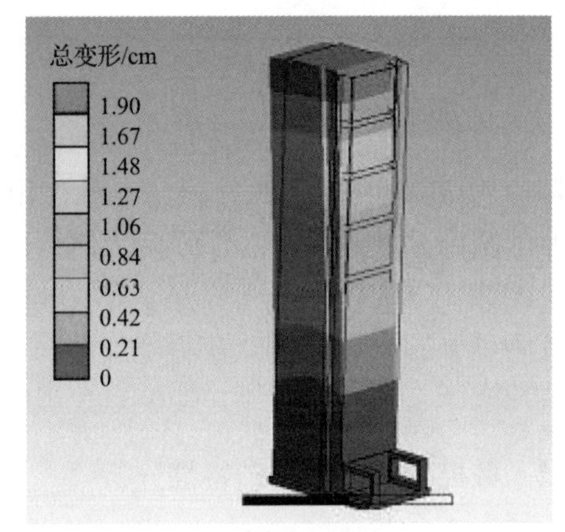

(b) 2阶模态振型

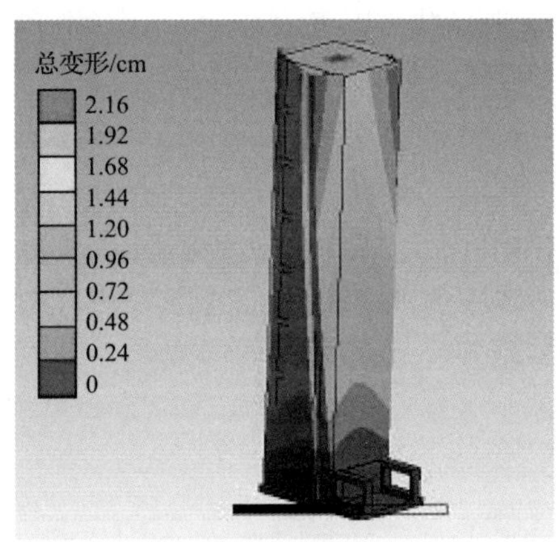

(c) 3阶模态振型

图 8.8　数控机床立柱前 3 阶模态振型

颗粒阻尼的仿真方法有回归模型法、神经网络法、功率输入法等。使用离散元方法分析颗粒在该条件下对数控机床立柱的作用，该方法易于对颗粒与颗粒之间和颗粒与颗粒阻尼器壁之间的相互作用进行仿真，可以合理地对颗粒阻尼器效果定量评估。数控机床结构内部有大量的空腔，将颗粒阻尼器刚性连接在数控机床结构上不仅工艺简便、易于实施，而且能够在振动传递路径上有效降低结构振动，减振效果良好。

建立基于颗粒阻尼的数控机床立柱离散元模型。通过分析在数控机床立柱内填充的颗粒为陶瓷颗粒，颗粒粒径为 3.5mm，颗粒填充率为 93%，颗粒表面恢复系数为 0.85，设振幅为 19mm，频率为 41.31Hz，仿真振动过程。基于颗粒阻尼的数控机床立柱离散元模型如图 8.9 所示。离散元颗粒如图 8.10 所示。

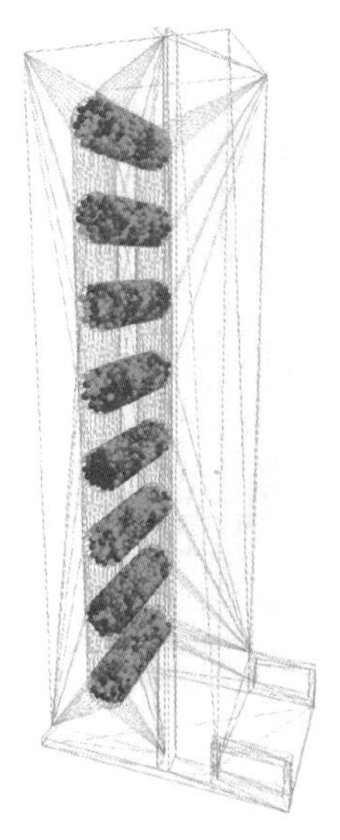

图 8.9　基于颗粒阻尼的数控机床立柱离散元模型

图 8.10　离散元颗粒

建立基于颗粒阻尼的数控机床立柱离散元模型，采用自主开发的离散元动力学软件分析安装颗粒阻尼器后的数控机床立柱动态特性和颗粒耗能大小，在保证轻量化的数控机床结构静力学特性基础上，通过合理设置颗粒阻尼器的位置和颗粒参数使数控机床具有良好的动态性能。数控机床立柱结构颗粒耗能图如图 8.11 所示。

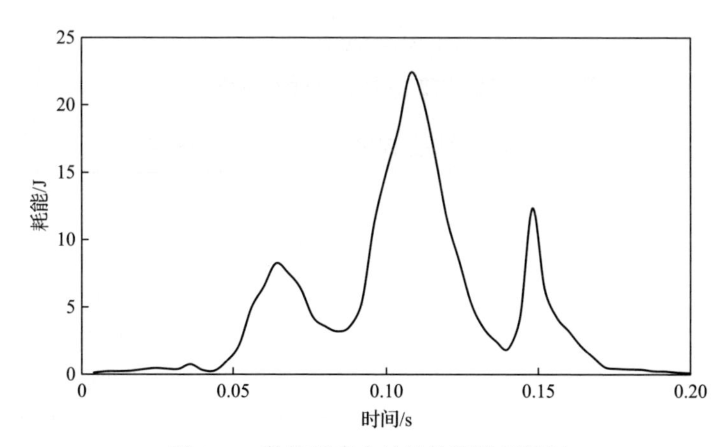

图 8.11　数控机床立柱结构颗粒耗能图

对于轻量化的数控机床立柱，进行有限元模态分析，得到数控机床立柱前 3

阶模态振型。轻量化数控机床立柱前 3 阶模态振型如图 8.12 所示。轻量化前后数控机床立柱前 3 阶固有频率如表 8.6 所示。

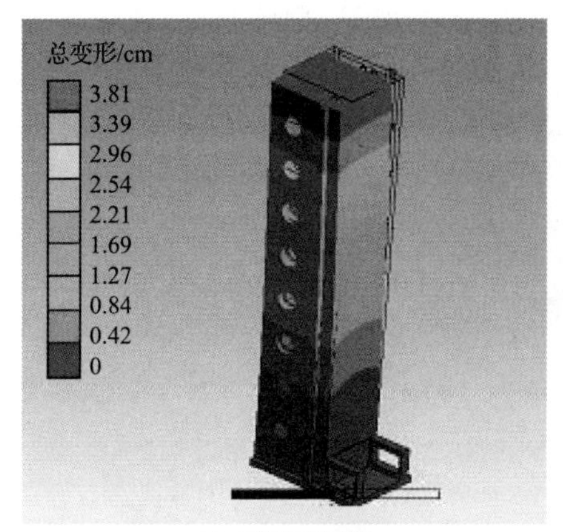

(a) 1阶模态振型

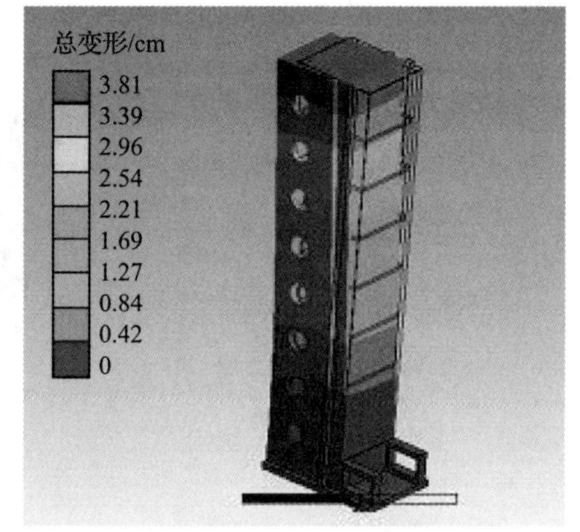

(b) 2阶模态振型

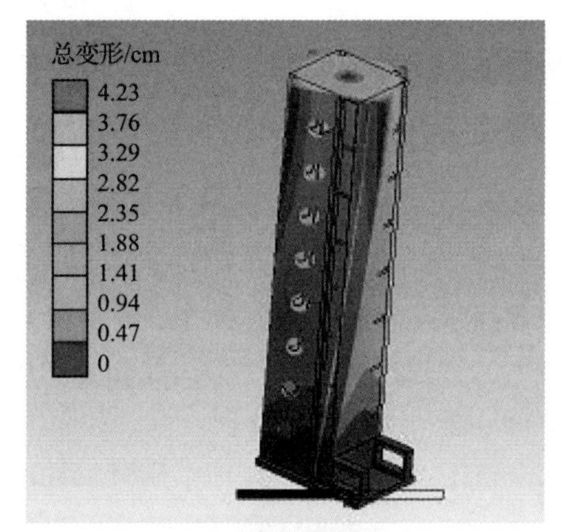

(c) 3阶模态振型

图 8.12　轻量化数控机床立柱前 3 阶模态振型

表 8.6　轻量化前后数控机床立柱前 3 阶固有频率

阶数	轻量化前		轻量化后	
	固有频率/Hz	模态振型	固有频率/Hz	模态振型
1	41.31	y 方向弯曲	57.85	y 方向弯曲
2	42.73	x 方向弯曲	58.67	x 方向弯曲
3	160.92	z 方向扭曲	204.33	z 方向扭曲

对常规数控机床进行谐响应分析，考虑到谐响应分析结果和数控机床主轴转速等因素，对常规数控机床立柱进行 10～300Hz 的扫频。数控机床立柱谐响应分

析结果如图 8.13 所示。

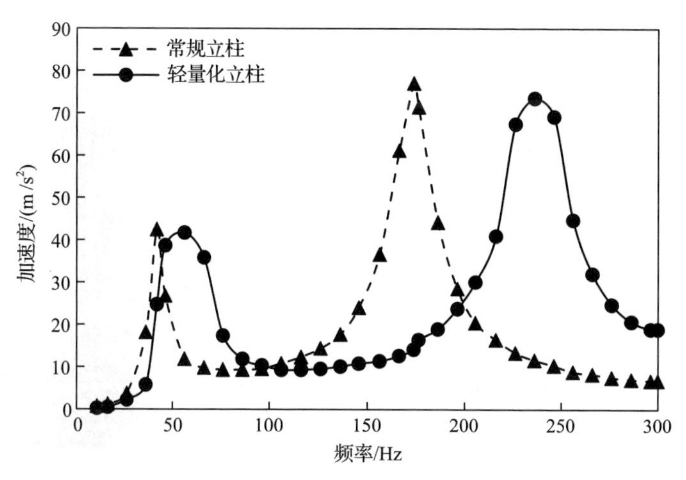

图 8.13　数控机床立柱谐响应分析结果

对于轻量化的数控机床立柱，通过自主开发的离散元动力学软件将颗粒耗能转化为阻尼力，加载在有限元模型上，从而得到轻量化数控机床谐响应分析图，轻量化的数控机床立柱在安装颗粒阻尼器后，1 阶固有频率增大，幅值基本不变，数控机床立柱动态性能提高。

8.1.3　轻量化数控机床立柱试验验证

按轻量化的设计方案制造安装颗粒阻尼器的数控机床立柱，填充的颗粒参数与仿真方案相同。数控机床立柱试验模型如图 8.14 所示。

图 8.14　数控机床立柱试验模型

采用与数控机床立柱轻量化设计类似的方法，对数控机床的床身、横梁、顶梁和加强梁进行轻量化研究，并根据各自不同的安装约束、切削载荷和振动传递路径，确定各部件适用的最佳颗粒阻尼器参数。根据轻量化的设计方案进行制造、组装颗粒阻尼器。安装颗粒阻尼器的数控机床如图 8.15 所示。

图 8.15　安装颗粒阻尼器的数控机床

轻量化的数控机床结构总重为 162t，安装的颗粒阻尼器为 31t，数控机床总重为 193t，而常规的数控机床质量为 380t。数控机床轻量化后与行业同类产品对比平均减重 49.13%，机床质量大幅降低，同时节约了钢材和制造成本，促进了节能减排。

对常规的数控机床和轻量化的数控机床进行相同切削条件下的测试。测点位于主轴滑枕近主轴端部处，测试方向为 x 方向和 y 方向。测点位置如图 8.16 所示。

图 8.16　测点位置

对数控机床在铣削加工时的加速度和位移进行测试，得到数控机床立柱轻量化前后测点不同方向的振动响应。数控机床立柱轻量化前后测点 x 方向振动响应如表 8.7 所示。数控机床立柱轻量化前后测点 y 方向振动响应如表 8.8 所示。

表 8.7　数控机床立柱轻量化前后测点 x 方向振动响应

机床类型	加速度/(m/s²)	位移/μm
常规数控机床	1.30	71.00
轻量化数控机床	1.24	62.00

表 8.8　数控机床立柱轻量化前后测点 y 方向振动响应

机床类型	加速度/(m/s²)	位移/μm
常规数控机床	1.20	63.00
轻量化数控机床	0.98	54.00

数控机床的动态性能要求满足实际使用要求，因此不需要通过增加壁厚裕量保证动态性能，进而实现数控机床的轻量化。根据所测数据可知，轻量化的数控机床安装颗粒阻尼器后，加速度和位移与常规数控机床相比，均有降低，同时有效改善了数控机床的动态特性。

(1) 仿真计算和试验验证表明，数控机床结构壁厚裕量较大。在减少数控机床结构壁厚以后，其所受应力强度变大，但依然远小于许用应力。因此在保证结构动态性能的前提下，数控机床有轻量化的空间。

(2) 将颗粒阻尼技术和轻量化设计相结合，对常规数控机床与轻量化数控机床进行动态性能的分析。对比两者可得数控机床立柱 1 阶固有频率提高约 40%，谐响应共振幅值基本不变。

(3) 制造安装颗粒阻尼器的轻量化数控机床，其质量相对行业同类机床平均降低 49.13%，同时进行了数控机床轻量化前后的振动测试，轻量化后机床动态性能均优于常规数控机床。

8.2　数控机床床身振动特性分析

8.2.1　数控机床床身静态特性分析

以数控机床床身为研究对象，使用有限元法分析其静态和动态性能，得出数控机床各个部件在静态载荷下的变形以及应力值[13]，评估其轻量化前后的静态性能是否满足使用要求[14]。在确保各个部件的静强度满足使用要求后，使用颗粒阻尼的方法，选择合适的阻尼材料，从而改善其动态性能。

1. 常规数控机床床身静态特性分析

机床自重超过 100t 即属于超重型机床，数控机床在减振前的质量为 460t。以此数控机床床身为对象建立模型。床身两侧壁厚度为 70mm，肋板厚度为 40～50mm，上部板厚为 100mm，底部板厚 80mm，机床导轨的厚度为 80mm，材料为 HT200。数控机床床身模型如图 8.17 所示。

图 8.17 数控机床床身模型

数控机床上使用的材料为 HT200，具有均匀的各向同性介质。采用三维十节点单元 SOLID187 对有限元模型进行网格划分，经过网格划分后，模型的节点数和元素数分别为 538328 和 313511。估算车床的顶压力和切削力，假设车床加工的工件质量为 120t。在床头增加 50800N 的静态载荷，床尾部增加 38938N 的静态载荷。根据机床的运行条件，在有限元模型中加入约束和载荷边界条件[15]。数控机床材料参数如表 8.9 所示。

表 8.9 数控机床材料参数

材料	E/GPa	μ	ρ/(kg/m^3)
HT200	120	0.25	7800

根据该数控机床的切削参数和工件参数，通过式(8.1)可得数控机床床身受到的主切削力。主切削力 F_c 为 125000N，轴向力 F_p 为 68750N，径向力 F_f 为 37500N。

根据实际情况，增加车床与地面、其他部件之间的约束条件。数控机床切削参数如表 8.10 所示。数控机床工件参数如表 8.11 所示。

表 8.10 数控机床切削参数

车床型号	车床导轨类型	摆动直径极限/mm		进给速度/(mm/min)	
		正常状态	过载状态	y 方向	x 方向
ZN-CKW61450	分离床，静态导轨	Φ4500	Φ3500	1～300	1～300

表 8.11　数控机床工件参数

工件长度极限 /m	工件质量极限 /t	待机加工的工件直径 ϕ /m	最高面板载荷 /（kN·m）	单车架切削力 /kN	主电机功率 /kW
8～20	160	0～3.5	200	125	166

不同工作条件也对数控机床的变形有影响。床身综合变形图如图 8.18 所示。床身 x 方向变形图如图 8.19 所示。

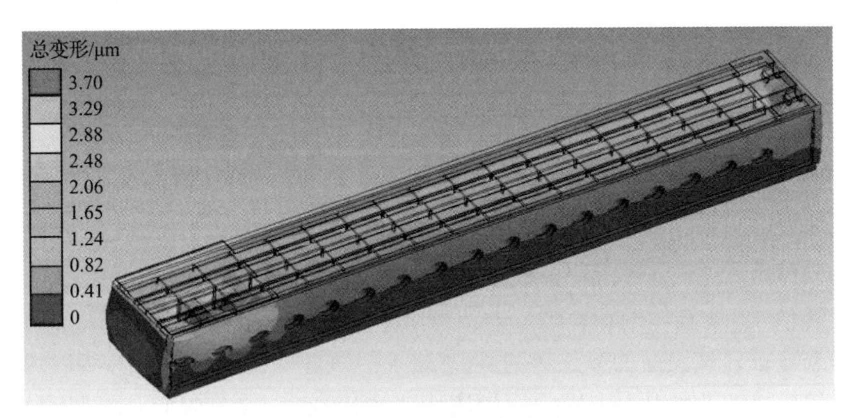

图 8.18　床身综合变形图

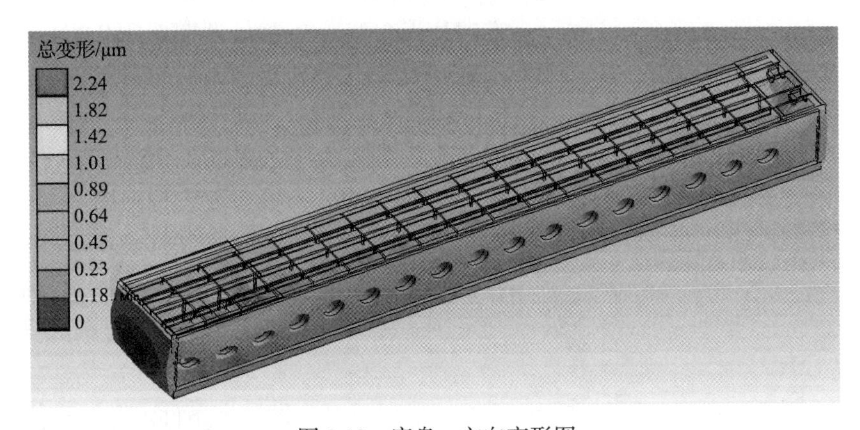

图 8.19　床身 x 方向变形图

常规床身各方向变形如表 8.12 所示。可以看出，车床在 x 方向变形最大，在 y 方向变形最小，床身的最大位移为 2.24μm。根据这类数控车床的加工精度和产品质量要求，车床在加工过程中的最大位移应小于 0.05mm。车床的位移远远小于最大的位移，车床的刚度系数满足使用要求。

床身材料为 HT200，安全系数为 2.5。由于没有明显的屈服现象，该材料的屈服强度为 8.0×10^7Pa，在此应力作用下，220 级铸铁的残余变形为 0.2%。

表 8.12　常规床身各方向变形

方向	位移/μm
x	2.24
y	0.0045
z	0.71

根据式(8.2)，该机床的最大应力强度为 1.34MPa。根据有限元分析，机床的最大范式等效应力为 1.35MPa。许用应力远远大于最大应力强度和最大等效应力。此外，机床的强度满足应用要求。可以适当地减少车床的厚度，以减轻车床的质量，轻量化车床的刚度系数满足使用要求。

2. 轻量化数控机床床身静态特性分析

根据常规数控机床的静态特性分析，设计了一种轻量化方案。在质量减少后，床身的壁厚减少了 20～40mm。根据静态分析的结果，改变肋板的布局方案。床身内安装了 17 个圆柱形颗粒阻尼器，每个阻尼器的截面直径为 270mm。进行有限元静态分析，该模型的节点数为 440832 个，元素数为 234593 个。通过计算得到轻量化机床的变形情况。综合变形图如图 8.20 所示。x 方向变形图如图 8.21 所示。轻量化床身各方向变形对比如表 8.13 所示。

常规床身 x 方向变形最大，y 方向变形最小。在静态载荷下，床身上的最大位移量为 6.17μm，出现在床身顶部。根据该型号数控机床床身的加工精度以及产品质量的要求，在加工过程中数控机床的最大变形量应小于 0.05mm。数控机床变形在其范围以内，且差值较大。由此可见数控机床床身刚度系数满足使用要求。

有限元分析表明，床身的应力强度为 2.77MPa，范式等效应力强度为 2.8MPa，结构钢的屈服强度为 200MPa，许用应力[σ]=80MPa，许用应力大于应力强度最大

图 8.20　综合变形图

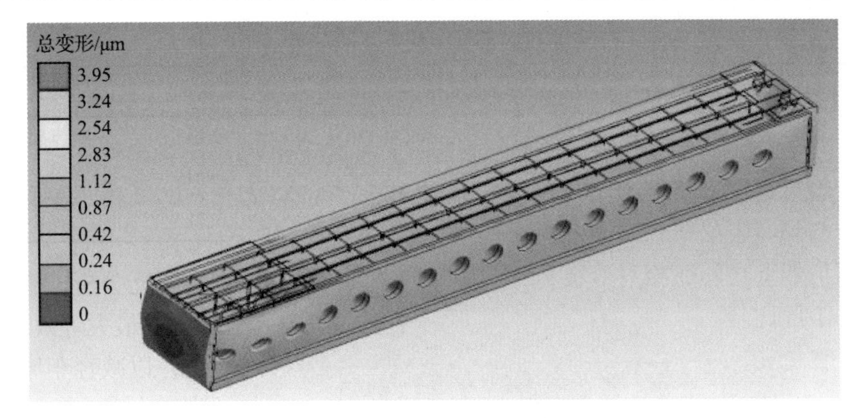

图 8.21　x 方向变形图

表 8.13　轻量化床身各方向变形对比

方向	位移/μm
x	3.95
y	0.0079
z	1.16

值。因此，床身的壁厚裕量较大，可以适当减少壁厚以达到轻量化的目的，同时减少壁厚后的床身也需要满足使用要求的强度。

因此，轻量化数控机床的静态性能满足操作要求，但动态性能相对降低。床身的动刚度系数是影响其性能的主要因素之。在不增加壁厚的基础上，通过安装颗粒阻尼器的方式满足动态性能，提高稳定性。

8.2.2　数控机床床身动态特性分析

1. 常规数控机床床身动态特性分析

由拉格朗日方程可得一个多自由度系统的运动方程，求解特征方程式(8.7)后，可得系统的固有频率。接触力可分为两种类型，颗粒与颗粒阻尼器壁之间的相互作用力在上部，颗粒间的相互作用力在下部。颗粒阻尼技术的耗能图如图 8.22 所示。

当两个颗粒相互碰撞时，颗粒之间的相对运动可以分解为法向运动和切向运动。法向运动被简化为一个弹簧阻尼结构。将切向运动简化为弹簧阻尼分量和滑动摩擦分量的组合力，运动方程为

$$\begin{cases} F_{n1} = k_{n1}\delta_{n1} + 2\zeta_1\sqrt{\dfrac{m_i m_j}{m_i + m_j}k_{n1}}\,\dot{\delta}_{n1} \\ \delta_{n1} = r_i + r_j - |P_i - P_j| \end{cases} \tag{8.8}$$

$$\begin{cases} F_{n2} = k_{n2}\delta_{n2} + 2\zeta_2\sqrt{m_i k_{n2}}\,\dot{\delta}_{n2} \\ \delta_{n2} = r_i - d_i \end{cases} \tag{8.9}$$

式中，d_i为颗粒与颗粒阻尼器壁之间的距离；k_{n1}为颗粒间的刚度系数；k_{n2}为颗粒与颗粒阻尼器壁之间的刚度系数；P_i为颗粒的位置；δ_{n1}为颗粒间的相对位移；δ_{n2}为颗粒与颗粒阻尼器壁之间的相对位移；$\dot{\delta}_{n1}$为颗粒间的相对速度；$\dot{\delta}_{n2}$为颗粒与颗粒阻尼器壁之间的相对速度；ζ_1为颗粒间的阻尼比；ζ_2为颗粒与颗粒阻尼器壁之间的阻尼比。

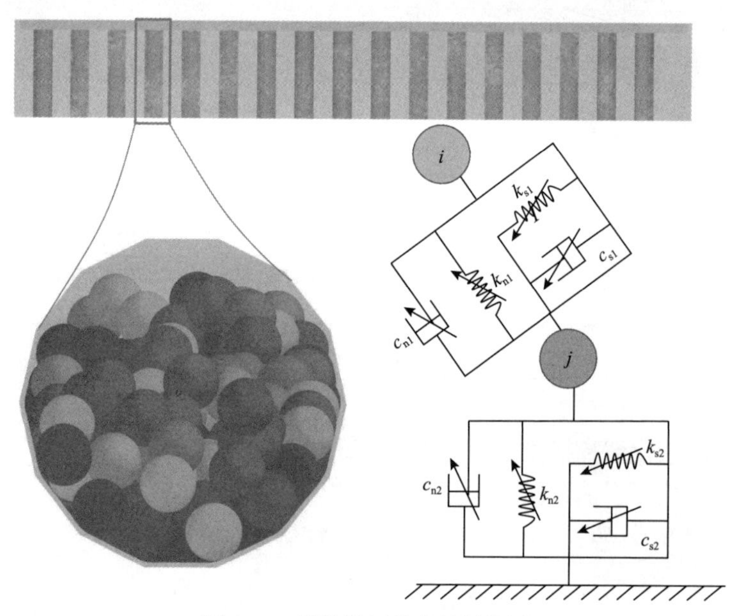

图 8.22　颗粒阻尼技术的耗能图

切向运动的方程为

$$F_s = f_s F_n \tag{8.10}$$

式中，f_s为颗粒之间或颗粒与颗粒阻尼器之间的摩擦系数；F_n为颗粒之间或颗粒与颗粒阻尼器之间的法向接触力；F_s为颗粒之间或颗粒与颗粒阻尼器之间的切向接触力。

对常规的数控机床床身模型进行动态分析。在添加相同的约束条件后，得到床身的模态振型。常规床身前 3 阶模态振型如图 8.23 所示。常规床身前 3 阶固有频率如表 8.14 所示。

2. 轻量化数控机床床身动态特性分析

对轻量化数控机床床身进行有限元分析，在添加相同的约束条件后，得到了轻量化床身模态振型。轻量化床身前 3 阶模态振型如图 8.24 所示。轻量化前后床身前 3 阶固有频率如表 8.15 所示。

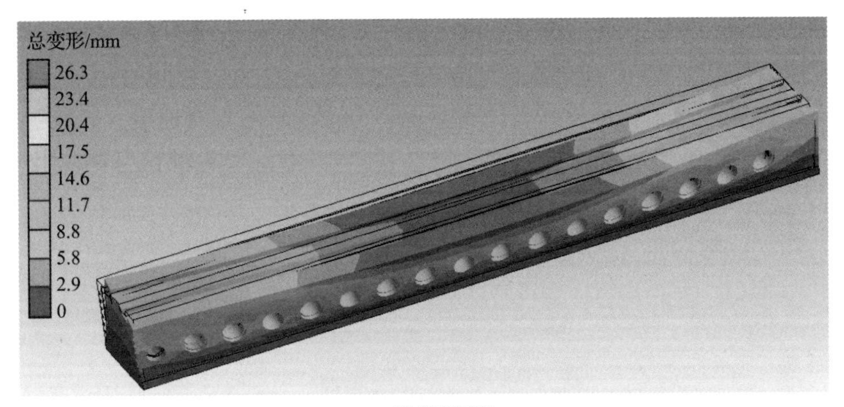

(a) 1阶模态振型

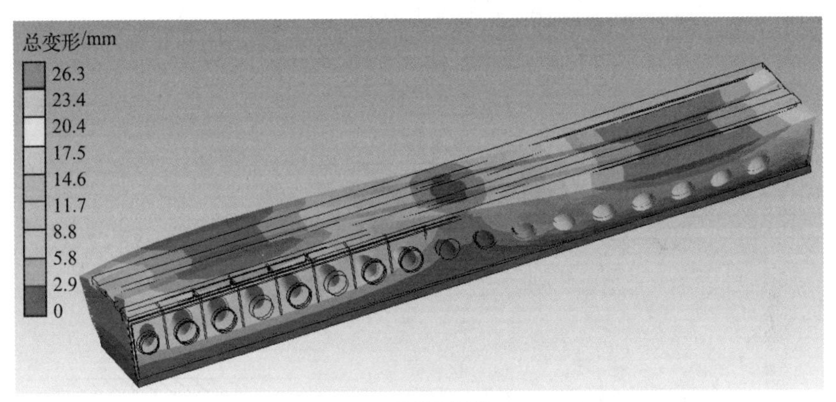

(b) 2阶模态振型

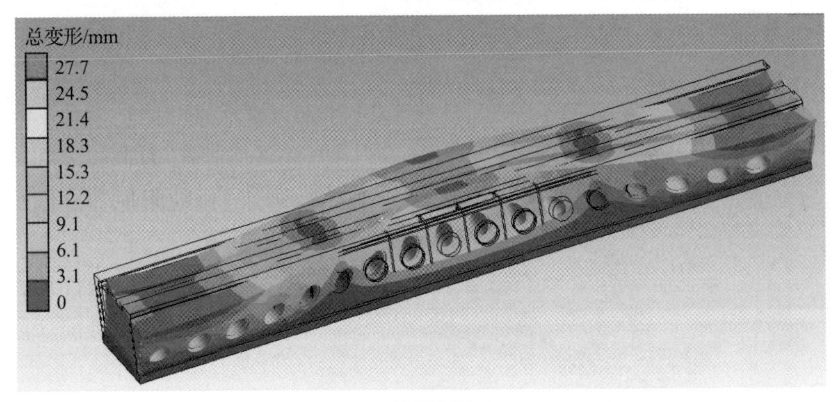

(c) 3阶模态振型

图 8.23　常规床身前 3 阶模态振型

表 8.14　常规床身前 3 阶固有频率

阶数	固有频率/Hz	模态振型
1	155.22	弯曲
2	165.62	弯曲
3	186.40	弯曲

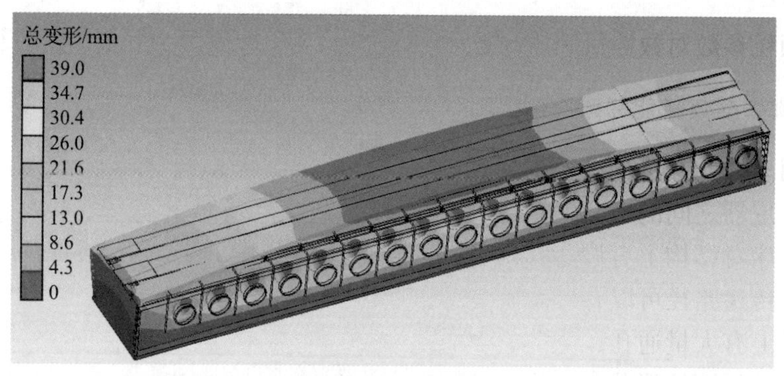

(a) 1阶模态振型

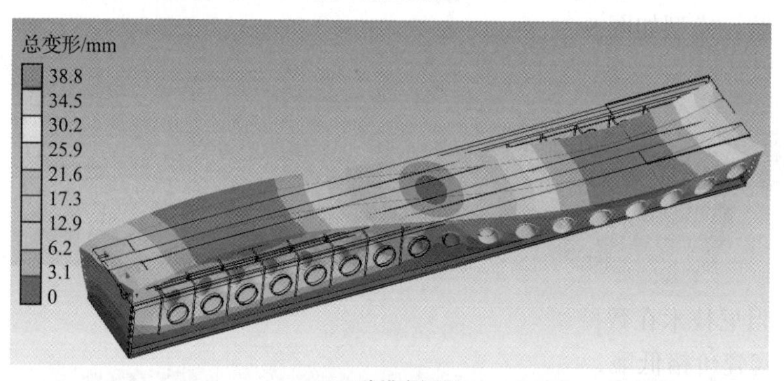

(b) 2阶模态振型

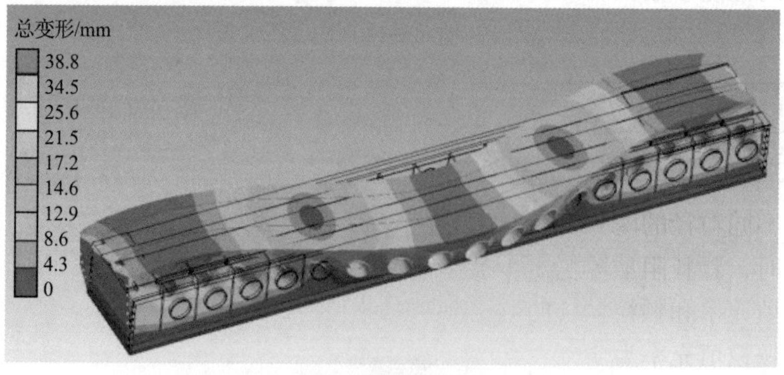

(c) 3阶模态振型

图 8.24　轻量化床身前 3 阶模态振型

表 8.15　轻量化前后床身前 3 阶固有频率

阶数	轻量化前固有频率/Hz	轻量化后固有频率/Hz
1	155.22	196.32
2	165.62	208.36
3	186.40	233.59

8.2.3　颗粒参数对数控机床床身耗能影响

1. 颗粒参数耗能分析

采用离散元方法分析颗粒参数对数控机床床身的影响，对颗粒之间以及颗粒与颗粒阻尼器之间的相互作用进行仿真，可以合理、定量地评价颗粒阻尼器的减振效果。床身结构上有许多孔洞，利用该结构使颗粒阻尼器的安装简单易实现，通过振动传递路径可以有效减少结构的振动。

床身上有大量通孔，为降低颗粒阻尼器的加工成本，基于车床结构设计颗粒阻尼器，选择圆柱形截面阻尼器，孔的内径是颗粒阻尼器的外径。基于颗粒阻尼的床身离散元模型如图 8.25 所示。

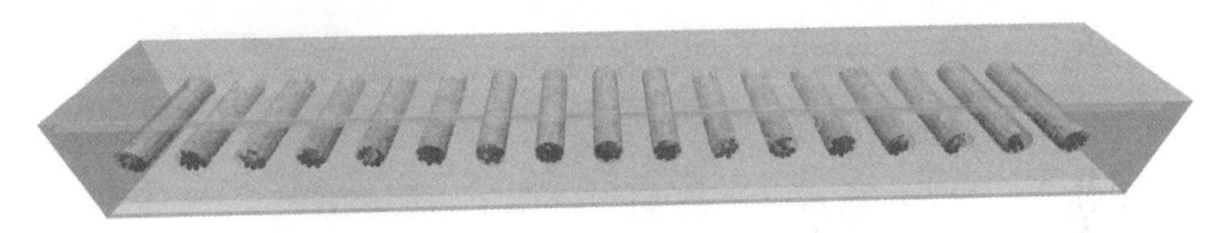

图 8.25　基于颗粒阻尼的床身离散元模型

颗粒阻尼技术在数控机床上的应用需要大量颗粒，颗粒价格是一个重要的参考因素。陶瓷价格低廉，并能实现良好的减振效果，因此使用陶瓷作为颗粒材料。陶瓷颗粒的性能参数如表 8.16 所示。

表 8.16　陶瓷颗粒的性能参数

材料	μ	E/MPa	ρ/(kg/m^3)
陶瓷	0.5	100	3100

选择不同粒径的陶瓷颗粒，并设置模型的振幅和频率仿真振动过程。当颗粒粒径不同时，颗粒阻尼器的最佳填充率可能会有所不同，因此以耗能为指标，对不同颗粒填充率和颗粒粒径的颗粒阻尼器进行综合测试。

采用颗粒填充率为 20%～100%，颗粒粒径为 2mm、3mm、4mm 的颗粒阻尼器进行仿真。不同颗粒填充率的颗粒阻尼器如图 8.26 所示。不同颗粒粒径的颗粒阻尼器如图 8.27 所示。不同颗粒填充率时不同粒径的颗粒耗能如图 8.28 所示。

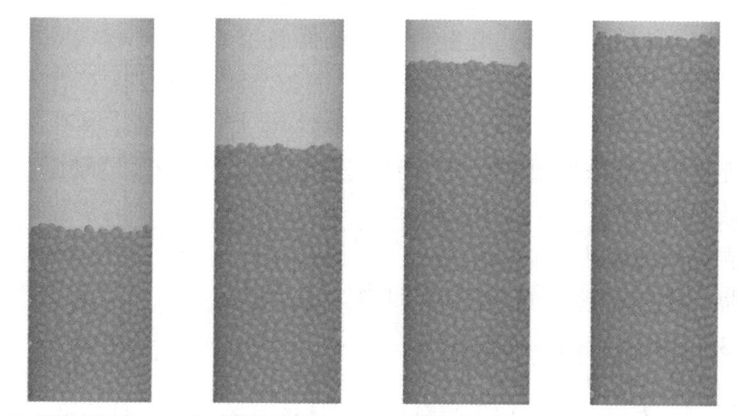

图 8.26　不同颗粒填充率的颗粒阻尼器

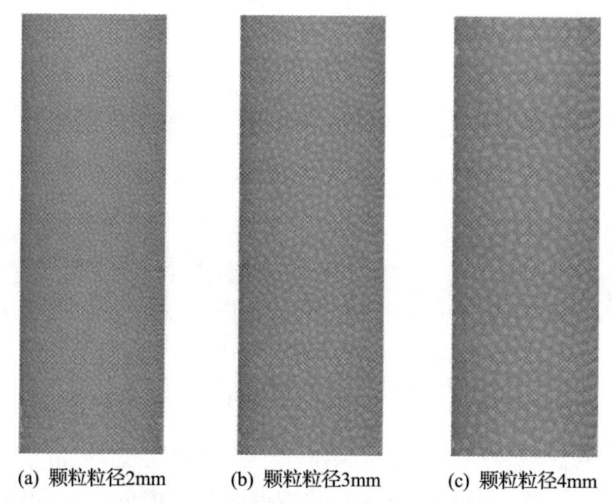

图 8.27　不同颗粒粒径的颗粒阻尼器

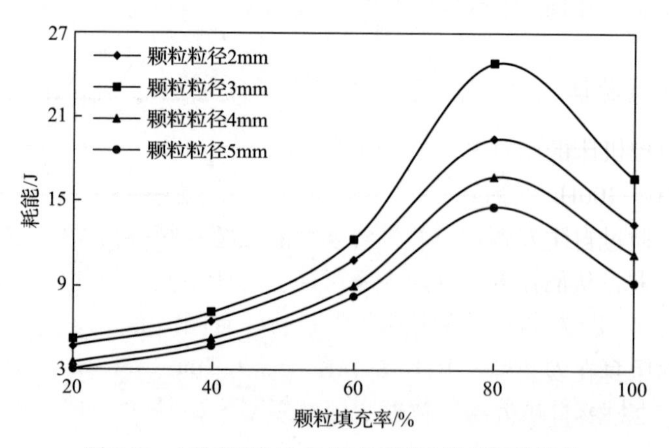

图 8.28　不同颗粒填充率时不同粒径的颗粒耗能

由图 8.28 可以看出，颗粒粒径为 3mm、颗粒填充率为 80%的颗粒耗能最大，减振效果最好。当颗粒填充率小于 80%时，颗粒与颗粒阻尼器之间的耗能较小；当颗粒填充率大于 80%时，颗粒之间的耗能较小。当颗粒粒径小于 3mm 时，单个颗粒的能量较小，减振效果较差；当颗粒粒径大于 3mm 时，颗粒间碰撞次数较少，减振效果较差。

由于颗粒填充率为 100%的颗粒阻尼器的减振效果优于颗粒填充率为 60%的颗粒阻尼器，为对颗粒填充率进一步优化，补充试验在颗粒填充率为 90%、颗粒粒径为 3mm 的颗粒阻尼器上进行。减振效果优于颗粒填充率为 80%、颗粒粒径为 3mm 的颗粒阻尼器。选择颗粒填充率为 90%～100%、间隔为 1%的颗粒阻尼器进行细优化。同时，选择颗粒粒径为 2～3mm、间隔为 0.2mm 的颗粒阻尼器进行细优化。不同颗粒填充率时不同粒径的颗粒耗能如图 8.29 所示。可以看出，床身颗粒阻尼器的最佳减振方案为颗粒填充率 97%、颗粒粒径 2.8mm 的陶瓷颗粒。

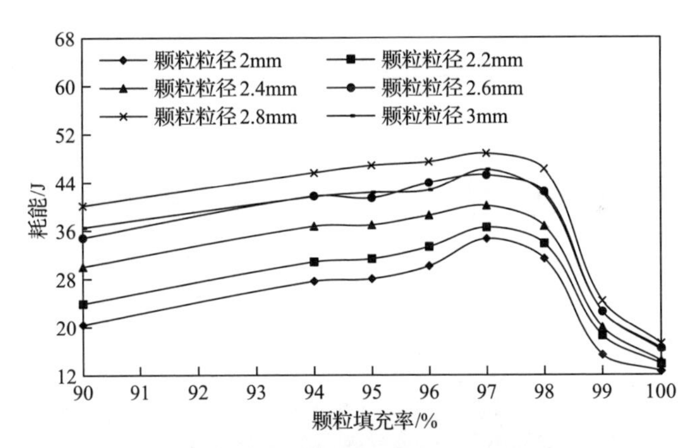

图 8.29　不同颗粒填充率时不同粒径的颗粒耗能

2. 最佳方案验证

对常规数控机床的床身进行谐响应分析，考虑谐响应分析结果和主轴速度，对床身进行 10～300Hz 的扫频分析，得到床身谐响应分析结果。对于轻量化的数控机床床身，通过自主开发的离散元动力学软件将颗粒耗能转化为阻尼力，加载在有限元模型上，从而得到轻量化数控机床谐响应分析图。床身谐响应分析结果如图 8.30 所示。

轻量化的床身在安装颗粒阻尼器后，床身 1 阶固有频率增加了 25.2%，2 阶固有频率增加了 25.8%且幅值略有下降，床身动态性能提高。

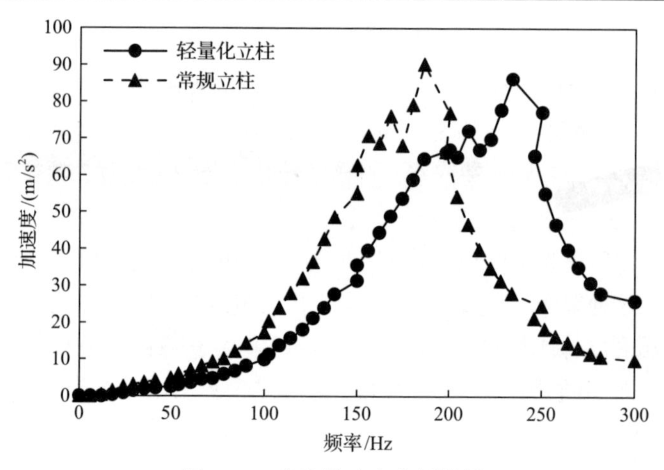

图 8.30　床身谐响应分析结果

8.2.4　轻量化数控机床床身试验验证

按轻量化的设计方案制造安装颗粒阻尼器的数控机床床身，填充的颗粒参数与仿真方案相同。数控机床床身试验模型如图 8.31 所示。

图 8.31　数控机床床身试验模型

采用与数控机床床身轻量化设计类似的方法，对数控机床的其他部件进行轻量化研究，并根据各自不同的安装约束、切削载荷和振动传递路径，确定各部件适用的最佳颗粒阻尼器参数。根据轻量化的设计方案进行制造、组装颗粒阻尼器。安装颗粒阻尼器的数控机床如图 8.32 所示。数控机床各部件轻量化前后的质量如

表 8.17 所示。

图 8.32　安装颗粒阻尼器的数控机床

表 8.17　数控机床各部件轻量化前后的质量

部件	减重前/t	减重后/t	减重比例/%
床身	138	73	47.1
刀架	77	39	49.4
尾架	96	51	46.9
主轴箱	167	78	53.3

轻量化数控机床重为 241t，安装颗粒阻尼器重为 17t，总重为 258t，常规数控机床总重约为 478t。与行业同类产品相比，轻量化数控机床的质量平均减少了 46%，减轻了机床的质量，降低钢铁用量和制造成本，实现节能减排。

设置相同的工况，在常规数控机床和安装颗粒阻尼器的轻量化数控机床上分别进行测试。测点位于主轴末端附近，采集 x 和 y 方向的数据。床身轻量化前后测点 x 方向振动响应如表 8.18 所示。床身轻量化前后测点 y 方向振动响应如表 8.19 所示。

表 8.18　床身轻量化前后测点 x 方向振动响应

机床类型	加速度/(m/s^2)	位移/μm
常规数控机床	1.56	84.51
轻量化数控机床	1.45	62.44

表 8.19　床身轻量化前后测点 y 方向振动响应

机床类型	加速度/(m/s^2)	位移/μm
常规数控机床	1.44	75.47
轻量化数控机床	1.18	64.52

根据测试数据，安装颗粒阻尼器的轻量化数控机床的加速度和位移振幅低于常规数控机床，动态特性得到改善。数控机床的动态性能满足实际要求，因此不需要增加壁厚裕量保证动态性能，从而实现了数控机床轻量化。

(1)仿真计算和试验验证表明，数控机床结构的壁厚裕量较大。减小床身结构的壁厚后，应力强度增加，但仍远小于许用应力。因此，在保证结构动态性能的前提下，可以进一步减轻数控机床的质量。

(2)将颗粒阻尼技术与轻量化相结合，分析了常规数控机床和轻量化数控机床的动态性能。通过比较两种方法，床身的 1 阶固有频率增加了约 25.2%，谐响应的振幅基本不变。

(3)与业内使用的类似机床相比，安装颗粒阻尼器的轻量化数控机床的质量平均减少了 46%。同时进行了数控机床轻量化前后的振动测试，轻量化后机床动态性能均优于常规数控机床。

参 考 文 献

[1] 刘大炜, 汤立民. 国产高档数控机床的发展现状及展望. 航空制造技术, 2014, (3): 40-43.

[2] 赵万华, 张星, 吕盾, 等. 国产数控机床的技术现状与对策. 航空制造技术, 2016, (9): 16-22.

[3] 熊青春, 王家序, 周青华. 融合机床精度与工艺参数的铣削误差预测模型. 航空学报, 2018, 39(8): 272-280.

[4] 黄韶娟, 盛伯浩. 未来机床制造业发展探析. 航空制造技术, 2014, (11): 42-46.

[5] 翟华, 王玉山, 李贵闪, 等. 锻压机床轻量化研究现状和发展趋势. 机床与液压, 2011, 39(20): 113-117.

[6] 张建明, 庞长涛. 超精密加工机床系统研究与未来发展. 航空制造技术, 2014, (11): 47-51.

[7] 张学玲, 徐燕申, 钟伟泓. 基于有限元分析的数控机床床身结构动态优化设计方法研究. 机械强度, 2005, (3): 353-357.

[8] 彭文. 基于灵敏度分析的机床立柱结构动态优化设计. 组合机床与自动化加工技术, 2006, (3): 29-31.

[9] 赵岭, 陈五一, 马建峰. 基于结构仿生的高速机床工作台轻量化设计. 组合机床与自动化加工技术, 2008, (1): 1-4.

[10] 肖望强, 许展豪, 边贺川. 基于颗粒阻尼技术的数控机床轻量化研究. 航空制造技术, 2018, 61(11): 40-47.

[11] 张璐, 杨洋, 李嘉豪, 等. 基于拓扑优化方法的机床立柱轻量化设计. 机械, 2019, 46(12): 42-46.

[12] Xiao W Q, Xu Z H, Bian H C, et al. Lightweight heavy-duty CNC horizontal lathe based on particle damping materials. Mechanical Systems and Signal Processing, 2021, 147: 107127.

[13] 郭志全, 徐燕申, 张学玲, 等. 基于有限元的加工中心立柱结构静、动态设计. 机械强度,

2006, (2): 287-291.

[14] 纪海峰. 基于 ABAQUS 的数控车床床身有限元分析及结构优化设计. 机械设计与制造工程, 2016, 45(4): 20-23.

[15] 刘成颖, 谭锋, 王立平, 等. 面向机床整机动态性能的立柱结构优化设计研究. 机械工程学报, 2016, 52(3): 161-168.